Petra Jenner

Mit Verstand und Herz

PETRA
JENNER

Mit Verstand und Herz

Authentisch und erfolgreich: Führungskraft ist weiblich

In Zusammenarbeit
mit Norbert Lewandowski

ARISTON

MIX
Papier aus verantwortungsvollen Quellen
FSC® C014496

Verlagsgruppe Random House FSC-DEU-0100
Das für dieses Buch verwendete FSC®-zertifizierte Papier
EOS liefert Salzer Papier, St. Pölten, Austria.

Bibliografische Information der Deutschen Bibliothek
Die Deutsche Bibliothek verzeichnet diese Publikation
in der Deutschen Nationalbibliografie; detaillierte bibliografische Daten
sind im Internet unter http://dnb.ddb.de abrufbar.

Unter Mitarbeit von Norbert Lewandowski
Umschlaggestaltung: Nele Schütz Design unter Verwendung
eines Fotos von Kay Blaschke
Satz: EDV-Fotosatz Huber/Verlagsservice G. Pfeifer, Germering
Druck und Bindung: GGP Media GmbH, Pößneck
Printed in Germany 2012
ISBN 978-3-424-20071-3

Inhalt

Vorwort: Führungskraft ist weiblich

Ein Plädoyer für einen neuen Führungsstil

Wir stehen an der Schwelle. Dramatisch formuliert könnte man sagen: vor dem Absinken ins Chaos oder vor einem Umbruch. Vor Hoffnung oder Depression. Wir leben in einem Zeitalter großer wirtschaftlicher und sozialer Ungerechtigkeiten und Unsicherheiten; Klima und Energieressourcen sind bedroht, die Hierarchiestrukturen und der Druck in den Unternehmen machen immer mehr Arbeitnehmer krank.

Das elementare, noch etwas diffuse Gefühl der meisten Menschen*, dass es so nicht weitergehen kann, hat seine Ursache in einer konkreten Bedrohung. Und die erfordert einen klaren Paradigmenwechsel in unserer Arbeitswelt – wieder hin zu Werten wie Respekt, Aufmerksamkeit und Achtung des Menschen. Wir brauchen eine andere, eine neue Arbeitskultur. Es muss wieder erstrebenswert sein, mit dem ganzen Herzen zu arbeiten. Es geht

* Der Einfachheit halber werde ich im Folgenden immer die männliche Form wählen – dies ist völlig wertfrei und dient lediglich dem besseren Lesefluss!

darum, wieder Sinn zu schaffen und nicht nur das Kapital zu mehren.

An und für sich entsprechen Kassandrarufe nicht meiner Mentalität. Aber die Probleme sind unübersehbar. Zwar scheint die Ressource Mensch unerschöpflich zu sein, doch um auch hier in absehbarer Zukunft gegen die Konkurrenz der Milliardenvölker China und Indien einigermaßen bestehen zu können, müssen wir eine neue Generation von Führungskräften ausbilden und fördern.

Den Luxus von Machtspielen, wie er noch heutzutage in der Wirtschaft sowie in der Politik gang und gäbe ist, können wir uns nicht mehr leisten. Allein aufgrund des demografischen Wandels – der Geburtenrückgang und damit das immer geringer werdende Reservoir des beruflichen Nachwuchses beginnen bereits dramatische Formen anzunehmen – bleibt uns keine andere Wahl, als die Befähigung *aller* Gesellschaftsmitglieder und Geschlechter so effizient wie möglich zu nutzen.

Die Entwicklung von der Industrie- zur Wissensgesellschaft wird große Auswirkungen auf den Arbeitsmarkt haben. Die Arbeitswelt wird immer flexibler, ist stark vernetzt und erfordert neue Kommunikationsfähigkeiten. Alles Attribute, die auf den ersten Blick als typisch weiblich gelten, ob das nun ein Vorurteil sein mag oder nicht. Und da sind wir am entscheidenden Punkt angelangt:

In der Tat können wir die Augen nicht vor der Tatsache verschließen, dass die Anforderungen der künftigen Arbeitswelt immer mehr nach femininen Wesensprofilen verlangen. Einfühlungsvermögen, Geduld, Toleranz, soziale Kompetenz – diese Soft Skills werden eine deutlich wachsende Rolle spielen und nicht mehr als nette, ausgleichende Sekundärtugenden eingestuft. Ich gehe davon aus, dass die Arbeitswelt immer mehr von diesen femininen Eigenschaften geprägt wird.

An dieser Stelle möchte ich mich vorstellen. Mein Name ist Petra Jenner, ich bin Betriebswirtin und Wirtschaftsinformatikerin. Seit Anfang 2012 leite ich als General Manager in Wallisellen bei Zürich die Microsoft-Zentrale der Schweiz mit 550 Mitarbeitern; zuvor hatte ich in Wien die gleiche Funktion bei Microsoft Österreich. Als Geschäftsführerin bin ich für alle Unternehmensbereiche verantwortlich: Personal, Finanzen, Vertrieb, Marketing, Technische Beratung und Support. In meiner beruflichen Laufbahn habe ich mit Ausnahme der Ressorts Finanzen und Recht in allen Bereichen gearbeitet oder sie verantwortet. Obwohl ich meine Karriere in einer technisch geprägten Branche gemacht habe, sehe ich mich selbst nicht als besonders technikaffinen Menschen.

Aufgrund meiner praktischen Erfahrung weiß ich, dass wir mit den traditionellen Schemata der Menschen- und Unternehmensführung nicht weiterkommen werden. Jede Führungskraft, sei sie nun männlich oder weiblich, muss sich zuallererst selbst auf den Prüfstand stellen, um ungeschönt zu klären: Wer bin ich? Was treibt mich an und wie überzeugend wirke ich auf Menschen? Am Anfang steht also die Forderung nach Authentizität und Selbstreflexion:

Nur, wer fähig ist, sich in dieser Form selbst zu hinterfragen und im Zweifel auch infrage zu stellen, ist zur Führungskraft fähig. Der Dalai Lama hat in seinem Buch »Führen, Gestalten, Bewegen«[1] einen Satz geschrieben, der für mich einem Gebot gleichkommt: »Derjenige Herrscher herrscht am besten über sein Land, der zuerst sich selbst beherrscht!«

Ich leiste mir Authentizität, und ich bin auch kein Kopfmensch. Ich glaube auch nicht, dass alle wichtigen Entscheidungen aus der reinen Vernunft heraus getroffen werden (müssen). Es gibt im Beruf wie im Privatleben fast täglich kritische Situationen, die durch rationale oder auch nur nüchterne Gedanken und Überlegungen nicht zu lösen sind.

Gefühle, das wurde mir im Laufe meines Berufslebens klar, spielen oft eine entscheidende Rolle, sowohl bei den Mitarbeitern als auch bei den Chefs. Wer die Gefühle der anderen nicht bemerkt oder – noch schlimmer – bewusst ignoriert, kann keine situationsgerechten Entscheidungen treffen. Das heißt aber auch: Wer die inneren Regungen seiner Umgebung, zum Beispiel seiner Kollegen und Angestellten, erfassen und erfahren will, muss erst einmal die eigenen kennen und auf sie hören können. Mit Ignoranz gegenüber den eigenen Schwächen kommt niemand wirklich weiter.

Doch was geschieht wirklich in unserem reellen Arbeitsalltag? Da wird das Emotionale mit aller Gewalt aus der Arbeitswelt verbannt, obwohl das allen Maximen neuer Wirtschaftstheorien widerspricht. Dementsprechend hat der portugiesische Bewusstseinsforscher António Damásio den Lehrsatz geprägt: »Ich fühle, also bin ich!«[2]

Es geht nur mit den Frauen

Die Arbeitswelt wird oft mit einem Dschungel verglichen, in dem der Starke den Schwachen unterdrückt und frisst, in dem das raffinierte Anschleichen und Beutemachen belohnt wird, in dem selbst der Schlaf durch die Gefahren der Nacht bedroht ist. Diese Vorstellung macht krank. Wenn unsere Existenzsicherung zu einem solchen Horrorszenario verkommen ist, dürfen wir uns über die schier epidemische Zunahme von Burn-out-Erkrankungen nicht wundern. Wenn der Arbeitsplatz Furcht und Schrecken verbreitet, leidet nicht nur die Belegschaft darunter, sondern langfristig die gesamte Gesellschaft.

Mir ist klar, dass es immer noch einige Akteure in der Wirtschaft gibt, die über meine Thesen milde lächeln, doch in meinem Umfeld erfahre ich oft ungeahnte Zustimmung, wenn ich ein gut geführtes Unternehmen mit einer intakten Familie vergleiche. Denn gutes Management funktioniert wie der Zusammenhalt in einer Familie. Auch dort sind die Grundbedingungen eigentlich nicht optimal. Kinder können sich ihre Eltern und Geschwister ebenso wenig aussuchen wie Mitarbeiter ihre Chefs. Dennoch gibt es in der Familie im Allgemeinen eine mehr oder minder akzeptierte Rollenverteilung, die als Basis Werte wie Respekt, Liebe, Zuneigung und gegenseitiges Interesse hat. Das sollte auch für die Arbeitswelt gelten; die Rollen müssen gegenseitig akzeptiert werden.

In der Familie ist in den allermeisten Fällen die Mutter das moderierende und ausgleichende Element. Sie stellt ihre eigenen Interessen oft zurück und hat das Gesamte im Blick. Ich glaube, dass Frauen und vor allem weibliche Eigenschaften in der »Großfamilie Unternehmen« in Zukunft eine wesentlich wichtigere Rolle spielen werden und müssen, wenn es um Ausgleich und Planung geht. Ob man das bei der Führung von Menschen als genetischen oder durch Sozialisation erworbenen Vorteil von Frauen sehen will oder nicht, ist zweitrangig. Die Fakten sprechen für sich.

Damit wir uns nicht missverstehen: Ich möchte energisch dem Eindruck widersprechen, dass ich für eine rein weibliche oder feministisch geprägte Arbeitswelt plädiere und einfach Manager gegen Managerinnen austauschen möchte. Ich halte auch nichts von der viel diskutierten Frauenquote für die Vorstände großer Unternehmen. Das sind Debatten, die nur die unsägliche Konkurrenz zwischen Frauen und Männern befeuern und uns daher überhaupt nicht weiterbringen.

Vielmehr gilt es, auf allen Hierarchieebenen eine Balance zwischen Frauen und Männern bzw. weiblichem und männlichem Führungsstil herzustellen – und so zu einer konstruktiven Gruppenintelligenz zu kommen. Die Zeit dafür ist reif. Mehr noch: Sie fordert es von uns.

Frauen können die Rolle übernehmen, die stärker als emotional oder weiblich definierten Eigenschaften in den Unternehmen und den Familien zu initiieren und zu fördern. Wenn in den Firmen die Menschen in den Mittelpunkt gestellt werden, dann werden Werte wie Respekt, Offenheit und Fairness erlebbar und zur allgegenwärtigen Realität. Unternehmen werden sich somit vermehrt auf ihren Beitrag zur Gemeinschaft konzentrieren. Die reine Kapitalvermehrung zum Selbstzweck ist dann kein Ziel mehr, und wir alle sind von dem immer sinnloseren »Höher, Schneller, Weiter« mit seinen negativen Folgen für uns und unser Umfeld erlöst.

Schon heute sind über 60 Prozent der Hochschulabsolventen Frauen. Sie treffen zu 80 Prozent die wesentlichen Kaufentscheidungen in den privaten Haushalten. Die Konsequenz daraus könnte so aussehen: Wenn große Unternehmen 60 Prozent des Führungsnachwuchses und 80 Prozent der Kunden ignorieren, werden sie bald selbst ignoriert. Frauen respektive weibliche Eigenschaften werden in der neuen Arbeitswelt also immer wichtiger. Und noch nie waren die Chancen für Frauen so gut, klar und greifbar, die viel zitierte gläserne Decke zu durchbrechen, um in den Managementstrukturen von morgen ihren Platz zu finden.

Männer und insbesondere Frauen suchen vermehrt nach Sinnhaftigkeit, sie wollen gestalten und sich nicht mitschleifen lassen. Die vorwiegende Ausrichtung auf die Verbesserung der Geschäftsergebnisse wird immer mehr von Arbeitnehmern als sinnlos empfunden. Also müssen in den Unternehmen die entsprechenden Bedingungen – Toleranz, Transparenz, Empathie und Gesprächsbereitschaft – geschaffen werden. Vor allem gut ausgebildete, engagierte weibliche Führungskräfte werden nicht bleiben wollen, wenn wir es nicht schaffen, eine sinnvolle und werthaltige Arbeit zu organisieren.

Zeitgemäß führen heißt Vorbild sein

Führen heißt vor allen Dingen verstehen. Und es bedeutet, eine offene, aufrechte und verlässliche Haltung zum Gegenüber einzunehmen. Menschen, die als menschliches Vorbild dienen können, taugen auch zur Führung. Mit Arroganz, Intrigen und Machtgebaren kann man heute zwar noch Menschen anführen oder besser gesagt vor sich hertreiben, schlechte Führung und hoher hierarchischer Druck sind jedoch Motivationskiller, auf die Arbeitnehmer gemeinhin mit Frustration und letztendlich auch mit innerer Kündigung reagieren. Das Beratungsunternehmen Gallup hat 2012 festgestellt, dass jeder vierte deutsche Arbeitnehmer innerlich gekündigt hat.[3] Und eine Umfrage des Personalvermittlers Manpower aus dem gleichen Jahr ergab, dass fast 50 Prozent der Arbeitnehmer mit dem Gedanken spielen, den Job zu wechseln.[4]

In der Arbeitswelt von morgen wird die Psychohygiene, das Erlangen und der Erhalt seelischer und geistiger Gesundheit, eine große, wenn nicht die entscheidende Rolle spielen. Das heißt: Negative Einflüsse und Mechanismen wie Arroganz, Intrigen und Machtspiele, die in Firmen oder Behörden oft das Klima vergiften und die Menschen krank und unproduktiv machen, müssen aufgedeckt und durch positive Verhaltensweisen ersetzt werden. Aus meiner Sicht liegt die Lösung darin, dass Vorgesetzte und Manager eine grundsätzlich positive Einstellung zu ihren Mitarbeitern einnehmen, ohne Vorurteile oder hierarchische Denkmuster. Dazu gehört auch, mit Mitarbeitern zu sprechen und nicht zu ihnen zu sprechen, also nicht von oben nach unten zu kommunizieren, sondern sich Zeit für Gespräche zu nehmen, und zwar regelmäßig, in kurzen Zeitabständen und bei verschiedenen Anlässen. Sicherlich sind die positive Einstellung und die Konversation auf Augenhöhe allein noch nicht ausreichend, um einen neuen Unternehmensgeist zu schaffen, aber es ist der Anfang einer Reihe von Maßnahmen.

Manager zu sein heißt für mich, Vorbild zu sein. Der autoritäre Boss, dessen Entscheidungen nicht angezweifelt werden dürfen und der sein Tun nicht hinterfragen lässt, ist ein Auslaufmodell. Der traditionelle Führungsstil »Befehl und Kontrolle« ist immer noch zu finden, aber er wird den heutigen Aufgaben bereits immer weniger gerecht. Soziale Netzwerke und die zunehmende Online-Kommunikation erschweren diesen Führungsstil.

Die moderne Führungskraft ist unverstellt und so souverän, dass sie auch ehrlich und klar eigene Fehler zugibt und diskutieren lässt. Das Signal an die Mitarbeiter muss heißen: »Ich bin einer von euch, einer von allen.« Nur so kann ein Klima entstehen, das Vertrauen aufbaut und Innovationen zulässt und in dem die Menschen sich etwas zutrauen.

Wer glaubt, dass Mitarbeiter, die nur auf eine Schwäche des Vorgesetzten lauern, in mir und meiner Denkweise eine gute, heimlich belächelte Vertreterin von Wohlgefühl und Wohlklang sehen, die an der harten Realität vorbeiargumentiert, der täuscht sich. Ich war selbst überrascht, wie sehr eine solche Offenheit selbst bei den Mitarbeitern, die den Kampf mit harten Bandagen gewohnt sind, zunächst Erstaunen hervorrief und schließlich aber doch Anklang fand. Auf Verständnislosigkeit bin ich mit meinem Rollenverständnis bisher noch nie gestoßen. Manchmal scheint es, als würde ich etwas Besonderes vorleben, obwohl die Erkenntnis, dass Menschen beachtet, ernst genommen und verstanden werden wollen, jedem bewusst ist. Nur wird es oft sträflich vernachlässigt – sich das immer wieder klarzumachen, ist die Herausforderung.

Was heute zählt: Primärtugenden und Gefühle

Die Erfahrung zeigt: Ohne Respekt, Geduld, Fairness und die Fähigkeit des Zuhörens geht es nicht mehr. Das ist keine per se weibliche Erkenntnis, denn auch männliche Denker und Führungskräfte beschäftigen sich seit Längerem immer intensiver mit Tugenden und Emotionen im Management und in den Unternehmen. Aus den USA kommen interessante Erkenntnisse, die nachdenklich stimmen. So hat der international bekannte Management-Experte und erfolgreiche Buchautor Jim Collins in einer Studie herausgefunden, dass eine der wichtigsten Eigenschaften für Topführungskräfte, die er Level-5-Führungskräfte nennt, nicht die Härte gegen sich und andere ist, sondern Bescheidenheit, Entschiedenheit, Zurückhaltung und vor allem der Verzicht auf Starallüren.

Der Dalai Lama verweist auf die Tugend der Bescheidenheit als eine wichtige Geisteshaltung: »Bescheidenheit ersetzt falschen Stolz, übertriebenes Selbstbewusstsein, Eitelkeit und Arroganz.«[5]

Auch Dhaldol Bumag, Vorstandsvorsitzender des Versicherungskonzerns AIG Thailand und Buddhist, sieht die künftige Rolle von Führungskräften ganz ähnlich und unterstreicht die Wichtigkeit eines fairen und achtsamen Miteinanders: »Für mich besteht der Zweck eines Unternehmens darin, ein Team erfolgreicher Menschen mit großartiger Moral, guter Einstellung und großem Vertrauen zusammenzustellen. Eine Verkaufsmannschaft zusammenzustellen heißt, den einzelnen Mitarbeitern beizubringen, zum Nutzen der anderen zu arbeiten. Gewinne sind nur ein Endergebnis, nicht der Zweck eines Unternehmens.«[6]

Vor meinem Wechsel zu Microsoft Schweiz Anfang 2012 merkte ich, wie schwer mir der Abschied fiel. Das mag für einige seltsam klingen, da tendenziell vermutet wird, als Führungskraft doch keine Emotion bei seiner Arbeit zu haben oder diese zumindest nicht zu zeigen. Ich habe mich jedoch gefragt, warum es in mir in den Wochen vor dem offiziellen Ende meiner Tätigkeit in Wien nicht so gut ging wie sonst. Ich habe mich vor dem Goodbye gefürchtet. Zunächst hatte ich Angst, meine Emotionen zuzulassen und sie zu zeigen. Dabei habe ich bemerkt, wie viele Gefühle ich in diese Arbeit, in dieses Team, in diese berufliche Familie gesteckt hatte. Ich hatte ein Team gestaltet und ich war Teil davon. Jetzt gab ich das auf.

Bei meinem Neustart wurde mir wieder einmal bewusst, dass es im Beruf um viel mehr geht als um Zahlen, Daten, Fakten. Es geht auch um zwischenmenschliche Begegnungen, um kleine Gesten auf dem Flur, einen Small Talk hier, eine freundliche Bemerkung dort. Das sind die Dinge, die uns allen den Arbeitsalltag verschönern, in diesem Fall den Menschen, die bei Microsoft in Wien arbeiten, und natürlich auch mir. Also eine klassische Win-win-Situation, vorausgesetzt, es lassen sich alle darauf ein.

Teamarbeit im Flow als Basis des Erfolgs

Erfolg ist also mehr als die optimale Nutzung bzw. der optimale Einsatz machiavellistischer Mittel. Meine Zeit in Wien betrachte ich nicht als »klassischen Durchbruch«, der Erfolg beruhte vielmehr wie immer im Leben auf viel Engagement, gutem und verständnisvollem Miteinander auf allen Seiten und auf einer Reihe von glücklichen Fügungen. Kennen Sie das Gefühl, dass etwas geschaffen wird und es wirkt, als hätte alles fast von selbst funktioniert? Wenn in einem Team jeder Hand in Hand arbeitet und sich alles so fügt, wie man es sich im Idealfall vorgestellt hat? Vieles kann wie von selbst laufen, weil es Tausende »unsichtbare« helfende Hände gibt. Gemeinsam wird mit viel Hingabe und Liebe an einem Ziel gearbeitet. Diesen Zustand nennt man auch Synchronizität. Damit meine ich den »Lauf« oder den berühmten »Fluss« – eine Phase im Leben oder in einem Projekt, in der alles scheinbar mühelos gelingt. Wenn sich eines zum Nächsten findet – das ist der Moment, in dem man sich mit seiner schöpferischen Kraft verbindet.

Diese Synchronizität kann auch in Unternehmen erzeugt werden, wenn man Menschen mit Herz und einer offenen und respektvollen Haltung führt.

Das Leben besteht zu einem Großteil aus Arbeitszeit, umso wichtiger ist es, sie so zu gestalten, dass wir uns damit wohlfühlen und wirklich etwas daraus machen. Zu oft bleiben Freude, Spaß oder das, was wir wirklich wollen, außen vor. Die strikte Trennung von Berufs- und Privatleben ist auch heute noch anzutreffen. Doch wie passt das in eine Welt, in der die Grenze zwischen Arbeit und Freizeit zunehmend verschwimmt?

Das Arbeitsleben ist das, was wir daraus machen, und Gefühle sind das Feuer oder der Brennstoff, der alles in Bewegung bringt und hält. Ein weiterer Faktor ist die Macht. Und hier meine ich die im Sinne von rechtem Handeln und Tun eingesetzte gestalterische Macht. Entwicklungen ermöglichen, Entscheidungsspielräume ausloten und ausschöpfen, Diskussionen initiieren – alles Elemente, die nötig sind, um das (Arbeits-)Leben zu gestalten. Um Ergebnisse und Veränderungen zu erzielen, muss auch gehandelt werden.

Viel zu oft werden Mitarbeiter in Unternehmen immer noch nicht wie eigenständig denkende und handelnde Erwachsene behandelt. Dabei sollten wir uns immer vor Augen führen, dass die Menschen einen physischen und psychologischen Vertrag mit dem Arbeitgeber schließen. Sie fragen sich: Was erwarte ich? Was erwartet mein Arbeitgeber? Was erhalte ich vom Unternehmen? Was gebe ich meinem Arbeitgeber? Das sind die entscheidenden Kennzahlen in der Mitarbeiter-/Arbeitgeber-Bilanz.

Diese Bilanz kann auf Dauer nur ausgeglichen bleiben, wenn die Menschen mehr Zeit und mehr echte Anerkennung für ihre Arbeitsleistung bekommen. Es geht um mehr Verbundenheit und um ein besseres Verständnis füreinander.

Alle Menschen haben eine tiefe Sehnsucht nach Respekt, Anerkennung und Verständnis – auch in der Arbeitswelt. Deshalb braucht das Management mehr Empathie. Wer mit Menschen arbeiten und speziell wer sie führen will, muss die Menschen lieben. Ich möchte mit diesem Buch allen Führungskräften (und all jenen, die auf dem Weg dorthin sind) Mut machen, dabei zu sein, wenn es um die Gestaltung einer menschlichen Arbeitswelt geht.

Jeder kleine Entwicklungsschritt, in der Familie oder innerhalb eines Unternehmens, verändert auf Dauer nachhaltig das gesamte Miteinander und damit auch unser Gesellschaftssystem. Wir alle gestalten heute das, was die Zukunft verändert.

So möchte ich versuchen, in diesem Buch das scheinbar Unvereinbare zu vereinen: Herz und Verstand, Emotio und Ratio. Deshalb werden Sie, lieber Leser und liebe Leserin, analytische Betrachtungen ebenso finden wie Erfahrungen aus meinem Arbeitsalltag, die von Gefühlen geprägt sind. Harte Fakten werden auf sogenannte weiche Argumente treffen, aber nur so lässt sich ein authentischer Führungsstil finden, der alle Facetten des Lebens miteinschließt.

Ihre Petra Jenner
August 2012

KAPITEL 1

Allen Widerständen zum Trotz

Ein ganz persönlicher Lebenslauf

Unsere Handlungen, Ansichten und Glaubenssätze sind nicht fest in uns verankert, sie befinden sich im besten Fall vielmehr in einer stetigen Entwicklung. So beeinflussen uns die unterschiedlichsten Menschen und Erlebnisse immer wieder aufs Neue. Auf meinem Weg bis heute durfte ich viele Erfahrungen machen, die meine Einstellung zu Arbeit, zu meinen Aufgaben und vor allem zu meinen Mitmenschen elementar geprägt haben.

»Heimat«, schreibt der Dichter und Philosoph Johann Gottfried Herder, »ist da, wo man sich nicht erklären muss«.[7] Ich konnte mich in meiner Heimat nicht erklären, obwohl ich es ganz sicher gewollt habe. Dafür war das Umfeld in meiner Kindheit einfach zu eng, zu eindeutig in herkömmliche Bahnen gelenkt: Familie, Kirche, Schule und die damit verbundenen Anforderungen – ein Kreislauf, der kaum kindliche Fantasie zulässt, geschweige denn fördert. Man funktioniert (oder auch nicht), indem man Erwartungshaltungen, Vorgaben und Normen erfüllt. So ergeht es Millionen von Kindern und Jugendlichen, ob sie nun in Metropolen aufwachsen oder draußen in der sogenannten Provinz.

Gefühlte Enge definiert sich nicht durch Einwohnerzahlen oder Quadratmeter pro Kopf. Sie wird erlebt durch Lebensrhythmen, Anpassung und Gewohnheiten. Vielleicht fühlen sich viele Menschen im Korsett von Traditionen so wohl, weil die Kombination aus Nähe, Pflichten und Widerspruchslosigkeit oft gleichgesetzt wird mit dem Phänomen »Zusammenhalt«. Meine Welt war das nie. Ich mag das unreflektierte Zusammenglucken und eine vollautomatische Vertraulichkeit bis heute nicht. Ich brauche meine Freiräume, und ich liebe sie wesentlich mehr als etwa eine bedingungslose Nachbarschaft. Aber diesen Standpunkt musste ich mir erst erkämpfen. Und dabei bin ich durch einige für mich sehr schmerzhafte Tiefen gegangen.

Ich bin in Krefeld geboren und im nahen Kempen aufgewachsen. Diese Region, der Niederrhein, ist eine Landschaft, die bestimmt wird durch Felder, Backsteinhäuser, Kirchtürme und einen flachen, weiten Horizont, der allenfalls durch Pappelhaine begrenzt ist. Manche behaupten, dass in den nebligen Wintermonaten eine drückende Melancholie auf Land und Leuten lastet. Vielleicht geben sich die Menschen deswegen gern besonders fröhlich und vermitteln den Eindruck, dass am Niederrhein die Betonung mehr auf »Rhein« als auf »nieder« liegt. Denn der Rhein wird allgemein ja mit angeborener Leichtigkeit und Lebenslust verbunden.

In meiner Kindheit war man im besten Fall katholisch, ging sonntags zum Gottesdienst, traf sich beim Kegelabend und trank gern Altbier, besonders im Karneval. Vieles davon gilt auch heute noch, Gemütlichkeit wird am Niederrhein nach wie vor großgeschrieben. Diese Lebensform wirkt lebensfroh und lustig, doch manchmal habe ich es als sehr eng empfunden.

Man ist freundlich, mag selbstverständlich die Leute, redet mit ihnen, streitet auch – und tut letztendlich, was die Allgemeinheit von einem erwartet. Wer auf Freiräume und Individualität bestand, war aber ein Außenseiter.

Für mich waren meine Kinder- und Jugendjahre eine Zeit, in der ich viel mit mir selbst austragen musste, und mir war klar, dass ich hier nicht lange bleiben würde. Spätestens mit 18 wollte ich weg. So erlebte ich meine Heimat, in der es wichtig war, was andere von einem denken, ohne sich aber für das zu interessieren was wirklich in einem vorging. Ich habe mich immer beobachtet gefühlt, aber es ist mir fast immer gelungen, das zu verbergen, was in mir vorging und was ich für mich und meine Zukunft wollte.

Ich bin in einer gutbürgerlichen Familie aufgewachsen. Meine Mutter ist Einheimische, mein Vater war Flüchtling aus Schlesien, seine Familie hatte sich am Niederrhein niedergelassen. Meine Schwester, die fünf Jahre jünger ist, lebt heute mit Mann und zwei Kindern noch in Kempen. Wir wurden katholisch erzogen und gingen in Kempen auch zur Kommunion.

Nach den vier Grundschuljahren besuchte ich das Gymnasium und machte mein Abitur. Doch bis dahin war es ein qualvoller Weg für mich. Wenn ich an meine Schulzeit denke, weiß ich, dass ich so etwas nie wieder erleben möchte! Diese Zeit ist für mich durch viele schwierige, teilweise traumatische Erlebnisse gekennzeichnet. Ich war nicht leistungsorientiert und eine mittelmäßige Schülerin. Schon immer habe ich mich für andere Themen interessiert, so war es mir schon damals wichtiger, mit Menschen gut und verantwortungsvoll umzugehen. Schon als Kind und Heranwachsende habe ich in mir einen starken Drang nach Freiheit gespürt.

Was soll schlecht daran sein, wenn ein junger Mensch sich als Individuum und nicht als Massenwesen entwickeln möchte, wenn er Kanten und Ecken zeigt und zuweilen unbequeme Fragen stellt, deren Beantwortung aus dem üblichen didaktischen Rahmen fällt? Ich fand die nie infrage gestellte, fast gottgegebene Autorität des Lehrpersonals schon früher inakzeptabel und wollte mich ihr nie beugen. So wurde die Schulzeit für mich zu einer sehr unglücklichen Zeit.

Die große Bewunderung für den Vater

In unserem Haushalt lebten drei Generationen unter einem Dach: meine Großeltern, meine Eltern und meine Schwester und ich. Mein Vater, von Beruf Textilingenieur, war hochbegabt und ein erfinderischer Geist. Er arbeitete als Geschäftsführer in einem Industrietextilunternehmen und hat sich später, im relativ hohen Alter von 68 Jahren, noch mit der Produktion von Industrietextilbändern selbstständig gemacht. Obwohl ich ihn wegen seines extrem hohen Arbeitspensums nur wenig gesehen habe, hat er mich doch sehr geprägt. Dieser traditionsbewusste Mann hat viel gesehen von der Welt und mich gelehrt, über den Tellerrand zu schauen. Allerdings darf man ihn sich eher als in sich gekehrten, patriarchalischen Typ vorstellen, der sich sehr stark für seinen Beruf, für seine Berufung eingesetzt hat. Für mich war es gerade in den ersten Jahren meines Berufslebens sehr wichtig, den richtigen Weg zu finden, den Weg zu gehen, der für mich »vorgezeichnet« war, und meine wahre Berufung zu entdecken. Dafür habe ich auch noch viele Jahre später sehr viel Zeit aufgebracht und auch sehr viel entbehrt.

Ich habe mir immer viel Anerkennung von meinem Vater gewünscht, ja ich habe regelrecht nach seiner Anerkennung gegiert, ist er mit Lob und Zuneigung doch recht sparsam umgegangen. Aber auch das hatte etwas Gutes – ich wurde, ohne es damals zu ahnen, für meine berufliche Laufbahn gut vorbereitet. Viele Jahre meines Berufslebens musste ich mit wenig Lob und auch wenig Anerkennung arbeiten und musste mich regelrecht durchbeißen. So hat es mir einerseits geholfen, auch ohne positives Feedback durchzuhalten, mir andererseits aber auch gezeigt, wie wichtig offene und ehrliche Anerkennung für die Motivation sein kann. Mein Vater hat mir zudem gezeigt, wie man sich in unterschiedlichen sozialen Schichten bewegt und wie man mit Mitarbeitern umgeht. So erinnere ich mich an eine Situation, als ich ungefähr acht Jahre alt war. Ich war mit meinem Vater unterwegs und wir fuhren an einem Wochenende in die Firma, weil die Arbeiter Dienst hatten. Mein Vater ging von Mann zu Mann und fragte jeden, was er gerade tue und wie es ihm gehe. Hinterher hat er zu mir gesagt: »Achte darauf, dass du zu jedem Menschen freundlich bist. Denke immer daran, dass alle Menschen gleich sind«. Das hat mich sehr beeindruckt und geprägt.

Obwohl ihm bewusst ist, dass ich in einem hochtechnischen Umfeld arbeite, glaubt mein Vater bis heute nicht, dass Frauen wirklich etwas von solchen Themen verstehen. Er sieht mich nicht als Technikerin und setzt wohl eher wenig Vertrauen in Frauen, die sich mit diesen Inhalten beschäftigen oder gar in diesem Bereich Karriere machen. Es gefällt ihm zwar, was ich aus meinem Leben gemacht habe, aber es ist für ihn, glaube ich, auch heute noch immer irgendwie irritierend.

Besonders die moralischen und menschlichen Grundsätze meines Vaters und seiner Arbeit waren für mich prägend. Mit elf oder zwölf Jahren habe ich zu ihm gesagt: »Papa, ich will so werden wie du.« Ich wollte nicht als kleines Rädchen arbeiten, ich wollte nach oben. Ich wollte auch gestalten, Entscheidungen treffen, Verantwortung tragen. Nach dem Abitur war mir klar, dass ich den Weg dahin für mich finden musste. Ich wollte mein Umfeld zu einem besseren Platz gestalten, wo Freude und Glück an die Stelle von bloßer Pflichterfüllung und automatischem Funktionieren kommen, wollte Missstände auflösen und vor allem aktiv zu einem besseren Miteinander beitragen.

Meine Mutter war Designerin für Krawatten und sie arbeitete in der Seidenstadt Krefeld, dem deutschen Zentrum der Krawattenhersteller. Im privaten Umfeld pflegte sie die Sozialkontakte der Familie und versuchte unser Leben weitgehend ohne meinen Vater zu gestalten, der in seinem Beruf aufging und nur selten zu Hause war. Die Erziehung von uns Kindern hat sich meine Mutter mit meiner Großmutter geteilt.

Meine Oma hat mir in der Familie den Halt gegeben. Sie war sehr emotional, was mich immer sehr beeindruckt hat und meinem Wesen nahekam. Sicherlich lag dies nicht so sehr an ihrer Erziehung, sondern an meiner Veranlagung: Wie sie bin auch ich ein Gefühlsmensch. Meine Großmutter und ich hatten ein ungewöhnlich enges Verhältnis. Ich empfing sehr viel Zuspruch und Liebe von ihr, die Liebe, die man als Kind erwartet und braucht. Meine Großmutter war für mich eine der wichtigsten Bezugspersonen. Sie war eine sehr herzliche und bodenständige Frau, die die Fähigkeit besaß, Dinge vorauszuahnen, die dann auch eintrafen. Sie hatte eine starke Intuition, was mich sehr berührt hat, zumal auch ich diese Fähigkeit entwickelt habe. Dabei kann es ebenso hilfreich wie schmerzhaft sein, Situationen zu erspüren und Entwicklungen schon im Vorfeld zu erahnen.

Mein besonderes Verhältnis zur Zeit

Ein privates Erlebnis hat meinen Umgang und mein Verständnis zur Zeit geprägt. So habe ich in einer Nacht vier gute Freunde durch einen tragischen Autounfall verloren. An dieser Fahrt hätte ich eigentlich teilnehmen sollen. Doch ich hatte eine böse Vorahnung, die ich dann irgendwie wieder verdrängt habe, und mich trotz allem habe ich mich dann verspätet. Meine Freunde sind also ohne mich losgefahren. Oft habe ich mich gefragt, ob

ich noch leben würde, wenn ich damals rechtzeitig bei meinen Freunden angekommen wäre.
Dieses Erlebnis hat meinen Umgang mit Zeit für immer verändert. Ich habe gelernt, dass es darum geht, im Hier und Jetzt zu sein und auch manches Mal die Uhrzeit aus dem Auge zu lassen. Dieser gelassenere Umgang mit Zeit war und ist für mich auch heute noch eine große Herausforderung bei meiner Arbeit. Immer wieder stelle ich fest, dass wichtige Gespräche, Diskussionen und Ereignisse durch festgelegte Uhrzeiten gestört und unterbrochen werden. Meine ersten Berufsjahre war ich somit immer knapp in der Zeit, oft auch zu spät. Erst in den letzten Jahren erlaube ich mir einen freieren Umgang mit Zeit. Das heißt, dass ich die Uhrzeit auch schon einmal aus dem Auge lasse, gerade dann, wenn gerade eine bedeutende Diskussion oder ein intensiver Austausch stattfindet.

Die Schule hatte mich dermaßen traumatisiert, dass ich zunächst nicht zur Universität zum Weiterlernen wollte. Nach einigen Überlegungen und vor allen Dingen auch durch meinen Vater beeinflusst, fasste ich den Entschluss, Französisch zu studieren, um Simultandolmetscherin zu werden. Ich besuchte eine private Wirtschaftsschule in Düsseldorf und absolvierte eine zweijährige Dolmetscherausbildung. Diese Zeit fand ich entsetzlich und grauenhaft langweilig. Ich habe die zwei Jahre deshalb einfach durchgezogen, ohne nach links und rechts zu schauen. Nach dem Motto »Augen zu und durch!«. Zudem verkaufte ich in dieser Zeit für ein Unternehmen auf freiberuflicher Basis Immobilienfonds und vermögenswirksame Leistungen. So verdiente ich mein erstes Geld, wobei es mir nur um eines ging: Ich wollte mein eigenes Leben finanzieren können. Ich wollte unabhängig sein. Unabhängig von jedermann.

Kurze Zeit habe ich bei einer indischen Handelsgesellschaft gearbeitet. Meine Aufgabe bestand darin, Geschäftsdokumente zu übersetzen. Das war soweit in Ordnung, doch leider erwartete der Chef von meinen Kolleginnen und mir mehr als nur freundliches Entgegenkommen. Hier konnte und wollte ich nicht bleiben. Außerdem hatte ich ganz andere Pläne. Ich wollte damals schon führen, andere Menschen und mich zum Erfolg bringen. Das war meine Vorstellung, mein Ziel. Das wollte ich erreichen.

Dann entdeckte ich eine Stellenanzeige. Die Firma Microware, die Software vertrieb und in Düsseldorf ansässig war, suchte eine Assistentin für einen Geschäftsführer. Ich bewarb mich und erinnere mich noch heute sehr gut daran, dass ich die Bewerbung handschriftlich und sehr persönlich formuliert habe. Man hat mir später gesagt, dass man aufgrund dieser außergewöhnlichen Art der Bewerbung auf mich aufmerksam geworden sei. Ich wurde eingestellt und das war – überraschenderweise und vollkommen ungeplant – der Beginn meiner IT-Karriere.

Schon zu Beginn meiner Arbeit habe ich bemerkt, dass die Dynamik und das internationale Flair dieser Branche mich sehr begeisterten. Mein Chef war Schotte und viel unterwegs. Ich habe mich gut eingelebt, unternahm viele Geschäftsreisen und schnupperte an der großen, weiten Welt. Fast zeitgleich wurde mir klar, dass ich auch das entsprechende Hintergrundwissen brauchte, wenn ich inhaltlich weiterkommen wollte. Zum Glück hatte ich einen Chef, der dafür Verständnis zeigte. Also meldete ich mich zu einem berufsbegleitenden Studium der Wirtschaftsinformatik und Betriebswirtschaftslehre in Düsseldorf an.

Nun lagen dreieinhalb Jahre doppelter Belastung vor mir. Tagsüber arbeiten, abends studieren. Es war hart! Dennoch weiß ich heute, dass das dies ein Schlüsselschritt meiner Laufbahn war. Ich konnte in dieser Zeit praktische Tätigkeiten mit wissenschaftstheoretischem Hintergrund kombinieren. Für das Verständnis der Zusammenhänge war das extrem hilfreich. Ich konnte das Erlernte sofort in den Praxistest überführen. Damit habe ich vieles tiefgründig nachvollziehen können und hatte auch wenig Mühe, mir wichtige Themen und Inhalte nachhaltig einzuprägen. Zeitlich war es mehr als eine große Herausforderung, aber inhaltlich eine Vereinfachung. Theorie und Praxis in Kombination beschleunigen einfach den Lerneffekt.

Ich habe mich oft gefragt, was mich in die Wirtschaftsinformatik oder besser in die IT gebracht hat – offensichtlich hatte ich, eher unbewusst, eine gewisse Affinität für Technik. Vielleicht gibt es doch eine genetische Anlage durch meinen Vater? Auf Anhieb würde ich mich nicht unbedingt für ein technisches Talent halten. Während meines Studiums und auch meiner ersten Jahre bei Microware habe ich jedoch festgestellt, dass mir die Arbeit trotz der vermeintlich schwer verständlichen technischen Hintergründe einfach von der Hand ging. Ich lernte, dass jeder Bereich oder jede Branche eine eigene Sprache hat. Schon zu Beginn fragte ich mich, warum einfache und logisch leicht nachvollziehbare Zusammenhänge in der IT-Branche derart schwer verständlich und durch Abkürzungen verklausuliert dargestellt wurden. Mir kam der Verdacht, dass dies in voller Absicht geschah. Auch wurde mir klar, dass diese Art von Geheimsprache ein gewisses Gefühl von Zugehörigkeit auslöst. Sie ist sozusagen der Zugehörigkeitskodex – also ein wichtiger Schlüssel, um als Insider und Kenner dieser Branche anerkannt zu werden. Also tauchte ich ein in Tausende von Abkürzungen, bis ich sie verstand und entsprechende Texte fehlerfrei übersetzen konnte. Ich beherrschte diese Kürzel und Fachbegriffe in Perfektion und parierte die Test-Rückfragen meiner Kollegen mit der richtigen Antwort. Das war der erste Schritt zu meiner Anerkennung in der Welt der IT-Technik.

Bei Microware arbeitete ich als Assistentin der Geschäftsleitung in einem aufstrebenden, dynamischen inhabergeführten

Unternehmen. Meine Aufgaben erforderten neben inhaltlichem Wissen oft auch psychologisches Geschick. Wenn man mit machtvollen Persönlichkeiten und den Eigentümern zusammenarbeitet, dann ist man auch mit ihren jeweiligen Stimmungen konfrontiert, die es zu erspüren und richtig einzuschätzen gilt. Mein Chef hatte so manches Mal seine Emotionen nicht gut im Griff, so dass ich öfter zwischen ihm und den Kollegen vermittelt habe. Insofern saß ich an einer Schaltposition. Ist es auch eine Form von Macht, wenn man seinen Vorgesetzten beeinflussen kann?

Heute kenne ich den Unterschied zwischen Macht und Einfluss. Damals hatte ich Einfluss, heute habe ich Macht. Der Einfluss, den ich seinerzeit hatte, war überschaubar und in seiner Wirksamkeit limitiert. Ich konnte an der einen oder anderen Stelle Erwartungshaltungen setzen und manchmal auch die Stimmung vor oder nach einem Gespräch mit ein paar Worten ausgleichen. Mir wurde aber auch bewusst, dass ich meine Position am Schalter der Macht auch anders nutzen könnte. Als junge Mitarbeiterin spürte ich die möglichen Konsequenzen, die dieser Einfluss mit sich brachte. Entsprechend fragte ich mich: Wie gehe ich damit um? Setze ich meinen Einfluss im Sinne der Sache, also sinnvoll, ein? Oder nutze ich diesen Umstand für mich aus? Letzteres empfand ich als mir nicht zustehend.

Es gibt jedoch durchaus Mitarbeiter und Mitarbeiterinnen, die ihren Einfluss auf den Chef und seine Macht für sich selbst nutzen. Ich habe das später zu spüren bekommen, als ich selbst bereits Chefin war. Meine damalige Assistentin hat ihren Einfluss missbraucht und Anweisungen, die ich nicht gegeben hatte, als von mir angeordnet kommuniziert. So hatten wir beispielsweise im Büro eine neue Espressomaschine und die dazugehörigen Kaffee-Pads. Meine damalige Assistentin behauptete nun, dass die Pads nur für mich bestimmt seien. Das war mir nicht bekannt, und geahnt habe ich es auch nicht. Allein mit solchen ebenso kleinlichen wie unsinnigen Anweisungen kann man das Arbeitsklima beeinträchtigen und das Verhältnis zum Vorgesetzten ungünstig beeinflussen. Erst nach 15 Monaten wurde ich darauf aufmerksam und zog daraufhin sehr schnell die Konsequenzen. Ich habe die Assistentin entlassen, da es keine Vertrauensbasis mehr gab. Das ist nur ein Beispiel unter vielen, welchen Einfluss das Vorzimmer auf das Innenklima und den Betriebsfrieden haben kann. Umso wichtiger ist es also, sich genau zu überlegen, was man von einer so engen Mitarbeiterin wie einer Assistentin erwartet. Möchte man den »Wachhund« oder die »Seele« – so oder so, die Assistenz ist immer die Visitenkarte des Vorgesetzten.

Ich habe als Assistentin versucht, das Beste für die Mitarbeiter und für den Chef zu erreichen, was naturgemäß schwierig ist. Wenn man so will, war ich eine Art Stimmungsbarometer, weil ich die Stimmung des Chefs von allen am ehesten und besten kannte und zu einem gewissen Teil negative Auswirkungen auf die Kollegen wegfiltern konnte. Wenn sich beispielsweise jemand zu einem Gespräch anmelden wollte, konnte ich warnen: »Jetzt besser nicht, er hat heute keinen guten Tag.«

Männliche Unverschämtheiten – und die Faust in der Tasche

Mein Chef hat ziemlich schnell gemerkt, dass ich mitdenke – und mehr kann. Und er unterstützte mich dabei, indem er mich in den technischen Bereich versetzte, der ihm unterstand. Dort war ich an einen neuralgischen Knotenpunkt der Firma gelangt: Ich hatte mich um die technische Hotline und den technischen Support zu kümmern. Bei mir liefen also die Fragen und Beschwerden auf, wenn Kunden Schwierigkeiten mit den Produkten hatten, die wir vertrieben. »Ich habe da ein Problem«, so fing jeder Satz an. Um mit der Mischung aus Aggression und Verzweiflung, die die meisten Anrufer vermitteln, den ganzen Tag klarzukommen, muss man schon gute Nerven haben. Ich hatte fast ausschließlich mit Menschen zu tun, die am Ende ihrer Nerven waren. Meist waren es Männer, die anriefen – und mir als Frau nicht die notwendige Kompetenz zutrauten. Oft musste ich mich gegen handfeste Beleidigungen wehren, und manchmal habe ich mich gefragt: Warum machst du das eigentlich?

In Studien wurde nachgewiesen, dass Menschen, die in einem Callcenter arbeiten, extrem hohen Belastungen ausgesetzt sind. Bei mir war es so, dass fast jeder Tag eine andere massiv geäußerte Unverschämtheit mit sich brachte. Aber ich wusste, dass ich da durch musste. Ich habe diese Zeit als Test an mein Durchhaltevermögen in Erinnerung. Jeder Tag war eine neue Herausforderung und ich habe einfach gespürt, wie wichtig es ist, sich auf andere Menschen und ihre jeweilige Situation einstellen zu können. Es war eine harte Schule, die mich aber am Ende trotzdem weitergebracht hat: Ich habe viel über Menschen lernen dürfen.

Auch intern war ich nicht auf Rosen gebettet. Ich war die einzige Frau, und die meisten Männer waren wesentlich älter als ich. Sie gingen zunächst fast alle auf Distanz, weil sie mich – als ehemalige rechte Hand des Chefs – für eine Art Spionin hielten. Schon die nonverbale Kommunikation der männlichen Kollegen untereinander war sehr vielsagend, offenbar unterstellten sie mir sogar ein Verhältnis mit dem Chef.

Zu dieser Zeit habe ich neben meiner Arbeit noch studiert und abends gekellnert. Und ich hatte eine anstrengende, belastende Liebesbeziehung. Mein Leben verlief demnach nicht gerade stressfrei, als ich diese unterschwelligen Kämpfe mit meinen männlichen Kollegen auszustehen hatte. Als Gegenmittel legte ich ein typisch männliches Verhalten an den Tag: Ich habe alles weggesteckt, ohne Emotionen erkennen zu lassen! Ich habe die Faust geballt – aber nur in der Hosentasche. Aufgrund dieses Verhaltensmusters wurde ich schließlich respektiert. Ich wurde anerkannt, weil ich keine Gefühle zeigte. Männliche Coolness eben. Das hat den Kollegen gefallen. Für mich aber war es ein richtiger Überlebenskampf. Ich habe es in meinem Beruf nicht gewagt, weiblich zu sein, denn ich hatte die Angst, dass ich belächelt werde. Heute würde ich das nicht mehr so machen. Aber damals hielt ich diese Maskerade durch, obwohl ich wusste, dass ich auf Dauer mit dieser Faust in der Tasche nicht sehr weit komme. Zurückblickend war diese Zeit für mich sehr belastend, weil ich mir nicht erlaubt habe – und meiner Einschätzung nach nicht erlauben durfte – so zu sein, wie ich wirklich bin. Diese Last, jeden Tag sich und seine Gefühle zu verleugnen, war für mich bisweilen nur schwer zu ertragen. Immer wieder kam mir der Gedanke: »Jetzt erst recht durchhalten, damit ich es als Vorgesetzte anders machen kann!«

Heute erkenne ich, dass ich damals über Jahre hinweg meinen Freiheitsdrang und meine Individualität unterdrückt habe. Als Kind, als Jugendliche, als junge Frau. Erst unbewusst, dann durchaus bewusst. Ich habe mich vor mir selbst weggeduckt und gegen mein Inneres angekämpft. Mein Ventil war ein exzessives Verhalten im Privatleben. Es gab zwei Gesichter, zwei Leben. Das eine war die Petra, die morgens brav ins Büro geht und ihren Job erledigt. Sie ist diszipliniert, angepasst und lässt niemanden an sich herankommen. Sie ist fleißig und arbeitet, wenn es sein muss, bis spätabends oder nachts. Dann tritt die andere Petra auf. Und diese ist »der Widerstand gegen die Staatsgewalt«. Tanzen, rauchen, Party ohne Ende. Manchmal habe ich ganze Nächte nicht geschlafen.

Ich suchte Kontakt zu Menschen, die am Rande der Gesellschaft standen. Ich wollte alle Seiten der Gesellschaft kennenlernen und das wahre Leben aufsaugen. Auch optisch war ich nachts ein anderer Mensch, ich trug eine andere Kluft und habe mich in der Zeit sehr stark über mein Äußeres definiert. Dem entsprach auch meine Lebensphilosophie nach Dienstschluss: Leben, alles erleben und so viel mitmachen wie möglich! Das überstieg natürlich meine finanziellen Verhältnisse und dauerte etwa fünf Jahre. Meine gesamten Einkünfte flossen in meine damaligen Leidenschaften: Tanzen, Autos, Kleidung und meine ambivalente Beziehung.

Verlorene Freunde und eine verhängnisvolle Liebe

Diese Zeit meines Lebens wurde von einem dramatischen Ereignis überschattet. Eine gute Freundin studierte in Köln und war eines Tages spurlos verschwunden; man vermutete, dass sie ermordet wurde. Die Kripo rief mich an, und ich hatte furchtbare Angst.

Meine Freundin ist bis heute verschwunden. Diese Tragödie wird manchmal noch heute als offener Kriminalfall in den Medien vorgestellt. Sie war mir sehr vertraut, und es gab viele gemeinsame Erinnerungen – auch die böse Vorahnung, die sie und ich wohl damals hatten. Ihr Elternhaus befand sich hinter einem Friedhof, und sie hatte immer Sorge, dass ihr etwas zustoßen könnte. Aus diesem Grund hat sie sich sehr intensiv mit Selbstverteidigung beschäftigt. Auch sprach sie häufig davon, dass man in der Lage sein müsse, sich zu wehren, und darauf vorbereitet sein solle. Sie hatte Angst vor der Dunkelheit, und ich glaube, dass sie in ihrem tiefen Inneren immer wusste, dass sie sich wirklich sorgen musste. Sie war als einzige Frau, die ich kenne, mit einer Gaspistole bewaffnet. Auf offener Straße wurde sie von einem Fremden angesprochen und danach nie wieder gesehen.

Neben der einschneidenden Erfahrung, eine Freundin auf diese unerklärliche Weise zu verlieren, erlebte ich eine weitere, wenn auch anders geartete emotionale Katastrophe in meinem Umfeld. Mein damaliger Freund war extrem besitzergreifend, kontrollsüchtig und übermäßig eifersüchtig. Er wollte mich mit Haut und Haaren, aber nur zu seinen Bedingungen. Es war eine emotional sehr ambivalente Beziehung, die mich sehr viel Kraft gekostet und die mich auch sehr verletzt hat. Die Folge war, dass ich mich viele Jahre gefühlsmäßig gezügelt habe. Emotional war ich wie ein Vulkan, der nur in der Tiefe köchelte, war immer sehr kontrolliert und wollte anderen Menschen gefallen, um meinen Weg zu Ende zu gehen. Ich habe viele Jahre nicht widersprochen, habe mich nicht zu erkennen gegeben und habe einfach funktioniert. Habe Konflikte vermieden oder meine Gefühle ignoriert.

Es hat sehr lange gedauert, bis ich begriff, dass man Gefühle ausleben muss, wenn man auf Dauer keinen Schaden nehmen will. Eine wichtige Erkenntnis, in der sicherlich der Schlüssel zu meinem heutigen Führungsstil liegt.

Mein erster großer Erfolg

Nach dem Ende meiner ersten wirklich echten, leider fast verhängnisvollen Liebe ging es mir irgendwann mental wieder besser. Dies wirkte sich auch beruflich aus. Ich erhielt die Möglichkeit, bei Microware in eine andere Abteilung zu wechseln, ins Produktmanagement. Dort habe ich meine Passion für das Verkaufen und für Marketing entdeckt – und so ein No-Name-Produkt zu einem Verkaufsschlager gemacht. Es handelte sich dabei um eine neue, in ihrem Funktionsumfang etwas reduzierte Netzwerk-Variante namens »Lantastic«, einer interessanten Alternative zu einem teureren Produkt, das mit einem Anteil von 80 Prozent alleiniger Marktführer war. Nach einem Jahr hatten wir einen großen Schritt geschafft, das Produkt hat viele Auszeichnungen erhalten und wir hatten 14 Prozent Marktanteil erobert. Dies war der erste große Erfolg, den ich mir völlig eigenständig erarbeitet hatte.

Am Anfang ging es dabei vor allem um Überzeugungsarbeit: Wie führe ich ein neues Produkt strategisch am Markt ein? Ich habe alle Daten und Fakten analysiert und ein umfassendes Konzept inklusive eines Aktionsplanes erstellt. Da spürte ich zum ersten Mal, wie sehr mich neue Themen faszinieren, wie groß meine Freude an der Entwicklung und wie wichtig das Betreten von Neuland für mich ist. Diese Erfahrung sollte sich wie ein roter Faden durch meine Karriere ziehen. Abwartend und zurückhaltend, wie ich damals noch war, habe ich auch meine Chefs beobachtet, die mich eigenständig arbeiten ließen. Mich hat es sehr bestärkt, dass mir meine Chefs diesen Freiraum gegeben haben, und es hat mich beflügelt, mehr zu machen und neue Dinge auszuprobieren. Ich habe das eigenständige Arbeiten als großen Vertrauensbeweis empfunden, was mich sehr motiviert hat. Durch diese Erfahrung versuche ich auch heute meinen Mitarbeitern einen möglichst großen Handlungsfreiraum zu geben.

Dieses Projekt hätte auch ein frühes, jähes Ende meiner Laufbahn bedeuten können. Manchmal ist es wirklich besser, wenn man sich zu Beginn nicht alle Konsequenzen im Einzelnen ausmalen kann – und manchmal ist es auch besser, wenn man nicht weiter hinterfragt, warum man eine besondere Aufgabe zugeteilt bekommt. Irgendwann habe ich angefangen zu verstehen, dass man mir dieses Projekt übertragen hatte, weil ich mich dort gut üben konnte, ohne dass dies für das Unternehmen mit Risiken verbunden gewesen wäre. Nach dem Motto »Mit dieser eher unbedeutenden Markteinführung kann sie nichts kaputt machen. Schauen wir mal, wie sie das anpackt« hatte man mir die Vermarktung des neuen Produkts anvertraut. Als sich der Erfolg dann sehr schnell einstellte, hatte er ebenso rasch plötzlich viele Väter. Auch in diesem Fall ist die Sichtweise von Chefs interessanterweise ziemlich stereotyp und folgt bekannten psychologischen Mustern: »Das Ding ist ja wie geplant gelaufen, da konnte ja gar nichts schiefgehen. Die habe ich an der langen Leine laufen lassen. Und – bitte – es hat funktioniert. Wenn nicht, hätte ich schon rechtzeitig eingegriffen und das Projekt gestoppt.«

Für fast alle waren der Erfolg dieses Produktes und auch die dadurch ausgelösten Reaktionen in der Öffentlichkeit überraschend. Mir zeigte die öffentliche Meinung, wie unterschiedlich Dinge wahrgenommen und bewertet werden, wie schnell man ungewollt Grenzen überschreitet und Menschen in ihrer Wahrnehmung verletzt. Wir hatten für Lantastic in den Fachmedien eine Anzeigenkampagne gestartet, für die im Studio eine hübsche junge Frau in einem roten Badeanzug fotografiert worden war. Als Symbol für das Netzwerk trug sie Netzstrümpfe. Das war der Vorschlag der Werbeagentur gewesen, ich hatte die Fotos vorher gesehen und fand sie ansprechend. Schließlich waren sie ästhetisch, »cool« – und weiblich.

Nach der Veröffentlichung erhielten wir Beschwerdebriefe von Frauen, aus deren Sicht diese Anzeige ein abwertendes Frauenbild vermittelte. Man nötigte mich zu einer Rechtfertigung, warum gerade ich als Frau diese Werbung zugelassen hatte. Ich war zunächst mehr als irritiert, da ich die Frau auf dem Foto nicht als Produkt oder Ware gesehen hatte, sondern als eine ästhetische Erscheinung mit frischem Sex-Appeal, für mich ein durchaus positives Image. Mit Frauenfeindlichkeit hatte ich die

Kampagne nie in Verbindung gebracht. Das war meine erste Lektion zum Thema »öffentliche Wahrnehmung« – und dazu, dass es oft anders kommt, als man denkt oder es sich vorgestellt hat.

Nach dem Erfolg mit Lantastic suchte ich neue Herausforderungen. Ich war gelangweilt von der Alltagsroutine und hatte den Eindruck, dass ich in Hamburg viel Neues und Interessantes erleben könnte. Diese Stadt hatte mich immer schon angesprochen, also auf zum nächsten Projekt, der Übernahme des Vertriebs für eine Microware-Niederlassung mit Sitz in Hamburg. Ich konnte als Niederlassungsleiterin mit vier Mitarbeitern starten. Gewohnt habe ich in Eppendorf, und an diese Zeit erinnere ich mich vorwiegend positiv.

Ich habe mich in Hamburg zum ersten Mal in meinem Leben wirklich frei gefühlt, nicht zuletzt, weil ich weit weg war – vom Niederrhein, von meinen Eltern, von meiner Jugend, von den unglücklichen Erfahrungen in Düsseldorf. Ich hatte in Hamburg neue und interessante Freunde und Bekannte, ich war mit all dem sehr zufrieden.

Auch beruflich tat sich etwas. Durch Lantastic war ich in der Branche bekannter geworden und man bot mir bei Sybase, einem Unternehmen, das in der Branche Kultstatus hatte, einen hoch dotierten Job als Vertriebsleiterin an. Für mich eine einmalige Chance, die ich mir nicht entgehen lassen wollte. Ich unterschrieb den Vertrag und faxte meine Kündigung zur Microware nach Düsseldorf. Plötzlich wurde es lebhaft um mich: Alle reagierten überrascht oder verwirrt und bestürmten mich mit Fragen. Was denn geschehen sei, es laufe doch gerade so gut. Was ich wolle und was man tun könne, um mich zu halten. Meine Antwort war einfach und klar formuliert: »Ich will Erfahrungen im Management sammeln. Ich will Eigenverantwortung.«

Die einzige Frau im Management und die jüngste Verantwortliche – geht das gut?

Dann nahmen die Dinge rasant ihren Lauf. Ich bekam aus Düsseldorf folgende Antwort: »Wir bieten dir einen Job als Managerin in unserem Haus an.« Konkret gesprochen ging es für mich um die schönste Position, die zu vergeben war: die Leitung des Produktmarketings. Nach der Geschäftsleitung und dem Finanzressort war das der einflussreichste Posten und ich würde ihn bekommen: als erste Frau und jüngste Verantwortliche.

Ich löste meinen Vertrag bei Sybase auf und kehrte nach Düsseldorf in die Zentrale von Microware zurück. Das war im Januar 1993, und ich war 28 Jahre alt. Ging mein Traum jetzt in Erfüllung? Damals glaubte ich mich schon fast am Ziel, doch schon bald musste ich lernen, dass das erst der Anfang war.

Natürlich habe ich unterschwellig gespürt, wie mich die Geschäftsleitung bei aller Anerkennung und allem Wohlwollen täglich beobachtete: »Unser Mädel. Mal schauen, ob sie es schafft.« Mein Vorgänger als Ressortchef, der zurück in die USA ging, war ein charismatischer Mann, der unserer Geschäftsleitung genau auf die Finger geschaut hatte. Dann kam ich, und man glaubte, dass man mit mir leichtes Spiel haben würde. Die ersten sieben Monate ging alles gut, dann kam das Unternehmen ins Straucheln und somit veränderte sich alles. Bei der Firmenleitung war Skepsis vorhanden und ich musste mich beweisen. Teamführung war für mich ein neuer Aspekt, ein richtig spannender Job! Gleichzeitig war es auch eine schwierige Zeit. Ich war verunsichert, spürte, dass ich an meine Grenzen geriet, und hatte die Befürchtung, Fehler zu machen.

Das erste Mal fühlte ich, dass Verantwortung eben nicht nur ein Wort ist. Verantwortung muss man erst haben, um zu spüren, was sie bedeutet. Fehler in diesem Bereich können anderen

Menschen sehr schaden oder gar den Job kosten. Große Verantwortung macht wirklich ehrfürchtig, und am Anfang einer Laufbahn fühlt man eine enorme Belastung: eine neue Art von Druck, nicht nur den Druck, nach oben zu kommen und ein Ergebnis zu erzielen, sondern den Druck, das Richtige zu tun. Meine Freunde und besonders mein Vater waren mir hier eine wichtige Stütze. Der Moment des Durchbruchs in der Karriere ist ein sehr freudiges Ereignis und zugleich ist er auch ein intimer und oft auch ein einsamer Moment, mindestens aber sehr aufwühlend und in seiner Intensität schwer vorhersehbar.

An eine Situation erinnere ich mich noch sehr oft. Dieses Gespräch werde ich nie vergessen. Bei einem Spaziergang mit meinem Vater wurde er ganz ernst und er fragte mich: »Weißt du eigentlich, was du da tust? Willst du wirklich den Preis der Einsamkeit für die Macht und Verantwortung zahlen? Kind, weißt du, was es heißt, das auf Dauer auszuhalten? Denk lieber noch mal nach, zurück kannst du bald nicht mehr. Irgendwann geht es immer nur weiter, anhalten geht dann nicht mehr.« Ich widersprach ihm energisch. Damals war ich der Meinung, dass diese Äußerungen einer Mischung aus einem alten Frauenbild und der Angst um die Tochter entsprungen waren. Heute würde ich ihm recht geben. Man ist wirklich oft einsam, einsamer, als es einem lieb ist. Vermutlich ist es auch das, worüber viele Frauen nachdenken, wenn sie vor der Frage »Karriere oder Kind?« stehen. Dass die in einer Führungsposition spürbare Abgrenzung tatsächlich vorhanden und manchmal schwer zu ertragen ist, habe auch ich erfahren müssen. Wie oft habe ich mich als Vorgesetzte einsam gefühlt, bei Firmen- und Weihnachtsfeiern oder wenn sich die Kollegen nach Feierabend irgendwo trafen und nicht fragten, ob ich Lust hätte mitzugehen.

Sechs Jahre war ich insgesamt bei Microware – bis das Unternehmen Insolvenz anmelden musste. Für mich und meine

Kollegen kam das völlig unvorbereitet und überraschend. Wir glaubten, dass wir in einem gesunden Unternehmen arbeiten. Und eigentlich war es ja auch so. Dann wurde allerdings ein Großauftrag übernommen, für den die Kapitaldecke einfach zu dünn war.

Die Insolvenz und ein weiteres Schlüsselerlebnis

Als guter Geschäftsmann kann man voraussehen, dass man einen gewissen Kapitalbedarf hat. Microware hatte vier Inhaber, darunter waren drei auch in der Geschäftsleitung tätig. Der Hauptgesellschafter und die anderen drei geschäftsführenden Gesellschafter waren sich immer weniger einig und es kam wiederholt zu massiven Verstimmungen untereinander. Dem Hauptgesellschafter fehlte das Vertrauen in die Zukunft des Unternehmens. Es wurde keine Kapitalerhöhung durchgeführt und somit war das Schicksal des Unternehmens besiegelt. Konflikt statt Konsens hatten das Unternehmen, das für mich wie eine zweite Familie wurde, zerstört. Die angestellten Manager konnten nur hilflos zusehen.

Besonders erinnere ich mich noch, dass niemand die Führungskräfte aufklärte. Niemand hat über die Ursachen der Insolvenz gesprochen. Über den Geldmangel. Über die Abhängigkeit von den Banken und einem Großkunden. Über die »Hahnenkämpfe« der Geschäftsleitung. Da wurde mir ein weiteres Mal klar, dass Vorgesetzte verlässlich kommunizieren müssen und ihr Handeln transparent und erklärbar sein muss. Auch und besonders dann, wenn es schlechte Neuigkeiten gibt und es nicht gut läuft. Ich wusste ja bereits, wie es sich anfühlt, wenn man sich als Führungskraft verantwortlich fühlt, auch wenn man nicht aktiv in grundsätzliche Unternehmensentscheidungen eingebunden ist. Die Mitarbeiter stellen Fragen, man selbst ist verunsichert und von den Inhabern kommt keine inhaltliche Aufklärung.

Insofern ist für mich die Bedeutung von Kommunikation kristallklar. Wenn man Information in den Gesamtzusammenhang, in den großen Kontext, setzt, kann man auch unangenehme Nachrichten übermitteln. Menschen brauchen nicht mit Glacéhandschuhen angefasst zu werden, sie wollen mit Respekt und als vollwertige Partner gesehen werden. Herrschaftswissen oder bewusst ausgelassene Information, wie es häufig noch in männerdominierten Unternehmen üblich ist, verunsichert die Mitarbeiter in hohem Maße. Das habe ich während der Microware-Pleite spüren müssen. Diese Erfahrung wurde zum Schlüsselerlebnis für mich und ich habe gelernt, dass der gezielte Umgang mit Informationen ein zentrales Instrument der Macht ist. Wissen und Information bedeuten nun einmal Macht, deshalb ist Transparenz für viele Manager eine Herausforderung, fürchten sie doch eingeschränkte Einflussnahme oder Kontrollverlust.

Wir waren 100 Mitarbeiter, die praktisch über Nacht keinen Job mehr hatten. Der Konkursverwalter kam, wir alle mussten unsere Büros verlassen. Ich musste mich beim Arbeitsamt melden, um Konkursausfallgeld zu beantragen. Ein für mich damals sehr erniedrigendes Gefühl, das kurz darauf in einem massiven finanziellen Engpass gipfelte. Ich erhielt sechs Wochen kein Geld und hatte nichts angespart. Wie sollte es jetzt weitergehen? Ich versuchte mit meinen ehemaligen Chefs zu reden, aber die waren absolut desinteressiert an meinem Schicksal. Das hat mich sehr verletzt. Wieso tun die nichts für mich? Warum reden die nicht mit uns? Sind wir denen, die alles verschuldet haben, denn völlig egal? In guten Zeiten war ich doch die hochgelobte Mitarbeiterin.

Mein ehemaliger Chef gründete dann ein neues Unternehmen. Ich hoffte zunächst, dass er mir als seiner Vertrauten ein Angebot machen würde. Doch nichts dergleichen geschah. Ich war auch davon enttäuscht und dachte oft in voller Reue wieder an das Angebot von Sybase, das ich für Microware ausgeschlagen hatte. Ich habe mich gefragt, warum ich mich damals nur so entschieden hatte. Doch ich erkannte später, dass es wohl auch sein Gutes hatte.

Schließlich erhielt ich doch wesentlich früher einen neuen Job, als ich befürchtet hatte. Als Marketing-Manager bei SEMA-Group in Ratingen bei Düsseldorf, einer Tochtergesellschaft eines französischen Unternehmens der IT-Branche. Sehr schnell registrierte ich, dass mein Ressort nicht die finanzielle Ausstattung hatte, die ich gebraucht hätte, um erfolgreich zu sein. Eigentlich habe ich mich nur selbst gemanagt und versucht zu verstehen, wo ich dem Unternehmen wohl einen Mehrwert bieten könnte. Eine sehr befremdliche Erfahrung. Ich habe mich in dieser Zeit oft gefragt, ob ich mein Geld wirklich verdient habe.

Mein Chef, ein Deutscher, war in meinen Augen ein schwieriger Zeitgenosse, cholerisch und unberechenbar. Seine Begeisterung für meine Pläne zur Vermarktung der Produkte nahm rapide ab, als er hörte, dass das Geld kosten würde. Das Unternehmen wollte nichts investieren, und mir war klar, dass das auf Dauer nicht gut gehen konnte. Rückblickend bin ich wohl nur in dieses Unternehmen geraten, um meinen heutigen Mann kennenzulernen.

Nachdem ich etwa acht Monate bei SEMA-Group tätig war, empfahlen mich ehemalige Kollegen von Microware bei Sybase, dieses Mal in Düsseldorf. Das war jenes Unternehmen, dem ich vor Jahresfrist einen Korb gegeben hatte. Sollte ich es wirklich wagen? Würden sie mir wirklich noch einmal ein Angebot unterbreiten? Es war für mich wie ein Wunder, ein ganz großes

Glück: Sie wollten mich tatsächlich noch, denn sie konnten sich sehr gut an »die Frau von Lantastic« erinnern. Nach der traurigen Erfahrung mit der Microware-Insolvenz und ihren unwürdigen Begleitumständen durfte ich erfahren, dass ich doch noch etwas wert war oder dass mein Ruf offenbar besser war, als ich damals annahm. So startete ich bei Sybase in Düsseldorf – mit einem richtig interessanten und gut dotierten Job. Ich war als Managerin verantwortlich für den Aufbau eines indirekten Vertriebskanals. Mein damaliger Freund und heutiger Ehemann Armin blieb bei Semagroup und agierte als Vertriebsleiter von Wilhelmshaven aus.

Sybase war ein IT-Unternehmen von Weltrang. Eine US-Firma mit fast 6000 Mitarbeitern, global agierend, extrem innovativ und wissenschaftlich auf höchstem Niveau. Wir hatten nicht selten den Eindruck »Wir sind die Elite«. Und in der Tat war Sybase in der IT-Branche der Trendsetter. Wir hatten viele hochintelligente und hoch qualifizierte Mitarbeiter. Die von uns entwickelte Datenbanksoftware ist die Basis vieler wichtiger Anwendungen, die uns heute begleiten. Die Produkte hatten eine außergewöhnliche Qualität; wir waren Mitwettbewerber von Oracle und sozusagen der Technologie-Innovator.

In der deutschen Niederlassung sollte ich gleich zu Beginn etwas Neues einführen. Das war sehr spannend, zumal mir, wie schon erwähnt, innovative Dinge liegen. Neue Wege sind für mich eine große Herausforderung, der ich mich gerne stelle, denn ich setze mich nicht gern in gemachte Nester. In eingefahrenen Bahnen zu arbeiten finde ich langweilig. Das Neue reizt mich, obwohl es alles andere als einfach ist, in einem etablierten und erfolgreichen Unternehmen etwas Neues einzuführen, denn das könnte die Unternehmensstrukturen infrage stellen. Auch mein Projekt – ein neuer Vertriebskanal – entsprach nicht den tradierten Strukturen.

Ich musste etliche Konfrontationen durchstehen und wurde von einigen wegen meines Elans belächelt, zugleich war ich aber sehr von dem Wohlwollen und der Gunst meiner Kollegen abhängig. Ich spürte, dass ich nicht wirklich ernst genommen wurde, oder mir wurde mit Misstrauen begegnet. Sehr gut sind mir noch die Sprüche einiger Männer in Erinnerung: »Ach, da kommt sie ja schon wieder.« Oder: »Du machst das schon …«, ohne sich wirklich mit dem auseinanderzusetzen, was ich eigentlich tat. Mein Chef unterstützte mich jedoch und sprach mir sein Vertrauen aus. Schließlich gelang es mir, mich mit besonders hohem Einsatz und Sachverstand durchzusetzen. Tag und Nacht arbeitete ich, definierte mich über Arbeitsvolumen und Inhalte und holte mir Tag für Tag ein bisschen mehr Respekt. Ich war damals noch sehr stark davon überzeugt, dass eine Frau sehr viel arbeiten muss, um sich bei den Männern zu behaupten. Auch heute sehe ich in meinem Alltag immer wieder Frauen, die sich über einen außergewöhnlich hohen Arbeitseinsatz durchsetzen wollen. Oft werde ich gefragt, ob ich so viel gearbeitet habe, weil ich eine Frau bin, und ja – ich habe es getan, aber ich weiß heute, dass es einen anderen Grund gab, warum ich weitergekommen bin. Nicht der überdurchschnittliche Einsatz hat mich dorthin gebracht, sondern weil ich einen Chef hatte, der meine Qualitäten erkannt hatte und bereit war, mich zu fördern. Und ich habe ihm mitgeteilt, was ich erreichen will und was ich mir beruflich wünsche. Sein Vertrauen, seine Förderung und mein klares Bekenntnis zur Karriere waren die wahren Gründe, warum ich den nächsten Schritt angeboten bekam.

Dann kam eine Riesenchance – und ich habe sie vertan!

Daraufhin ging ich für zwei Monate in die USA an den Sybase-Hauptsitz in der Bay Area an der kalifornischen Nordküste. Ein sehr wichtiger Punkt in meinem Leben und eine tolle Zeit. Die Amerikaner wollten europäische Komponenten in die Unternehmenskultur einbringen und machten mir das Angebot, in Amerika zu bleiben. Ich war hin- und hergerissen. Zum ersten Mal in meinem Leben habe ich ernsthaft erwogen, ganz in die USA zu gehen. Man bot mir einen US-Vertrag an, und ich zermarterte mir den Kopf. Dann wurde mein direkter Vorgesetzter schwer krank und ich beschloss, nach Deutschland zurückzukehren. Rückblickend muss ich sagen, dass ich meine Risikobereitschaft offenbar zu stark herausgefordert hatte und mich zum damaligen Zeitpunkt nicht überwinden konnte, in die USA zu gehen. Mein Partner hätte mich dabei unterstützt, aber ich habe mich nicht getraut. Was heute normal ist, war damals noch ein großer Schritt. Die amerikanische Kultur war mir damals noch zu weit entfernt und ich hatte Sorge, mich dort einzuleben. Heute weiß ich: Das war möglicherweise ein Fehler! Ich hätte sicherlich zu dieser Zeit in den USA schneller mehr erreichen können. Schließlich liegt die Wiege der IT-Branche in den USA und somit hatte man damals dort noch viel mehr Chancen, globale Karrieren aufzubauen.

Meine Karriere wäre sicherlich spektakulärer verlaufen, denn wir standen damals kurz vor dem großen IT-Hype von 1999 bis 2001. Wäre ich in den USA geblieben, hätte ich diese Zeit direkt im Zentrum unter der kalifornischen Sonne miterlebt und ich wäre ein Teil davon gewesen. Wenn ich heute darüber nachdenke, war es eine schicksalhafte Entscheidung, und das Schlimmste ist, dass ich es noch nicht einmal so empfunden habe. Mir war überhaupt nicht bewusst, in welcher Situation ich mich wirklich befand. Ich war so in meine Arbeit vertieft, dass ich nur geradeaus geschaut habe. Ein Blick nach rechts oder links hätte mir gezeigt, dass ich eine besondere Zeit mit vielen Chancen vor mir hatte. Aber ich habe es übersehen oder anders formuliert: Ich habe den Wald vor lauter Bäumen nicht mehr gesehen. Rückblickend hat sich natürlich alles gefügt, da sich viele andere Chancen aufgetan haben – dennoch war das für die damalige Zeit eine ganz unglaubliche Möglichkeit, die sich mir da geboten hat.

Ich hätte mit der einen oder anderen Entscheidung sehr viel Geld verdienen können, aber das war für mich nicht der entscheidende Motivator. Finanzielle Anreize waren nie der Antrieb für meine Karriere.

Ich habe im Berufsleben sehr viel Druck erfahren, was auch körperliche Belastungen mit sich bringt. Man lebt ständig in einer Art Konfliktkosmos. Da habe ich das Gehalt, das ich bekomme, immer auch als eine Art Schmerzensgeld betrachtet. Ich kann mir jetzt vieles leisten, aber Geld allein hat für mich immer noch keine große Bedeutung. Meine Beziehung zu Geld war immer, es auszugeben. Geld muss fließen. Als ich 18 war, hat mir einmal ein weiser Mann gesagt: »Geld ist eine andere Form der Energie – wenn es fließt, wird es mehr.« Damals habe ich diese Aussage als sehr eigenwillig empfunden. Heute verstehe ich, was er gemeint hat.

Doch zurück zu meinem USA-Aufenthalt: Wenn man so will, war ich damals im Auge des Taifuns. Ich habe nichts von dem Tempo und der Rasanz unserer Arbeit mitbekommen. Die Unfähigkeit, alles in der Situation zu erkennen und zu sehen, überrascht mich heute noch. Die Entscheidung für die USA war mir zu riskant. Ich hatte zu wenig Mut und der Vertrag, den man mir anbot, war mir zu unsicher. Das amerikanische Hire-and-Fire-Prinzip wirkte auf mich abschreckend, ich wollte kein so großes berufliches Risiko eingehen. Wenn ich es recht betrachte, war damals meine Risikoarmut mein eigentlicher Antrieb.

Ich konnte die finanziellen Engpässe, die ich beim Ende von Microware erlebt hatte, nicht vergessen; so etwas wollte ich nie wieder erleben. Das Gefühl, nicht genügend abgesichert zu sein, sich nichts leisten zu können und dass nichts dazwischenkommen darf, hat mich viel Kraft gekostet. Ich wollte auf keinen Fall wieder in der Geldfalle landen. Auch deshalb kehrte ich nach Deutschland zurück. Heute weiß ich, dass ich die negativen Erfahrungen noch nicht verarbeitet hatte, ich war ein gebranntes Kind und musste erst mit den Verletzungen, die ich davongetragen hatte, fertigwerden. Mit dem finanziellen Debakel, mit dem Gefühl der Verlassenheit.

Doch wie schwerwiegend diese Erfahrungen auch waren – das Ende bei Microware, meine unglückliche Beziehung, der Tod meiner Freunde: Ich spürte, wie mich die Arbeit bei Sybase mehr und mehr kurierte. Auch wenn die Möglichkeit des Scheiterns bestand und nicht einmal unwahrscheinlich war, so war ich doch fest davon überzeugt, mein Ziel, einen neuen Vertriebsweg zu installieren, erfolgreich umsetzen zu können. Und die Zuversicht hat gesiegt: Ich war erfolgreich, ich traute mir selbst etwas zu und auch andere haben mir immer mehr vertraut und zugetraut. Ich bekam die für mich wichtige Portion an Wertschätzung, das war damals Balsam für meine Seele. Langsam, aber sicher fand ich wieder zu meinem inneren Gleichgewicht. Dieses Unternehmen war rückblickend betrachtet die Basis für meine spätere Karriere.

Jeder Mensch hat in seiner Laufbahn Phasen der Konsolidierung, und dieser Job war für mich der Start in ein besseres Leben. Eine neue Liebe mit Armin, meinem heutigen Mann. Es fühlte sich an wie ein neues Leben – mit Sybase hatte sich mein Leben stabilisiert. Ich habe gemerkt, es geht wieder weiter. Ich hatte wieder Vertrauen in mein Leben gewonnen. Bis zu meinem 29. Lebensjahr habe ich viele schmerzliche Trennungen erlebt. Und heute – viele Jahre später – bin ich froh, dass das so früh geschah. Diese Erfahrungen haben mich als Person reifen lassen und mich aufgefordert, mich und mein Umfeld zu reflektieren.

Ende 1995 kehrte ich also aus den USA nach Düsseldorf zurück. Mein Freund ging zu der Zeit als Niederlassungsleiter seiner Firma nach München. Er bat mich, mit ihm zu gehen. Nach reiflicher Überlegung ging ich auch an die Isar und machte in München ein Home Office auf. Alle zwei, drei Wochen flog ich zu Sybase nach Düsseldorf, um mich mit den Kollegen und dem Chef abzustimmen. Doch richtig zufrieden war ich in München nicht, weder mit der Stadt noch mit der Home-Office-Lösung. Ich fühlte mich abgeschnitten vom Informationsfluss und mir war klar, dass das auf die Dauer keine Lösung war. Da entdeckte ich eine Anzeige in der *Süddeutschen Zeitung*. Das internationale Software-Unternehmen Informix hatte eine leitende Position im Channel-Marketing neu zu besetzen. Und Informix saß in Ismaning, direkt vor den Toren Münchens. Nach einem Gespräch mit dem Chef für Deutschland, Österreich und die Schweiz sagte er: »Ich will Sie haben!« So wechselte ich zu Informix. Als brisant erwies sich jedoch die Tatsache, dass Informix ein direkter Wettbewerber von Sybase war. Meine Integrität wurde infrage gestellt und ich war überrascht, dass Kunden und Partner mir mangelnde Loyalität unterstellten, hatte ich doch niemals die Absicht, meinen neuen und alten Arbeitgeber gegeneinander auszuspielen. Mir war diese Art von Denken sehr fremd und es hat mich sehr getroffen, weil ich stets eine loyale Mitarbeiterin war.

Bei Informix angekommen, wurde ich von dem Geschäftsführer beauftragt, mir alles genau anzuschauen und ihm dann persönlich Bericht über meine Eindrücke zu erstatten. Er wollte wissen, was wirklich läuft. Hoch motiviert habe ich mich dieser Aufgabe gestellt. Schnell wurde mir klar, dass ich hier eine mutige Vorstellung gab, denn ich ging den Dingen auf den Grund, und dort lag einiges im Argen. Beispielsweise wurden manche Kunden von fünf unterschiedlichen Mitarbeitern betreut, und niemand wusste genau, was der jeweilige Kollege beim Kunden machte. Die Frage war: Wie kann das sein und wie können wir das lösen? Nach der Analyse galt es, eine Lösung auszuarbeiten und zu präsentieren. Also habe ich vorgeschlagen, mehrere Vertriebswege zusammenzulegen, was vor dem Hintergrund der damaligen Struktur der Firma einer Revolution gleichkam. Dieser Vorschlag war eine hochgefährliche Angelegenheit, obwohl mein Chef klar signalisiert hatte: »Es gibt keine Tabus.« Ich wusste, er meinte damit »make or break!«

Innerhalb von neun Monaten erarbeitete ich ein Konzept, das ich dann den beiden Geschäftsführern vorstellte. Die Konzeptpräsentation war ein schwerer Moment. Ich sah in ausdruckslose, versteinerte Gesichter, die mir nur eines zurückmeldeten: »Wir werden dir jetzt kein Signal geben!« Ich fühlte mich regelrecht gegrillt. Kein Kommentar, weder positiv noch negativ. Nur: »Danke, das war's.«

Ein Karrieresprung mit unerwarteten Folgen

Eine Woche lang habe ich nichts gehört. Aus meiner Sicht kein gutes Beispiel für Kommunikation. Dann stand eine USA-Reise an und ich wunderte mich, dass ich überhaupt noch eingeladen war. Es ging mit zwei leitenden Managern in die Zentrale ins Silicon Valley bei San Francisco. Nach einigen Tagen sprachen mich die beiden an und fragten: »Stehst du eigentlich noch zu deinem Konzept?« Ich sagte: »Ja!« Und die nächste Frage lautete:

»Kannst du es auch umsetzen?« Ich bejahte auch das und die Antwort hieß: »Dann mach es.« Ich wollte meinen Ohren nicht trauen. War das jetzt die heiß ersehnte Beförderung? Doch ich hörte auch einen Unterton, der mich schnell daran erinnerte, dass es ab jetzt kühler werden würde. Diese Botschaft war unüberhörbar: »Wir schauen zu, ob und wie du damit klarkommst. Du stehst unter Beobachtung.«

Im Januar 1998 musste ich mein Konzept vor der gesamten Belegschaft von 400 Leuten präsentieren. Ich wurde als Manager Partner Sales für Deutschland, Österreich, Schweiz und osteuropäische Länder sowie als Mitglied der Geschäftsleitung für diesen Bereich vorgestellt und ich war mir damals nicht bewusst, was jetzt vor mir lag. Erst als ich auf der Bühne stand, wurde mir unmissverständlich klar:

Es war ein großer Karrieresprung – bis dahin der größte. Ich habe mich gefreut und ich habe gelitten, denn von einer Sekunde auf die andere wurde ich von meinen Manager-Kollegen von einer geschätzten Kollegin zu einer Widersacherin, viele gingen auf Distanz. Plötzlich war sie wieder da, diese Einsamkeit der Führungskräfte, vor der mich mein Vater gewarnt hatte. Zahlreiche Kollegen, die mir etwas bedeutet hatten, verhielten sich plötzlich abweisend oder zumindest anders.

Immer wieder habe ich mich gefragt: Was ist jetzt bitte anders? Irgendetwas hatte sich verändert, es war doch nur ein neuer Titel, aber es war eine andere Aufgabe. Schließlich war ich nun in der Geschäftsleitung und hatte mehr Verantwortung als die anderen Führungskräfte. Der Sprung in die erste Ebene war eine große Freude und ein großer Schock zugleich.

Ich war doch noch immer der gleiche Mensch. Plötzlich wurde mir die Isolation deutlich bewusst. Ich war geschockt und habe unter den negativen Reaktionen gelitten. Es waren schmerzliche Momente in der Stunde des Aufstiegs. Dann hörte ich auch noch von bösen Gerüchten: »Warum ist die eigentlich hochgekommen? Die hatte doch eine Affäre mit dem und dem.« Manche Ressortleiter oder Kollegen aus der Geschäftsleitung haben von oben herab auf mich geschaut, darauf lauernd, dass ich mit meinem Konzept abstürze oder Fehler mache.

Ich habe das alles intensiv gespürt, habe die missgünstigen oder neidischen Blicke gesehen und es hat wehgetan, aber ich fühlte auch, wie sich mein Widerstand regte, vielleicht ein bisschen naiv nach dem Motto »Das Gute wird siegen!«. Voller Elan habe ich auf meine Leistungsbereitschaft vertraut und war mir sicher, dass ich es schaffen würde. Früher oder später würde sich alles wieder beruhigen und es würde wieder besser werden. So dachte ich damals, aber irgendwann wusste ich, dass es nie wieder so würde, wie es einmal gewesen war. Ich hatte es begriffen. Es war eine schmerzhafte Erkenntnis, die mich auch heute, nach 13 Jahren Führungserfahrung, noch immer beschäftigt. Die Einsamkeit der Führung ist etwas, was man nur nachempfinden kann, wenn man es erlebt hat. Sie konfrontierte mich mit allen meinen Unsicherheiten.

In den folgenden vier Monaten habe ich erfahren, dass es eine der wichtigsten Aufgaben ist, Menschen zu motivieren. Mit Transparenz, Offenheit und respektvollem Umgang habe ich mich dem Team genähert. Langsam gewann ich den Eindruck, dass die Gräben zwischen mir und den Mitarbeitern kleiner wurden. Die Abteilung wuchs nicht nur in Bezug auf Arbeit und Effizienz zusammen, sondern auch menschlich. Ich glaube, das war der eigentliche Sieg. Doch dann stand plötzlich die nächste Herausforderung vor der Tür.

Informix war ein Hype-Unternehmen in einer Hype-Epoche der IT-Entwicklung. Die Branche boomte und blähte sich immer mehr auf. Alle arbeiteten wie im Fieber auf den nächsten Umsatzrekord hin. Jeder wollte einem Milliarden-Unternehmen angehören. Die Börsenanalysten sahen in Informix einen Anlagekandidaten mit extremen Zuwächsen, entsprechend war ihre Erwartungshaltung – und ihr Druck auf das Unternehmen. Die Umsätze stiegen und stiegen, der Zwang, schnelle Deals abzuschließen, wurde größer. Immer mehr Millionen wurden benötigt, aber wir alle wussten, dass sich das Unternehmen gerade überhitzte. Ich ahnte, dass bald eine andere Zeit kommen würde. Das unangenehme Gefühl in der Magengrube ließ nicht nach.

Wir bereiteten uns im März 1998 auf die Messe CeBIT in Hannover vor. Wir hatten einen riesigen, um nicht zu sagen größenwahnsinnigen Stand angemietet. Er war zwar viel zu groß für uns, doch er sollte uns in eine neue Ära katapultieren und kam dem Selbstverständnis der Informix-Manager sehr nahe. Es ging auf das Ende des Quartals zu und die Unruhe wuchs: Erfüllen wir die hohen Erwartungen der Börsenanalysten? Gelingt der Sprung über die Milliarde? Neben der Selbstüberschätzung schwang da schon die Angst mit und die Gerüchte über verfehlte Ergebnisse verdichteten sich.

Diese Messe war für mich trotzdem wie ein Rausch. Ich hatte ein eigenes Büro auf dem Dach in der Halle 1 – Statussymbol und Signal an alle: »Sie ist wichtig.« Nur Vorstände und Geschäftsführer hatten ein eigenes Büro auf dem Messestand. Und auf dem Dach saßen nur die echten VIPs. Jetzt gehörte ich dazu, einige Jahre zuvor hatte ich mir bei einem meiner Messebesuche noch sehnlich gewünscht, irgendwann mal auf dem Dach in Halle 1 zu sitzen. Nun war es so weit. Es war für mich der Beweis, dass ich es jetzt geschafft hatte, ich war in der ersten Liga angekommen. Und doch spürte ich immer wieder, dass diese Luft sehr dünn war. Ich hatte noch keine Routine im selbstverständlichen Umgang mit Statussymbolen und ich konnte mich noch nicht wirklich selbstsicher in dieser Umgebung bewegen. Also neigte ich dazu, mein Defizit mit extrem geschäftsmäßiger Kleidung und extremer Aufmerksamkeit zu kompensieren. Jedes berufliche Thema war mir willkommen, Hauptsache, ich konnte meine innere Unsicherheit hinter fachlichen Diskussionen verstecken. Auf der anderen Seite genoss ich die Exklusivität, mit dem Lift vom Erdgeschoss der Messehalle in die Dachetage zu fahren und dort meine Assistentin zu treffen. Ich konnte in Ruhe Gespräche führen, fernab vom Trubel, vom Messelärm.

Die eine Seite in mir war begeistert und fühlte sich sehr angesprochen von diesen Symbolen der Macht, andererseits regte sich in mir eine mahnende Stimme, die mich unnachgiebig erinnerte, vorsichtig zu sein und bodenständig zu bleiben. Es gab nicht viele Momente in meiner Laufbahn, in denen ich mich fühlte, als sei ich beschwipst. Diese Messe hatte für mich aber etwas Magisches. Und genau das ist es, was es für Manager oft so schwer macht, auf dem Boden zu bleiben. Mitarbeiter und Kollegen waren freundlich und bemühten sich um mich. Fast hatte ich den Eindruck, dass sie es wirklich ehrlich meinten, dass sie mich, den Menschen, ansprachen. Natürlich wissen wir jetzt alle, dass es nicht um mich, sondern nur um meine Funktion ging. Aber als sehr junges Mitglied der Geschäftsleitung dachte ich, dass sie mich auch wirklich mögen würden und müssten.

Getragen von dem Gefühl, viel erreicht zu haben, fühlte ich mich aber auch zunehmend unwohl, weil ich nicht wusste, wie ich mich verhalten sollte. Was ist angemessen? Wen kann ich fragen? Kann ich überhaupt noch jemanden fragen? Bei diesen Fragen ahnte ich plötzlich wieder, was mein Vater mit der Einsamkeit gemeint hatte. Meinen Chef konnte ich nicht ansprechen, weil er ein Typ war, der es nicht sonderlich schätzte, wenn man ratlos war. Meine Kollegen haben kaum mit mir geredet, wurde ich doch als »neuer Stern« argwöhnisch beobachtet und auf Distanz gehalten. Hier bestand eher die Gefahr, dass ich gezielt falsche Informationen bekommen hätte.

Eine Lösung wäre sicherlich Mentoring gewesen. Heute ist es in globalen Organisationen weitverbreitet, doch damals war es eher die Ausnahme, auf jeden Fall hatte Informix kein derartiges Programm. Mir stand diese wertvolle neutrale Möglichkeit der Karriereförderung also nicht zur Verfügung. Diese Erfahrung hat mich motiviert, mich auch immer wieder als Mentor zur Verfügung zu stellen. Jeder Führungskraft mangelt es an Möglichkeiten des Austauschs, sodass es gerade in kritischen Situationen sehr hilfreich und wertvoll ist, jemanden fragen zu können und Erfahrungen auszutauschen. Damals hatte ich keinen Mentor, also musste ich vermutlich umständlich und viel zu langsam Informationen beschaffen. Ich hatte überwiegend Termine mit Führungskräften unserer Kunden, Geschäftspartnern oder Beratern. Also überlegte ich mir, bei allen Gesprächen eine »persönliche« Frage zu stellen, die ich mit jedem meiner Gesprächspartner diskutierte. Damit bekam ich vielfältige Antworten. Das ist eine sehr interessante Taktik, die sich bis heute als hilfreich erwiesen hat. Entscheidend ist nur, dass man bei einer Frage bleibt und sicherstellt, dass sie auch wirklich korrekt verstanden und beantwortet wird. Für mich war es wichtig herauszufinden, welche heimlichen Gesetze in den Führungsetagen existieren. Ich habe auf diese Art wichtige Informationen sammeln können.

Noch heute bin ich überrascht, was passiert, wenn man die viel zitierte »gläserne Decke« durchbricht. Vor allen Dingen erstaunte mich in all den Jahren, wie schlecht Unternehmen ihre Mitarbeiter auf neue Führungsaufgaben vorbereiten. Plötzlich wird man Führungskraft, und selbstverständlich wird erwartet, dass man funktioniert. Es gibt eine kurze Einarbeitungsphase, nur verläuft diese ebenfalls anders als gedacht, denn Fragen zu stellen kann durchaus heikel sein. Zwar wird immer in Aussicht gestellt, dass man sich jederzeit mit Fragen an Vorgesetzte wenden könnte, doch nur mit Einschränkungen: Fragen seien immer erlaubt, aber sie müssten klug sein und sollten auch kein zweites Mal gestellt werden müssen. Oft habe ich mir gedacht: Was sind denn kluge Fragen?

Zurück zur Firmensituation: Die CeBIT war vorbei, und dann krachte es: Über Nacht wurde der Börsenhandel für Informix-Aktien ausgesetzt. Als ich an diesem Morgen ins Büro kam, ahnte ich noch nicht, was los war, aber dann überschlugen sich die Ereignisse. Der CEO (Vorstandvorsitzende) wurde sofort abgesetzt, ein neuer CEO und ein neuer CFO (Finanzchef) wurden angekündigt. Fast alle weiteren Vorstände wurden in den nächsten beiden Tagen gefeuert. Phil White, der einstige CEO von Informix, wurde später festgenommen und ging ins Gefängnis. Es hieß, er sei an »seiner Gier, seinen Lügen und der Lust an der Macht« gescheitert, wie Steve Martin in seinem Buch über den Informix-Skandal schrieb.[8]

Ein neuer Aufstieg inmitten eines Skandals

Die Ereignisse um Informix waren mit Abstand das Dramatischste, was ich in meinem beruflichen Leben bisher erlebt habe. Ich hatte noch die letzten Meter vor der Gipfelbesteigung erlebt, und plötzlich saß ich wie in einer Achterbahn im freien Fall vor dem ersten Looping. Informix stürzte tief und war kurz davor, »Chapter 11« in den USA anzumelden – die Insolvenz mit dem Ziel der Reorganisation zur Rettung des Unternehmens. Der einstige Börsenliebling stand vor dem Abgrund.

Die Führungswechsel erreichten auch Europa und Deutschland, damals der zweitgrößte Markt für Informix. Mein Förderer, der Europa-Chef, hatte es wie auch der Deutschland-Chef vorgezogen, das Unternehmen zu verlassen. Ich wusste nicht, was mit mir passieren würde. Vermutlich war ich in den USA nicht bekannt genug, als dass man mich gefeuert hätte, oder ich war nicht lange genug dabei, um zur Verantwortung gezogen zu werden. Von der achtköpfigen Geschäftsleitung blieben nur der Personal-, der Großkunden- und der Marketing-Chef übrig. Bei diesem Kahlschlag hatte ich auch keine Lust mehr weiterzumachen. Ich war traurig und emotional aufgewühlt, als ich sehen musste, dass die Menschen, die mich gefördert hatten, alle gingen. Ich wandte mich an den scheidenden Europa-Chef und sagte ihm, dass ich auch weg wollte. Darauf erwiderte er: »Nein, du gehst nicht! Dich werden sie noch brauchen.«

Ich war vollkommen überrascht von der Eigendynamik und vor allem vom Tempo, das in solchen Extremsituationen entsteht. Was mich damals bewegte, mir auch eine andere Position suchen zu wollen, war meine Loyalität und gleichzeitig die Angst, die einzigen vermeintlichen Bezugspersonen zu verlieren. Ich wusste nicht, wie es weitergehen sollte, ehrlich gesagt: Ich war verzweifelt. Auf einmal war die Firma in einer sich nach unten drehenden Spirale, und ich musste professionell reagieren und wichtige Entscheidungen treffen. In meinem Bereich waren viele Verträge zu prüfen und Geschäftsbeziehungen, die über viele Jahre bestanden hatten, auf den Prüfstand zu stellen.

Bei einem Telefonat mit dem Finanzchef bat er mich um diese Überprüfungen und kündigte an, dass wir gemeinsam harte Verhandlungen vor uns hätten und dass er auf mich zählen würde. Dann teilte er mir mit, dass wir im Übrigen die Belegschaft halbieren müssten. Das sei eine klare Ansage aus den USA. Der einzige Grund, den er mir dafür nannte, war, dass Deutschland wie alle anderen Länder dazu beitragen müsse, das Unternehmen zu retten. Uns wurden drei Tage Zeit gegeben, die Organisation neu zu ordnen.

In diesen Tagen bin ich über mich hinausgewachsen. Ich habe gekämpft wie eine Löwin, war aber dabei sehr ruhig. Die Herausforderungen waren gigantisch, eine zeitliche Verzögerung war nicht möglich – und der Druck der Amerikaner war riesengroß. Meine Kollegen in der Geschäftsleitung waren verunsichert, es begann der Überlebenskampf in der Chefetage. Für mich stand fest, dass wir die Entlassungen der Mitarbeiter sozial verträglich regeln würden. Vertreten konnte ich diesen Einschnitt vor mir vor allen Dingen deshalb, weil mir bewusst war, dass das Unternehmen nur gerettet werden kann, wenn massiv Kosten reduziert werden. Es ging nur um die Frage: Überlebt das Unternehmen diese Krise oder nicht? Meine Kollegen diskutierten stundenlang, aus welchen Bereichen die meisten Mitarbeiter zu gehen hätten. Es war wie auf einem Basar, und vor allen Dingen ging es oft primär darum, keine Macht abzugeben. Die Anzahl der Mitarbeiter war zu diesem Zeitpunkt offenbar gleichbedeutend mit dem Grad des Einflusses. Also wurde am Ende auch um die Bedeutung jedes Ressorts gerungen.

Die Diskussionen in der Geschäftsleitung erwiesen sich als zermürbend, auch weil es ja nur eine kommissarische Führung gab. Wir waren also ohne direkten Vorgesetzten und mussten im Team angesichts so vieler Zielkonflikte eine Entscheidung treffen. Schließlich wurde es einem Kollegen und mir zu bunt: Wir boten an, dass wir freiwillig unsere Stühle räumen würden, wenn wir mit diesem Schritt das Hauptthema klären könnten. Falls es in der Geschäftsleitung auf Kündigungen hinauslaufen sollte, würden wir auf unsere Jobs verzichten. Dieser Befreiungsschlag saß: Keiner der Kollegen wollte, dass wir gehen; wir fühlten uns ein wenig geschmeichelt, aber dafür war keine Zeit. Mit diesem Schachzug hatten wir alle zur Ordnung gerufen, das Management war endlich auf dem Lösungsweg: Jeder Bereich musste Mitarbeiter abbauen, und jeder ging dabei anders vor.

Für solche Situationen gibt es kein Patentrezept, und Zeit für Ratschläge war auch wenig. Mir blieb also nur übrig, mich auf mich selbst zu verlassen und auf meine Intuition zu vertrauen. Am nächsten Morgen habe ich mein Team versammelt, die Lage im Detail erläutert und die Konsequenzen aufgezeigt. Für die Mitarbeiter gab es zwei Möglichkeiten: entweder einen Aufhebungsvertrag mit Abfindung zu unterschreiben oder bei Informix zu bleiben. Ich habe die Leute aufgefordert, sich binnen zwölf Stunden zu entscheiden. Wenn sich nicht genügend Freiwillige melden würden, das war jedem klar, müsste und würde am Ende ich die Entscheidung treffen. Zuvor hatte ich mir eine Liste gemacht, nach Alter, Familienstand, Betriebszugehörigkeit. Die Amerikaner hatten angeordnet, dass wir binnen 48 Stunden die Namen der zu kündigenden Mitarbeiter zu liefern hätten.

Ich kannte mein Team und wusste, dass einige unter diesen Umständen nicht bleiben wollten. Und so kam es, dass sich genau die Mitarbeiter gemeldet haben, die auf meiner geheimen Liste standen und denen ich notfalls hätte kündigen müssen. Das Wichtigste war, dass jeder diesen Schritt freiwillig gewählt hat. So haben die Leute ihre Würde bewahrt: Sie konnten von sich aus aktiv werden und kündigen, natürlich gegen eine Abfindung und mit guten neuen Jobaussichten auf dem Markt. Dieser an sich schmerzliche Akt der Kündigung war in meiner Abteilung relativ sanft und ohne einschneidende soziale Härten abgefangen worden. Das merkten die Chefs, und auch die Mitarbeiter spürten, dass eine Trennung von der Firma kein unausweichlicher Akt von naturgegebener Brutalität sein muss. Mir war es überaus wichtig, dass ein solcher Schritt mit dem nötigen Anstand und Respekt über die Bühne geht, und das nahmen auch die Menschen wahr, mit denen ich arbeitete.

Meine um die Hälfte reduzierte Mannschaft war motiviert bis in die Haarspitzen. Auf einmal hatten wir ein Team, bei dem jeder wusste, was zu tun ist, jeder hat am gleichen Strang gezogen. Wir hatten uns große Ziele vorgenommen, beispielsweise gemeinsam zu der jährlichen Ehrung der Top-Leistungsträger zu fahren: Das setzte noch mehr Energien frei. So wurden wir zu einer kleinen Oase inmitten der Wüste eines doch eher erstarrten Betriebsklimas. Das darauffolgende Jahr brachte eine Konsolidierung: Mein Team und ich haben alle Ziele geschafft, sie sogar übererfüllt, und das unter widrigsten Bedingungen. So wurden wir alle nach Cancún in Mexiko zu der von uns anvisierten Mitarbeiterehrung eingeladen.

Das Gefühl, in einer Führungsrolle zu sein und doch auch einen normalen menschlichen Zugang zum Team zu haben, hat mich sicherer werden lassen und dazu geführt, dass ich mich in meinem Ansinnen, alles humaner zu gestalten, bestärkt gefühlt habe. Immer häufiger kam mir der Gedanke, dass viele wirksame Prinzipien im Management zwar helfen, Ergebnisse zu erzielen, dass sich das Gleiche aber auch mit menschlicheren Methoden erreichen lässt. Mein Team hatte sich ohne Druck und ohne Ermahnungen selbst motiviert und fühlte sich als wertvoller Teil des großen Ganzen. Ich habe nur gelegentlich die Geschwindigkeit geregelt oder Entwicklungen hinterfragt, wenn wir drohten, aus der Spur zu laufen. Diese Erfahrung war für mich der Beweis: Es geht nur um Motivation und um die Art und Weise, wie ein Team miteinander arbeitet.

Das zu lesen und es zu lernen ist das eine – es praktisch zu erfahren, ist die andere Seite. Das sind prägende Erfahrungen, die mich stark gemacht haben in der Überzeugung, dass Führungskräfte endlich ihre Mitarbeiter mit ihrem gesamten Potenzial wahrnehmen und die Menschen für ihre Leistungen würdigen müssen. Mir wurde mir klar: Es geht gar nicht mehr darum, ein siegreicher Manager zu sein. Ich wusste, ich muss etwas ändern. Ich hatte die Chance, einen neuen Spirit in die Unternehmen zu bringen. Immer und immer wieder stellte ich mir vor, dass es völlig normal sein muss, wenn man vertrauensvoll und motiviert arbeitet. Diesen Weg wollte ich entschlossen weitergehen, allerdings brauchte ich dafür einen wirkungsvollen Hebel. Also bewarb ich mich als Geschäftsführerin bei Informix.

Seit Monaten hatten wir eine Engländerin als kommissarische Chefin, die kein Wort Deutsch sprach und auch den Markt nicht kannte. Meine Kontakte in die Firmenspitze waren gut, dennoch hat man mir zu diesem Zeitpunkt den Sprung noch nicht zugetraut. Mit anderen Worten: Ausgerechnet in dem Moment, in dem ich mich entschlossen hatte, es auch für eine gute Sache zu tun, erhielt ich eine schmerzliche Absage zugunsten einer Frau, die keinesfalls eine ähnliche Kenntnis des Marktes hatte. Sie war zehn Jahre älter und hatte sich international gut vernetzt. Man kannte sie, nur der Markt kannte sie nicht. Ich fragte mich: Wie kann es sein, dass jemand ohne Markt- und Kundenkenntnis die Leitung übernimmt?

Das enttäuschte mich sehr und es gab einige Wochen, in denen ich mich vom hoch motivierten Manager zum Quertreiber entwickelte. Schließlich merkte ich an meinem Verhalten, dass ich offensichtlich die Dinge noch nicht richtig verstanden hatte. Die Situation lehrte mich etwas sehr Wichtiges, das ich bis dahin ziemlich außer Acht gelassen hatte. Mir wurde bewusst, dass es nicht nur um Ergebnisse geht. Es bedarf auch eines guten internen Netzwerks. Ich hatte einen großen Fehler gemacht. Alle waren überrascht, dass ich mich auf diese Position beworben hatte, war es doch klar, dass ich erst einmal noch mindestens ein weiteres Jahr in meiner alten Funktion weiterarbeiten sollte. Nie hatte ich auch nur eine Bemerkung gemacht, dass ich mehr wollte. Warum also hatte ich mich beworben? Für den Europa-Chef war es eine ziemlich große Überraschung, dass ich mich für diese Aufgabe überhaupt interessierte und dass ich es mir schon zutraute.

Im Prinzip wurde mir klar, dass Informix nicht meine Zukunft sein konnte. Es gab immer wieder Umstrukturierungen und die Furcht, dass wir als Übernahmekandidat gehandelt würden. Also entschied ich mich, das Unternehmen zu verlassen. Ich kündigte, nicht zuletzt auch, um meinen Vorstellungen von einer humaneren Arbeitswelt treu zu bleiben und sie Schritt für Schritt zu realisieren. Das Ziel war klar, jetzt fehlte nur noch der Weg.

Im Nachhinein war meine Kündigung ein wichtiger Schritt, nicht nur, weil Informix drei Monate später von IBM akquiriert wurde. Emotional hing ich sehr an meinem Team und auch am Unternehmen, noch heute verbindet mich mit Informix eine meiner intensivsten Erfahrungen. Aber es war eine neue Zeit angebrochen, der E-Commerce und das Internet boomten. Im Gegensatz zu vielen meiner jüngeren Kollegen hatte ich die Zeichen der Zeit früh erkannt und bewunderte die vielen jungen Menschen, die über Nacht Unternehmen gegründet hatten. Ein Wunsch, der heute noch tief in mir verwurzelt ist.

Himmel und Hölle liegen nahe beieinander

Nach der Geschichte mit Informix, bei der ich Himmel und Hölle meines Berufs kennengelernt hatte, war ich bereit für etwas völlig Neues, denn in der IT-Wirtschaft schien es zu diesem Zeitpunkt, um 1999, keine Grenzen zu geben. Alles schien möglich, alles wurde versucht. Alle strebten himmelwärts. Auch ich.

Ich fing damals bei null an, und null war schon ein hohes Level. Finanzkräftige Investoren hatten in München das Unternehmen iMediation gegründet, das eine neue entwickelte Software an Geschäftskunden verkaufte, die damit ihr Online-Business starten konnten. Damit war diese Firma der absolute Trendsetter. Die Produkte von iMediation mussten im neuen Markt, dem E-Commerce, etabliert werden – eine vollkommen neue Situation und ohne den Luxus eines etablierten Namens. Es war nicht das gemachte Nest, in das man sich setzen konnte. Schon von daher reizte mich diese Aufgabe ungemein.

Es war die Zeit, in der man sich sehr schnell im Markt etablieren und große Umsätze machen konnte, um an die Börse zu gehen. Das war auch das Ziel bei iMediation. Ich unterschrieb als Geschäftsführerin und baute die Marketingabteilung auf, stellte Leute ein, motivierte sie, machte Termine, kümmerte mich um die Akquise und potenzielle Kunden. Bei diesem klassischen europäischen Start-up-Unternehmen mit Niederlassungen in München, Frankfurt und Düsseldorf war alles cool und alles neu: die Branche, die Produkte und das Geschäftsmodell der Online-Vermarktung.

Bei solch einer Aufgabe merkt man sehr schnell, dass es nur um das eigene Können geht. Es gab keine Vorgaben, keine Normen, und ich hatte so etwas vorher auch noch nie gemacht. Diese Erfahrung war für mich von eminenter Bedeutung; noch heute traue ich mir auf dieser Basis zu, ein neues Unternehmen zu gründen, obwohl die Rahmenbedingungen im Moment bei Weitem nicht so positiv sind wie damals in dieser Boom-Zeit der IT-Branche. Es herrschte Goldgräberstimmung im wahrsten Sinne des Wortes. In diesem Gründerklima, das Entwickler, Marketingleute und Kunden gleichermaßen euphorisierte, wuchs das Bewusstsein, dass man mitten in einem revolutionären Prozess steckte.

Es gab bei allen Beteiligten keinerlei Skepsis, die wurde auch nicht geduldet. Misserfolge waren einfach nicht eingeplant. Es ging nur darum, an grenzenloses Wachstum zu glauben. Das Motto hieß: »Höher, schneller, weiter!« Man bewegte sich auf der Überholspur und im Bewusstsein, einer neuen Elite anzugehören. Die Gefahr der Verblendung nahm kaum jemand wahr. Wir arbeiteten bis in die Nächte, jeder wirkte mit. Unterschiede gab es kaum, jeder war mitverantwortlich. Hohe Motivation, Schnelligkeit und viel Marketing waren die Zeichen dieser Zeit. Ein Börsengang schien in erreichbarer Nähe, und mit dem hätten wir 15 Millionäre mehr in Deutschland gehabt. Hätte, wäre – der Konjunktiv verrät, dass es anders kam.

Inmitten dieses beruflichen Hypes wurde ich schwanger. Und am 7. April 2000 haben mein Freund und ich geheiratet. Knapp eine Woche später geschah die persönliche Katastrophe: Ich verlor mein Kind, ich hatte eine Fehlgeburt im fünften Monat. Bereits vorher hatte ich eine böse Ahnung, die sich nach 24 Wochen Schwangerschaft bestätigen sollte. Das war ein tragisches Erlebnis, das noch verstärkt wurde, als ich erfuhr, dass die Besitzer von iMediation bereits still und heimlich nach einem möglichen Ersatz für mich gesucht hatten. Natürlich waren all diese Überlegungen vergessen, als ich nach kurzem Krankenhausaufenthalt in die Firma zurückkam. Mein damaliger Vorgesetzter begegnete mir vordergründig mit Trauer und Mitgefühl, und ich hatte große Mühe, damit umzugehen, weil ich sein Verhalten als Heuchelei empfand. Unser Verhältnis war auch zuvor nicht offen und persönlich, deshalb konnte ich ihm diese Anteilnahme nun auch nicht abnehmen. In diesem Moment vollzog sich ein tiefer emotionaler Bruch.

Wenige Monate später veränderten der 11. September 2001 und seine Folgen die Welt. Die Börse crashte, demzufolge war für iMediation ein Börsengang völlig unmöglich. Stattdessen entschied man sich, das Unternehmen zu verkaufen. Wäre ich nicht von einem der deutschen Kapitalgeber im Vertrauen vorgewarnt worden, wären selbst mir diese Pläne verborgen geblieben. Die Firma wurde im Oktober 2001 veräußert und im Zuge dieses Verkaufs wurden alle Niederlassungen – auch die deutschen – geschlossen. Also musste ich nun das wieder »abbauen«, was wir gemeinsam aufgebaut hatten. Mit Ausnahme eines technischen Mitarbeiters wurden alle gekündigt.

Trotz des schlechten Ausgangs denke ich noch heute gern an die Zeit in diesem Unternehmen zurück. Anfangs waren die Möglichkeiten geradezu unglaublich gewesen, man konnte fast ohne Hindernisse gestalten. Ich liebte diese Unabhängigkeit und die gefühlte Freiheit, und geblieben ist ein sehr gutes Wissen über die Dynamik des Internets. Gelernt habe ich auch, dass der Erfolg eines Unternehmens von guten Produkten abhängt, deren Nutzen man bis ins letzte Detail versteht. Kurzum, es war eine brillante praktische Lektion in Sachen Marketing. Und wieder einmal gewann ich die Erkenntnis, dass nur Teams den Unterschied machen. Zwar war für alle der vom Börsengang erhoffte Geldsegen ausgeblieben, doch am Ende zählt mehr, was und wie sich etwas verändern lässt.

Gefeuert – und das von einer Frau

Nach iMediation hatte ich ein kurzes Intermezzo bei einer IT-Firma, die von einer Frau geleitet wurde und bei der ich mich um »strategische Allianzen« kümmern sollte. Hier schwante mir schon vorher, dass es böse enden könnte, da sehr bald klar war, dass sie mich als Rivalin sah. Trotzdem trat ich die Arbeit an.

Die Rahmenbedingungen waren gar nicht einmal so schlecht: toller Titel, tolles Gehalt, gute Produkte. Dabei aber wenig Eigenverantwortung und eine Frau als Vorgesetzte, mit der ich nach nur zwei Arbeitswochen bereits tief greifende Auseinandersetzungen hatte. Unser Verhältnis war nach kurzer Zeit zerrüttet und ich hatte bald null Respekt vor ihr. Sie kündigte mir am letzten Tag meiner sechsmonatigen Probezeit. Das war bisher das erste und einzige Mal, dass ich aus anderen Gründen als betriebsbedingten Gründen gefeuert wurde. Sei's drum, ich hatte mich bereits anderweitig umgeschaut und einen anderen Vertrag in der Tasche. Das einzig Positive an dieser Zeit war, dass ich durch ein Training zum Zeitmanagement einen Wirtschaftsastrologen kennenlernte, der mich heute noch begleitet und ein wichtiger Freund und Berater in meinem Leben werden sollte.

Wenn ich heute auf mein bisheriges Berufsleben zurückblicke, waren die Jahre zwischen 35 und 40 nach ersten größeren und motivierenden Erfolgen von viel Arbeit, von Rückschlägen und teilweise auch von lähmender Stagnation geprägt. Heute weiß ich, dass diese Zeit wichtig war – sie hat mich gelehrt, dass es nicht immer nur nach oben gehen kann, und ich habe gelernt, mich in Geduld zu üben. Auch habe ich diese ruhigere Zeit genutzt, um an mir persönlich zu arbeiten. Im Nachhinein betrachtet hätte ich die größeren Aufgaben bei Check Point Software und später bei Microsoft nicht leisten können.

Als ich 2004 zu Check Point, eine Firma, die sich auf Internet-Security (Firewalls) spezialisiert hatte und Marktführer war, wechselte, war ich 39. Das war nun mal ganz etwas anderes und warf zunächst einige Fragen auf: Wie komme ich mit den Israelis zurecht? Kann ich in so einem Unternehmen als Frau erfolgreich sein? Außerdem hatte ich zunächst Angst, nach Israel zu reisen.

Ich habe ziemlich schnell festgestellt, dass ich mit allem sehr gut klarkam. Etwa vier Mal im Jahr flog ich zur Zentrale nach Israel, ansonsten saß ich als Chefin für Deutschland, Österreich, Schweiz, Skandinavien und die baltischen Länder in München und kümmerte mich um die Kunden und meine Mitarbeiter. Check Point war eine Ausnahme unter den bisherigen Unternehmen – eine stark auf die Gründer ausgerichtete Firma mit familiärem Charakter, trotz Börsennotierung. Die Unternehmenskultur war allerdings sehr direktiv, es gab nur geringe Freiräume. Ich hatte jedoch einen gewissen Exotenstatus, denn ich war die einzige Frau in einer solchen Position. Bei Check Point habe ich gelernt, wie man mit intelligenten Menschen Konflikte austrägt und bewältigt. Ich war zufrieden, denn ich hatte überregionale Verantwortung, war viel auf Reisen und lernte unterschiedliche Kulturen kennen.

In dieser Zeit habe ich auch begonnen, mir neue private Betätigungsfelder zu suchen. Ich wollte mehr zum Wohl der Gesellschaft beitragen und habe ich mich für das Peres Center for Peace engagiert. Das Peres Center for Peace ist eine unabhängige, gemeinnützige, unparteiische, nichtstaatliche Organisation. Die Mission ist es, eine Infrastruktur des Friedens und der Versöhnung von und für die Menschen des Nahen Ostens aufzubauen und die sozioökonomische Entwicklung und das gegenseitige Verständnis während unserer Zusammenarbeit zu fördern.

Summa summarum kam ich gut mit den Gründern und Managern bei Check Point klar. Es dauerte zwar eine Weile, bis sie mir vertrauten, aber dann gehörte ich dazu.

Der große Sprung zu Microsoft

Nach fünf Jahren mit eher eingeschränkter Entscheidungsbefugnis suchte ich nach neuen Herausforderungen. Es eröffneten sich ganz plötzlich – aus heiterem Himmel – zwei hochattraktive Möglichkeiten, eine davon bei Microsoft. So wechselte ich im Februar 2009 zu Microsoft, als Geschäftsführerin für Österreich mit Sitz in Wien.

Es war ein ganz neuer Zeitabschnitt in meinem Berufsleben. Diese Zeit war vor allen Dingen geprägt von vielen Personalentwicklungsmaßnahmen, Engagement für Nachhaltigkeit und Maßnahmen zur Weiterqualifikation von Menschen. Auch der Umbau des Microsoft-Österreich-Office als Beitrag zur Microsoft-Vision der neuen Welt der Arbeit war ein wichtiger Meilenstein meiner Arbeit bei Microsoft in Österreich. Unser aus meiner Sicht schönster Erfolg: Wir wurden beim Wettbewerb

»Great Place to Work« als bester Arbeitgeber Österreichs ausgewählt und auch der Sonderpreis »Bester Arbeitgeber für Vereinbarkeit von Beruf und Familie« ging an uns. Im Herbst 2011 wurde ich zum County Manager von Microsoft Schweiz mit Sitz in Zürich befördert – ein weiterer wichtiger Schritt in meinem Berufsleben.

In der heutigen Zeit bestimmen meinen Berufsalltag viele Themen wie beispielsweise Work-Life-Balance, Vereinbarkeit von Beruf und Familie, Diversity, aber auch die Frage, wie wir das Wirtschaftssystem als Ganzes wieder in Ordnung bringen können.

KAPITEL 2

Endzeitstimmung und Burn-Out

Wie das System in Unordnung geraten ist

In den letzten Jahren hat sich die Arbeitswelt sehr verändert. Die Arbeitslast ist stark gewachsen und ich habe in meiner täglichen Praxis gesehen, wie das Klagen der Mitarbeiter immer lauter wurde, die Forderung nach mehr Eigenverantwortung, nach mehr Freiräumen hat sich verschärft. Gleichzeitig wird der Spagat zwischen Forderung und Überforderung größer. Die Verunsicherung und die Frage, in welche Richtung das alles gehen mag, betreffen junge wie ältere Mitarbeiter gleichermaßen.

Es geht um mehr als um ein allgemeines Unbehagen und die undefinierbare Zukunftsangst von verzagten und verzärtelten Gemütern. Die Furcht vor einer Welt, die menschlich, wirtschaftlich, biologisch und kulturell am Ende zu sein scheint, ist elementar und hat weite Schichten der Bevölkerung erfasst. Es ist die schlimmste aller Ängste: Sie wird nicht konkret, sondern bleibt diffus wie die Wolken eines Unwetters am Horizont, von dem man nur weiß, dass es höchstwahrscheinlich niedergehen wird, aber nicht genau wann, wo und wie stark.

Dabei gibt es eine Anzahl sehr gegenständlicher Bedrohungen:

- Die Erde ist mit ihrer Bevölkerungszahl am Limit.
- Die Natur ist aus dem Gleichgewicht geraten.
- Die fossilen Energieressourcen neigen sich dem Ende zu.

Darüber hinaus entwickeln sich rund um den Erdball Szenarien von Unterdrückung und krasser Verteilungsungerechtigkeit, die vor allem (aber nicht nur) die Dritte Welt betreffen. Auch in den westlichen Industrieländern klafft die Schere zwischen Besitzenden und Besitzlosen, Mächtigen und Ohnmächtigen immer weiter auseinander. In den USA herrscht eine exklusive Community von 8 Prozent der Bevölkerung über Kapital, Wirtschaft und Geldmarkt. Laut einer Studie der französischen Ökonomen Prof. Thomas Piketty (School of Economics, Paris) und Prof. Emmanuel Saez (University of Califonia, Berkeley) driftet die amerikanische Gesellschaft trotz einer leichten Konjunkturverbesserung immer mehr auseinander: 2010 gingen »90 Prozent der Wohlstandsgewinne an die Spitze der Einkommenspyramide«, die gerade einmal 1 Prozent ausmacht.[9] Ein Thema, das auch an der Harvard-Universität, der Kaderschmiede der US-Elite, leidenschaftlich und kontrovers diskutiert wird. Nicht nur die »Occupy-Harvard-Bewegung« der berühmtesten und besten Universität des Landes sieht den Einfluss der großen Konzerne auf die Meinungsbildung, die wachsende Ungleichheit in der Gesellschaft und die daraus sich ergebenden Gefahren für die Demokratie.

Immer deutlicher bildet sich eine Klassengesellschaft heraus, eine Situation, die durch den demografischen Wandel noch verschärft wird: Das Lager der schlecht ausgebildeten Arbeiter und das der Fachkräfte stehen sich gegenüber. Schon heute gibt es in

Deutschland »moderne Arbeitssklaven«, wie sich Leiharbeiter selbst bezeichnen. Bei Einsätzen von teilweise bis zu 50 Stunden in der Woche bekommen sie oft nur 35 bezahlt. Das 2012 erschienene »Schwarzbuch Leiharbeit« der IG Metall schildert Erfahrungen von 1000 Leiharbeitern, von denen beispielsweise einer aus Angst vor fristloser Kündigung anonym klagt: »Tatsächlich fühlt es sich an, als hätte man seine Rechte an der Garderobe abgegeben. Wobei von Garderobe nicht die Rede sein kann, da es in meinem Betrieb für uns Leiharbeiter nicht einmal einen Spind gibt.«[10]

Laut IG-Metall-Vizechef Detlef Wetzel dient Leiharbeit längst nicht mehr dazu, Produktionsspitzen und Engpässe in der Wirtschaft abzufedern. In einem Bericht der *Süddeutschen Zeitung* stellt der Gewerkschafter im April 2012 fest, dass Leiharbeit eine langfristig angelegte Strategie der Unternehmen ist, um Personalkosten zu reduzieren. Die IG Metall führt als Beispiel das BMW-Werk Leipzig an, in dem seit der Eröffnung 2005 bei einer Belegschaft von 3800 Mitarbeitern mittlerweile ein Drittel Leiharbeiter sind.

Eine Bedrohung der Demokratie

In einer an Output orientierten Gesellschaft müssen die Menschen beinahe wie Roboter arbeiten. Die Unternehmen, vor allem in den USA, denken und planen fast nur noch im Quartalsrhythmus von 90 Tagen und die meisten Konzerne sind nur noch nach finanziellen Kennziffern ausgerichtet. Die Zahlen bestimmen die Lebensinhalte, und die Angst vor einem unberechenbaren, bisweilen außer Rand und Band geratenen Finanzmarkt, auf dem Gier längst das Verantwortungsbewusstsein ersetzt hat, hat nicht nur Unternehmen, Belegschaften und Gesellschaften erreicht, sondern ganze Staaten.

Der US-Wirtschaftsforscher Joseph E. Stiglitz gilt als einer der einflussreichsten Ökonomen der Weltwirtschaft. Er war Chefökonom der Weltbank und lehrt an der Columbia University New York. Der Nobelpreisträger von 2001 sagte im Frühjahr 2012 in einem Interview mit der *Süddeutschen Zeitung*: »In den USA kamen die ersten Zweifel übrigens schon vor der Finanzkrise. Hier nehmen die Unterschiede zwischen Arm und Reich schon lange zu. Das durchschnittliche Einkommen eines Arbeiters ist heute geringer als 1968. (…) Das ist nicht akzeptabel und lässt nur einen Schluss zu: Der Kapitalismus hilft nur einem kleinen Teil der Menschen.«[11]

Alles in allem haben die Menschen bei den Themen Wirtschaft, Soziales, Klima und Umwelt das Gefühl, auf Zeitbomben zu sitzen, die jederzeit hochgehen können. Und sie haben es satt, bei der Diskussion über die Herausforderungen und Probleme der Zukunft belogen und für dumm verkauft zu werden. Vielmehr sehnen sie sich in einer inzwischen relativ oberflächlichen Gesellschaft nach Werten, die ihnen Schutz und eine Art von Geborgenheit geben. Doch das völlig in Unordnung geratene System kann ihnen diese Orientierungshilfen nicht bieten.

Doch wo soll man ansetzen? Die Strategien des männlichen Prinzips, die sich in erster Linie auf Leistung und Wettbewerb ausrichten, scheinen nicht mehr ausreichend zu sein. Die Fokussierung auf die als männlich geltenden Eigenschaften der Stärke und der Kampfbereitschaft laugen uns alle aus, wir sind des Kämpfens überdrüssig geworden. Dieses ständige Kämpfen hat Reibung erzeugt und viel Energie gekostet. Erschöpfungszustände treten auf und anstatt die Ursachen zu erkunden, wird mit noch mehr Einsatz, noch mehr Kampf, noch mehr Leistung, noch mehr Wettbewerb, noch mehr Leistung gegengesteuert. Bisher hat sich auch nicht gezeigt, dass diese Strategien eine positive Veränderung gebracht hätten.

Was passiert, wenn sich eine Gesellschaft nur noch über Leistung definiert

Das alles hat schon heute Konsequenzen: Das Burn-Out-Syndrom ist auf dem besten Weg, eine Massenkrankheit zu werden. Schon heute schätzt die Europäische Agentur für Sicherheit und Gesundheitsschutz am Arbeitsplatz die volkswirtschaftlichen Kosten für Burn-Out-Erkrankungen EU-weit auf jährlich 20 Milliarden Euro.[12]

Burn-Out – Ausgebranntsein: Der Zustand totaler emotionaler Erschöpfung aufgrund beruflicher Überbelastung wurde zum ersten Mal in den 1970er-Jahren des vergangenen Jahrhunderts in den USA erkannt. Bereits 1982 haben die Autoren der *California Management Review* Burn-Out als eine »mit Stress verbundene existenzielle Krise« beschrieben, bei der »die Arbeit nicht mehr als sinnvolle Aufgabe oder Herausforderung empfunden wird«.[13] Der Psychologe und Psychoanalytiker Herbert J. Freudenberger (1926–1999) hat als einer der ersten Wissenschaftler das Burn-Out-Syndrom untersucht und verschiedene Phasen seines Verlaufs dargestellt. Demnach lassen sich bei betroffenen Personen unter anderem folgende Symptome feststellen:[14]

- Depressionen mit Anzeichen von Gleichgültigkeit, Perspektivlosigkeit und Hoffnungslosigkeit,
- Verleugnung bestehender Probleme,
- Verhaltensveränderungen, Gefühl der Wertlosigkeit, zunehmende Ängstlichkeit,
- innere Leere,
- Zweifel am eigenen Wertesystem,
- Rückzug und Vermeidung sozialer Kontakte,
- Selbstmordgedanken als Ausweg aus der Situation.

Krisen gab es immer. Auch die Menschen vor uns haben sie und, häufig noch schlimmer, auch Kriege erlebt. Interessant ist, dass die Betroffenen bei solchen einschneidenden Erlebnissen oft schildern, dass die Menschen trotz des Mangels und der Not im Zupacken miteinander verbunden sind – mit klaren Visionen vor den Augen. Heute sehe ich dagegen eher leere Augen und Gesten der Hoffnungslosigkeit.

Schauen Sie nur bewusst hin und Sie sehen, wie schlecht es vielen Menschen geht. Meine Mitreisenden im Flugzeug starren auf ihre Bildschirme, da gibt es keine Emotion, kein Lebendigkeit, keine spontanen oder überraschenden Reaktionen. Wenn jemand lächelt – und das ist die Ausnahme – wird das sofort als ungewöhnlich wahrgenommen. Viele Menschen in der heutigen Arbeitswelt leben in einem Kokon aus Frustration. Wie die Kleidung, so der Mensch – alles grau in grau. Auf der anderen Seite flüchten wir uns gerne in die überzogene Freizeitgestaltung, immer mehr Konsum, mehr Spaß, ausgefallene Urlaube, mehr Extremsport. Kontaktet wird viel – oft ohne Inhalt, und es ist wichtiger, was man beruflich macht, als wer man wirklich ist. Der Umgang miteinander ist von vielen Oberflächlichkeiten geprägt – echte Begegnungen und gute Freunde sind rar.

Diese Phänomene spiegeln sich auch in unserer Berufswelt wider und ziehen sich durch alle Hierarchien. Leider gibt es auch viele Chefs, die es nicht anders vorleben: Dank fortschrittlicher IT schauen doch auch immer mehr Chefs eher auf den Bildschirm statt in das Gesicht des Mitarbeiters. Die Menschen erfahren immer weniger Zuwendung und reagieren – sie gehen mehr und mehr in die Knie. Von einer »Erschöpfungskrise« spricht Professor Johannes Siegrist, Leiter des Instituts für Medizinische Soziologie an der Heinrich-Heine-Universität Düsseldorf. Er glaubt: »Mindestens 6 Prozent der Deutschen leiden an einer Depression, mindestens doppelt so viele an einem Burn-

Out.« Die Arbeitswelt von heute hat eine Kultur geschaffen, die dazu führt, dass die Menschen nicht mehr für das brennen, was sie tun, sondern dass sie ausbrennen. Fehlende Rückmeldungen durch Kollegen und mangelnde Anerkennung vor allem durch die Vorgesetzten begünstigen den Weg in das persönliche Burn-Out. Zerfallende Familienstrukturen, Perfektionismus und drohende Arbeitslosigkeit oder Ausgrenzung, wenn man vorgegebenen Ansprüchen nicht gerecht wird, erhöht sich der innere Druck eines Burn-Out-gefährdeten Menschen.

Ist das alles dem Management bewusst? Die Antwort ist ein klares Nein. Die Ergebnisse von Umfragen zur Work-Life-Balance werden heruntergespielt und gelten als übertrieben. Stattdessen führen Manager auch heute noch über Druck. Immer noch wird an vielen Arbeitsplätzen ein Umfeld von Furcht und Schrecken erzeugt. In den Chefetagen wird das Geschäft mit der Angst nach wie vor kultiviert. Man simuliert jeden Tag die Katastrophe. Angst ist ein starker Motivator. Leider macht er krank.

Wenn andersherum Mitarbeiter belohnt werden sollen, funktioniert das oft nach dem Hase-Karotte-Prinzip, bei dem der Hase nie an die Karotte herankommt. Das ist nicht weniger kontraproduktiv, fühlt sich aber für den Vorgesetzten vermutlich besser an.

Wenn dann die Diagnose Burn-Out lautet, geht der Teufelskreis erst richtig los, denn Ausgebranntsein ist ein Zeichen von Schwäche – mit der Botschaft: »Du bist nicht mehr belastbar, du bist kein Leistungsträger.« Deshalb ist die Dunkelziffer wahrscheinlich noch viel höher als die Zahl der festgestellten Erkrankungen. Tendenz steigend.

In dieser von Leistung geprägten Gesellschaft zählt also derjenige, der dem Unternehmen am meisten bringt. Dafür gibt es auch entsprechenden Lohn, und wenn man obendrein schlau ist, so kann man sich in diesem System auch auf Kosten der weniger cleveren und weniger fleißigen Menschen einen Vorteil verschaffen. Das mag für den Einzelnen verheißungsvoll klingen, diese Gesellschaftsform hat aber zu viele Schattenseiten, keinesfalls ist sie sozialverträglich. So häufen sich abseits der glänzenden Bürotürme Wut, Hass und Depression. In der fortschrittlichen reichen westlichen Welt gibt es tatsächlich Menschen, die gerade einmal mit dem Nötigsten versorgt werden, um am Leben zu bleiben.

Die Schere ist groß und die Herausforderungen sind sehr unterschiedlich: Während die einen für die nötigsten Grundbedürfnisse kämpfen, leiden andere Menschen unter den Veränderungen und steigenden Anforderungen ihrer Arbeitswelt. Eine neue Verkaufsstatistik, eine neue Präsentation, ein paar E-Mails beantworten: Früher hat man die Arbeit im Büro gelassen, heute folgt sie überallhin. Gearbeitet wird immer mehr von zu Hause aus. Einst hieß es Telearbeit und sie galt als innovativ und menschenfreundlich. Heute zeigt sich, dass Handys, Smartphones und Computer wie Freizeitzerstörer wirken können. Sie schaffen noch in den hintersten Ecken des Lebens neuen Platz für die Arbeit. Bis man ihr nicht mehr entkommt – nicht einmal mehr im Urlaub.

Höchstleistungen werden selbstverständlich. Saisonale oder projektspezifische Organisationsanspannungen liegen in der Natur vieler Geschäftsmodelle. In vielen Firmen oder Institutionen gibt es temporäre Engpässe oder Belastungen, die über den üblichen Ablauf hinausgehen und bewältigt werden müssen. Nicht wenige Mitarbeiter genießen Phasen besonderer Anstrengungen sogar, weil damit die Tagesroutine in den Hintergrund tritt und die persönliche Leistung besonders gefordert wird. Dieser Genuss verflüchtigt sich allerdings, wenn Höchstleistungen wiederum zur Routine werden und die Erwartungen des Managements latent unendlich nach oben geschraubt werden. Man kann eine Organisation eine Zeit lang überlasten und diese Zeit der Höchstleistung durch Lob, Wertschätzung und monetäre Anerkennung ausdehnen – auf Dauer geht es aber nicht.

Häufig herrscht im oberen Management zu Beginn schon die Einsicht, dass die Mitarbeiter Großes geleistet haben, dennoch sind viele Manager versucht, immer weitere erfolgreiche Anspannungen der Organisation zuzulassen; sie merken ja häufig genug, dass es doch noch geht. Waren zunächst Anerkennungen, Boni und andere Zuwendungen jeglicher Art das Zuckerbrot, mit dem höhere Leistung erbeten oder gewürdigt wurden, so nutzen sich diese Instrumente nicht nur ab, sondern es erschöpfen sich auch irgendwann die Möglichkeiten der Führung, weiteres Zuckerbrot zu generieren. In der Folge werden dann die Maßstäbe einseitig vom Management verändert. Was gestern noch niemand zu verlangen wagte, ist heute das Maß der Zielvorgaben. Man rechtfertigt es mit dem Diktat des Wettbewerbs, denn die Zeiten sind ja so viel härter geworden. Die Mitarbeiter fühlen sich unverstanden und resignieren. Wenn nach Höchstleistungen keine Anerkennung folgt, wenn verlangt wird, immer auf Hochtouren zu laufen, dann muss der Motor entweder nachgerüstet werden, oder er wird heiß laufen und ausglühen.

Gleichzeitig kursiert in den Medien auch der Begriff des Bore-Out, der krank machenden Unterforderung. Dabei handelt sich noch weniger um ein anerkanntes Krankheitsbild, und in den Kliniken sind diese Fälle eher selten. Doch wer dauerhaft extrem unterfordert wird und keine Wertschätzung für seine Arbeit erfährt, kann ähnlich wie bei einer Überforderungen in die Depression rutschen. Denn ob Burn- oder Bore-out, mangelnde Anerkennung spielt in beiden Fällen eine wichtige Rolle. Und schließlich führt Arbeitslosigkeit schlecht ausgebildeter Massen, der Extremfall des Bore-outs, besonders häufig zu psychischen Problemen. Auch unfreiwillige Untätigkeit ist ein Stressfaktor.

Burn-Out-Kliniken, Seelenhospitäler und Psycho-Sanatorien werden zu den neuen Lazaretten unserer sich verändernden Arbeitswelt.

Das Scheitern am eigenen Ich

Arbeitsgesellschaft: Diesen Begriff verwenden Soziologen, um Länder wie Deutschland in einem Wort zu beschreiben. Es sind Länder, in denen Berufsbezeichnungen auf Grabsteinen und in Todesanzeigen stehen und Menschen, die sich neu kennenlernen, als Erstes nach dem Beruf ihres Gegenübers fragen. Länder also, in denen Arbeit nicht nur Geld bringt, sondern vor allem Status und soziale Anerkennung. In denen Arbeit zunächst einmal großes Glück verheißt, bevor sie mitunter ziemlich unglücklich macht. Noch vor 30, 40 Jahren war das anders. Auch da war der Beruf ein Ursprung für Erfüllung und Ansehen, aber nicht der einzige. Nach Feierabend saßen die Menschen am Stammtisch, trafen ihre Kegelbrüder, Sportskameraden oder Nachbarn.

Es gibt natürlich in der Arbeitsgesellschaft auch Ursachen seelischer Erkrankungen, die nichts mit dem Beruf zu tun haben; sie mögen in der Familie begründet sein, der Kindheit oder einer missglückten Ehe. Und doch fällt auf, dass die Zunahme der psychischen Zusammenbrüche in eine Zeit fällt, in der den meisten Menschen in den Industrieländern, zumindest theoretisch, eine große Zukunft offensteht. Ob Männer oder Frauen, ob Arbeiter- oder Akademikerkinder: Sie können ihr eigenes Leben führen, studieren, Karriere machen, Kinder kriegen oder es bleiben lassen. Es liegt an ihnen – und das ist das Problem: Der französische Soziologe Alain Ehrenberg hat es vor wenigen Jahren in seinem Buch »Das erschöpfte Selbst« beschrieben: Wo alles erreichbar, alles möglich scheint, steigen die Ansprüche und damit die Zahl der akzeptablen Entschuldigungen. Liegt also am Ende das Scheitern nur am eigenen Ich?[15] Wenn jeder selbst für sich verantwortlich ist, dann muss auch jeder selbst die Last des Erfolgszwangs tragen. Und manche brechen darunter zusammen.

KAPITEL 3

Die männliche Verschwendung

Warum das Behindern und Ausschließen von Frauen in der Wirtschaft so desaströs ist

Der Jäger, der Krieger, der Sieger. Seit Jahrtausenden wird in den meisten Kulturen der Welt das Hohelied von der männlichen Kraft und Unbezwingbarkeit gesungen. Niederlagen scheinen nicht vorzukommen, obwohl es bei jedem Sieg zwangsläufig auch einen Verlierer geben muss. Leider haben uns die Erfahrungen aus der Geschichte gelehrt, dass Niederlagen ein elementarer Bestandteil im Kosmos der menschlichen Erfahrungen sind. In der Regel wurden die Folgen von Frauen getragen. Während die Männer sich Siegerkränze gewunden bzw. ihre Wunden geleckt haben, sammelten Frauen die Trümmer zusammen, beweinten die Opfer, organisierten den Wiederaufbau und gebaren den Nachwuchs für die nächste Runde. So war die Rollenverteilung: Hier das starke, dort das schwache Geschlecht.

Zwar spukte in den Köpfen der Männer stets eine Art Gegenentwurf herum, doch der war ihnen alles andere als geheuer. So geistern die Amazonen durch die griechische Mythologie, ein machtvolles Frauenvolk, das autark herrschte, ohne männliche

Beteiligung. Der Mann Homer beschrieb sie als sehr angriffslustig und kriegerisch, und noch heute gilt die Amazone als Synonym für die männliche Phobie vor kämpferischen Frauen, die nach maskulinem Muster Macht anstreben und Männer diskriminieren. Nebenbei wird ihnen noch weibliche Homosexualität unterstellt. Das männliche Misstrauen gegenüber einem Gynozentrismus (oder die Furcht davor), bei dem die Frau im Mittelpunkt allen Handelns steht, war und ist unübersehbar.

Dabei waren viele frühe Gesellschaften anfangs oder zeitweise matriarchal oder matrilinear organisiert, das heißt, dass in sozialen, religiösen und (stammes-)rechtlichen Belangen Frauen bzw. die mütterliche Abstammungslinie ausschlaggebend waren. In diesen Gemeinschaften unterwarfen sich die Männer den Regeln der Frauen in der Vorstellung, dass jegliches menschliche Leben von einer Urgöttin, einer Art Ahnfrau, abstamme. Dies wurde auch von den Beobachtungen des Lebensrhythmus einer Familie oder Sippe abgeleitet.

Wenn in der Genesis des Alten Testaments ein männlicher Gottvater diese Ahnfrau (Eva) aus der Rippe Adams entstehen lässt, wird deutlich, dass zu dieser Zeit und in diesem Kulturkreis der Übergang zu patriarchalischen Denk- und Gesellschaftsmustern seit Langem vollzogen war. Noch heute sind zwar bei einigen außereuropäischen Kulturen gewisse Formen matriarchaler oder matrilinearer Strukturen anzutreffen, etwa bei den Tuareg in Nordafrika, den Khasi und Nayar in Indien, dem Stamm der Mosuo in China sowie bei den indianischen Völkern der Irokesen, Navajo, Hopi und Wayúu in Nordamerika.

Die überwiegende Mehrheit der Gesellschaften ist jedoch so geprägt, dass der Mann oder das männliche Prinzip in fast allen Belangen deutlich dominiert. In der Politik, in der Kultur, in der Wirtschaft. Männliche Prinzipien prägen unseren Alltag, vor allem in der Arbeitswelt. Wenn beispielsweise ein Team ausschließlich von Männern geführt wird, dann dominieren männliche Attribute: Position behaupten, kämpfen, nicht nachgeben, sich durchsetzen, gewinnen, siegen, im Extremfall vernichten – das scheint die übliche Reihenfolge sein, auf die Männer stolz sind. Es herrscht häufig ein kämpferischer Umgangston mit entsprechend rigiden Umgangsformen, was sich auch in einem einseitigen Führungsverhalten im Wirtschaftsleben widerspiegelt. Man darf nicht leugnen, dass uns dieses Modell auch weitergebracht hat und den Fortschritt beschleunigt haben mag, aber es ist nicht mehr ausreichend für die Gegenwart und erst recht nicht für die Zukunft, vielmehr behindert es uns so, als würden wir versuchen, nur mit einem Bein zu gehen.

Den kleinen Unterschied gibt es wirklich

Es gibt in der Tat zwischen Frauen und Männern »natürliche biologische Unterschiede«. So ist das weibliche Hirn etwa 10 Prozent kleiner als das männliche. Dafür weist das weibliche Gehirn im Sprach- und Hörzentrum eine rund 11 Prozent höhere Neuronendichte auf. Der Hippocampus, der unter anderem für Emotionen zuständig ist, ist bei den Frauen größer. Männer haben in den Schläfenlappen, wo das räumliche Orientierungszentrum verortet ist, eine höhere Neuronendichte. Sie können sich deshalb in dreidimensionalen Räumen besser orientieren. Die evolutionäre Kognitionstheorie erklärt diesen Unterschied mit ihrer Herkunft als Jäger und Sammler. Frauen verfügen im Schnitt über 15 Prozent weniger Muskelmasse als Männer. Hormone spielen bei der Ausprägung männlicher und weiblicher Eigenschaften eine wichtige Rolle.

Diese unterschiedlichen Ausprägungen zwischen Mann und Frau spiegeln sich in den Einstellungen zu Karriere und Beruf. In einer männerorientierten Berufswelt sind nachhaltige Karriereerfolge nur um den Preis des »Opferns« sozialer Beziehungen zu haben. Die Entwicklungspsychologin Susan Pinker analysiert, dass Berufsorientierungen von Frauen und Männern ungleich verteilt sind: Etwa 20 Prozent der Frauen haben eine »männlich adaptierte« Karriereorientierung, weitere 20 Prozent sind dominant familienorientiert und sehen ihren Lebenssinn eher in der Familie. Der Rest, in den westlichen Ländern rund 60 Prozent, ist ambivalent geprägt und wechselt auf der Suche nach passenden Arrangements, um Kinder und Beruf unter einen Hut zu bringen, zwischen verschiedenen Arbeitszeitregelungen und Anstellungsmodellen hin und her. Bei den Männern sind 60 Prozent klassisch karriereorientiert. Nur etwa 30 Prozent sind ambivalent und allenfalls 10 Prozent familienorientiert, wobei sich diese beiden Anteile in den letzten Jahren langsam, aber sicher vergrößern.[16]

Die Anforderungen und Märkte der Zukunft

Die volkswirtschaftlichen Regeln, so scheint es, sind derzeit außer Kraft gesetzt. Boom, Abschwung, dann wieder Boom – statt einer Abfolge dieser Phasen in gewohnter Regelmäßigkeit und einer gewissen Dauer erlebte Deutschland erst jahrelang kaum Wachstum, zeitweise sogar eine Rezession. Jetzt sagen Ökonomen dem Land eine mindestens ebenso lang anhaltende Boom-Phase voraus. Dabei steht Deutschland mit diesem Sonderweg nicht allein. Ähnliche Entwicklungen gab es bereits in den Niederlanden und in Schweden. Es besteht die Chance auf ein volkswirtschaftliches Gleichgewicht, in dem sich die positiven Effekte wechselseitig verstärken. Vieles funktioniert dann wie von allein. Damit entsteht ein Wachstum auf einem immer höheren Niveau.

Länder mit stabil hohem Wachstum ziehen zudem mehr Arbeitskräfte an, die im Aufschwung gebraucht werden. Außerdem melden fast alle diese Länder eine höhere Geburtenrate. In den Niederlanden hat eine Positivspirale zu Beginn der 1990er-Jahre eingesetzt. Zwischen 1995 und 2000 wuchs die Wirtschaft um jährlich 3,6 Prozent. Als Vollbeschäftigung erreicht war, stiegen auch die Bruttolöhne kräftig, um 50 Prozent in den zehn Jahren vor der Finanzkrise. Zum Vergleich steigen die Löhne in Deutschland nur um 15 Prozent. In den Boom-Jahren konsumierten die Niederländer Jahr für Jahr 5 Prozent mehr als im Vorjahr. Auch die Investitionen legten kräftig zu, zudem gab es in den Niederlanden in dieser Zeit deutlich mehr Zuwanderung als in der Bundesrepublik.

Seit dem letzten Finanzcrash ist vieles anders geworden. Die Kapitalgeber, die in der Fremde viele Milliarden versenkt haben, suchen Sicherheit in der Heimat. Die große Angst, dass dem Aufschwung, insbesondere in Deutschland, die Kredite ausgehen könnten, hat sich als unbegründet erwiesen. Flexiblere Arbeitsorganisation, günstige Lohnstückkosten, reichliches und billiges Kapital – in der Summe sind das die Kräfte, die einen langen und robusten Aufschwung tragen können. Und die deutsche Wirtschaft ist in der Poleposition. Die nächste große Basisinnovation wird getrieben vom Bedürfnis nach sauberer Energie und Fortbewegung.

Jeder dieser Zyklen führt zunächst zu massiven Investitionen in neue Hardware. Das war im IT-Zyklus so, und das ist auch im Cleantech-Zeitalter so. Während von der IT-Welle vor allem US-Unternehmen profitieren, greift nun die heimische Industrie die Aufträge ab. Die besten Ingenieure und die besten Anlagenbauer kommen aus Deutschland. Und so wird dieser Aufschwung eine Zeitenwende für den Arbeitsmarkt einläuten. Eine Wende, die unsere Gesellschaft verändern wird. Die Zahl der Erwerbstätigen steigt und die Parole »Arbeit für alle« rückt wieder in greifbare Nähe. Doch der Markt für Fachkräfte ist leer. Der Grund ist der Aufschwung, aber auch die demografische Entwicklung in Deutschland. Wir sind auf dem Weg in einen Arbeitnehmermarkt, prophezeien bereits viele Personalexperten. Die Zahl der potenziellen Erwerbstätigen sinkt von Jahr zu Jahr, in Deutschland im Jahr um 200 000 Vollerwerbstätige. Ab 2015 schrumpft der Arbeitskräfte-Pool demografisch bedingt so stark, dass selbst hohe Zuwanderung und eine steigende Erwerbsbeteiligung der Frauen den Effekt nicht mehr ausgleichen können. Der Aufschwung der goldenen Zehnerjahre könnte an unheilbarem Fachkräftemangel zugrunde gehen. Das muss und wird sich ändern.

Das Wissen zählt – und da führen die Frauen

Wir sind auf dem Weg in eine Wissensgesellschaft, sagen viele Experten – die Jobchancen für Frauen steigen im Sozialbereich, in Forschung und Entwicklung sowie in allen Informationsberufen. Allerdings bedeuten für Frauen mehr Jobs nicht automatisch mehr Aufstiegschancen und Geld, sagt das Institut für Arbeitsmarkt- und Berufsforschung (IAB).[17] Wichtig sind vor allem eine hohe Qualifikation sowie die Fähigkeit, sich selbst einschätzen zu können.

In Deutschland schaffen es Frauen weiterhin äußerst selten an die Spitze von Großunternehmen. Wir liegen international gemeinsam mit Indien abgeschlagen auf dem letzten Platz, was den Anteil von Frauen auf Vorstandsebene angeht. Das hat eine Studie der Unternehmensberatung McKinsey ergeben, in der die Zusammensetzung der Vorstandsriegen von 362 börsennotierten Unternehmen in elf wichtigen Industrie- und Schwellenländern analysiert wird. Demnach sind in Deutschland gerade einmal 2 Prozent der Vorstände weiblichen Geschlechts.[18] Angeführt wird die McKinsey-Liste von Schweden mit 17 Prozent weiblichen Vorständen, gefolgt von den USA und Großbritannien, die auf jeweils 14 Prozent kommen. Im internationalen Vergleich der Aufsichtsratsposten, die auf Frauen entfallen, steht Deutschland mit einem Anteil von 13 Prozent nicht ganz so schlecht da, allerdings auch nicht besonders gut. Hier belegt Norwegen mit 32 Prozent den Spitzenplatz, gefolgt von Schweden mit 27 Prozent und den USA mit 15 Prozent. Auch in dieser Kategorie steht Indien auf dem letzten Platz mit 5 Prozent.

Bei einem Blick ins Berufs- und öffentliche Leben Deutschlands müssen wir feststellen, dass der Anteil von Frauen in Führungspositionen gerade einmal bei 10 Prozent liegt, dass an deutschen Hochschulen nur 14 Prozent der Professoren weiblich sind, obwohl der Frauenanteil in der deutschen Bevölkerung in der Altersgruppe 30 bis 49 knapp 49 Prozent und bei den 50- bis 59-Jährigen sogar 51,1 Prozent beträgt.

Der Grad der männlichen Verschwendung von menschlichen Ressourcen offenbart sich noch deutlicher angesichts der Ergebnisse aus dem Bildungssektor; dort scheinen die Mädchen die Jungen eindeutig abzuhängen:

- 55 Prozent der Abiturienten sind weiblich;
- der Unterschied zwischen den Prüfungsnoten von Schülern und Schülerinnen vergrößert sich immer mehr zugunsten der Mädchen;
- je höher das Bildungsniveau wird, umso mehr nimmt die Zahl der Jungen ab.

Dagegen sind die Schüler von Haupt- und Sonderschulen zu zwei Drittel männlich.

Der Arbeitsmarkt der Zukunft ist ohne einen wesentlich höheren Frauenanteil gar nicht mehr vorstellbar. Aufgrund des demografischen Wandels können künftige Aufgaben und Zielsetzungen nur durch mehr Frauen bewältigt werden. Einer McKinsey-Studie zufolge tut sich schon in der näheren Zukunft bis 2025 eine Lücke von über 6,5 Millionen Vollerwerbstätigen auf; sie kann kaum geschlossen werden, selbst wenn mehr Frauen arbeiten.[19]

Professor Jürgen Kluge, bis Ende 2012 Vorstandsvorsitzender der Unternehmensgruppe Franz Haniel & Cie. GmbH, hat überdies bei seiner Tätigkeit als Berater bei McKinsey festgestellt, dass »Frauen analytisch besser und fleißiger«[20] seien.Und im Gegensatz zu ihren männlichen Kollegen, die ihre Selbstüberzeugung oft in die Welt hinausposaunen, ist, so Kluge, »das Trommeln bei Frauen weniger ausgeprägt«. Sie verrichten also ihre Arbeit geräuschloser und offensichtlich mit souveräner Selbstverständlichkeit. Das deckt sich auch mit meinen Beobachtungen und Erfahrungen. Frauen in Führungspositionen arbeiten unauffälliger und mit wesentlich weniger Reibungsverlusten. Sie wirken, was Lautstärke, Imponiergehabe und Selbstdarstellung anbelangt, einfach effizienter. Ein berühmtes Zitat von Margaret Thatcher lautet: »Wenn Sie in der Politik etwas gesagt haben wollen, wenden Sie sich an einen Mann. Wenn Sie etwas getan haben wollen, wenden Sie sich an eine Frau.«

Wenn ich nun unterstelle, dass eine kraftvolle männliche Eigenwerbung auch Kraft kostet, dann liegt auf der Hand, dass Frauen mit ihrem physischen und psychischen Potenzial sorgsamer und sparsamer umgehen. So verfügen sie notfalls über andere Reserven als ihre männlichen Kollegen, die von ihrer eigenen Selbstdarstellung erschöpft sind. Wenn ich mir manche Manager anschaue, muss ich leider sagen: Nimmt man ihnen den Titel und die Visitenkarte, ist nur noch wenig Substanz da.

Der Verlust der geliebten Macht, der Fall in die vermeintliche Bedeutungslosigkeit, ist gleichbedeutend mit dem Verlust der eigenen Identität.

KAPITEL 4

Das weibliche Korrektiv

Das Waage-Prinzip für die Arbeitswelt von morgen

Im Fernsehen ist die alte männliche Welt oft noch weitgehend in Ordnung. Ein Beispiel ist die Kultserie »Mad Men«. Sie spielt in den USA der 1960er-Jahre, die Rollen der Geschlechter sind klar definiert. Da gibt es etwa Brandy trinkende und kettenrauchende Männer im Büro, das oft zum Tatort für Anzüglichkeiten wird. Wenn die männlichen Protagonisten nicht mehr weiterwissen, werden sie aggressiv oder arrogant, je nach Charakter. Die Frauen sind hübsch, naiv oder raffiniert, berechnend oder neurotisch bis hysterisch. Und vor allem: Sie dienen dem Mann. Die überdrehten, oftmals bissigen Rollenspiele unterhalten – wie Karikaturen eben unterhalten sollen. Alle haben ihren Spaß: Der Mann schafft (das Materielle) an, und die Frau weiß das zu schätzen.

Vielleicht hat die Serie deshalb einen so großen Erfolg, weil ihre Nostalgie so irrwitzig ist, so nicht mehr von dieser Welt, so gegen die neue Richtung, wie das etwa die Agentur Grey Worldwide 2010 in ihrer Abhandlung »Die Welt wird weiblich« euphorisch ausgemacht hat:

»Durch eine mehr menschliche, emotionale und intuitive Kraft legen sich die Hauptschalter in ein neues Zeitalter gerade wie von selbst um. Klick. Eigentlich geht es darum, dass Superman als Gefühlsathlet den Planeten rettet und ein Superbaby schaukeln wird. Dass man sämtliche Herzen verführt, wenn man es ein wenig anders anpackt. Dass Liebe sich lohnt. Bis ins Detail. Im Prinzip ist Feierabend mit nur »höher, schneller, härter«. Es geht weiter. Die ganze Welt wird jetzt auch schöner, runder, weicher. Im Prinzip feminin. Und das für alle. Na endlich.«[21]

Übersetzt heißt das: Die harten männlichen Tugenden haben ausgedient. Superman mutiert Richtung Supergirl und hat Tränen der Freude in den sensiblen Augen. Leben wir also in einem Zeitalter der totalen Veränderung? Das wäre zu schön, um wahr zu sein. Immer noch sind die allermeisten Machtpositionen in der Gesellschaft von Männern besetzt, immer noch können wir im Alltagsleben der Arbeitswelt typisch männliche Rituale und Umgangsformen untereinander beobachten, immer noch füllen sogenannte männliche Comedians beispielsweise mit billigen sexistischen Frauenwitzen ganze Stadien.

Was zunächst klischeehaft klingt, zeigt sich aber oft genug in der Realität. Die männlichen Verhaltensweisen in der Arbeitswelt sind vielfach stereotyp, selbst in den Führungsetagen:

- Männer lassen ihre Gefühle draußen, wenn sie das Büro betreten.
- Fehler werden so gut wie nie zugegeben.
- Obwohl viele Männer ihren Diskussionen einen sehr faktenorientierten und analytischen Anspruch geben wollen, sind die Eitelkeiten im Wettbewerb untereinander – Wer ist der Beste, der Schnellste, der Beliebteste? – unübersehbar.

Daraus folgt:

- Männer im Job sind ich-bezogener als Frauen. Sie präsentieren sich nach dem Schulnoten-Prinzip – sie haben alle eine Eins.
- Männer legen größten Wert auf ihre Privilegien – nach dem Motto: »Mein Büro, mein Dienstwagen, meine Sekretärinnen, mein Spesenetat, meine First-class-Flüge, meine Senator Card.«

Darüber hinaus ist auffällig, dass das Management vieler Unternehmen geradezu militärisch organisiert ist, vor allem in den USA. Da ist von Feldzügen die Rede, von der Vernichtung des Gegners; alle laufen in Marschrichtung nach vorne. Bei Geschäften geht es darum, unbedingt den Abschluss zu bekommen, ohne Rücksicht auf Verluste, koste es, was es wolle. Krisenfälle werden wie kriegerische Auseinandersetzungen bewältigt, man zieht sich zurück in »war rooms« und »attack rooms«. Der Vorstandschef wird CEO genannt – Chief Executive Officer, der Finanzchef CFO – Chief Financial Officer.

Von dem berühmten Investmentbanker John Mack, als »Mack the Knife« eine bekannte Wall-Street-Legende, ist der Satz überliefert: »Da ist Blut im Wasser. Lasst uns töten gehen.«

Trotz dieses martialischen Getues und einer militärischen Befehlshierarchie habe ich oft bemerkt, dass es vielen Männern nur um Konfliktvermeidung geht. Sie wollen brave Soldaten und dem Chef möglichst nahe sein, auch in der Sitzordnung.

Viele Frauen verweigern sich den männlichen Ritualen

Diese Rituale nehmen natürlich auch die Frauen wahr – und sie sind, je nachdem, überrascht, entsetzt, fassungslos wegen der Andersartigkeit im Umgang miteinander. Während die einen sich fragen: »Mache ich da mit, muss ich mich denen anpassen?«, wollen sich die anderen erst gar nicht den männlichen Spielregeln unterwerfen, denn das ist für sie nicht authentisch und erzeugt Unbehagen.

Daraus ergibt sich eine fatale volkswirtschaftliche Konsequenz: Viele Frauen, die aufgrund ihres Ausbildungsstandes und Charakters prädestiniert für Führungsaufgaben wären, wollen es sich nicht antun, ganz nach oben zu kommen. Ihnen geht es dabei gar nicht um »Gender Diversity-Management«, das die soziale Vielfalt und individuelle Unterschiedlichkeit der Mitarbeiter positiv wahrnimmt, um ein produktives Klima im Unternehmen zu erreichen; diese Frauen weigern sich und halten es für schwer vereinbar, sich dauerhaft mit einem männlich orientierten Führungsstil zu arrangieren. Sie halten es für überholt und nicht mehr zeitgemäß – und treten ihren Rückzug in die Familie an oder gründen ihre eigenen Unternehmen.

Diese Zweifel können wir uns als Gesellschaft nicht mehr leisten. Um die Herausforderungen der Zukunft bewältigen zu können, brauchen wir ungleich mehr Frauen in der Arbeitswelt, vor allem in Führungspositionen. Die Frauen müssen also ermutigt werden, sich mit ihren Eigenschaften und Fähigkeiten – und den daraus resultierenden Vorteilen – in die Wirtschaftswelt von morgen einzubringen und das Vorgefundene nach ihren Vorstellungen zu verändern. Und die Männer sind – in ihrem eigenen Interesse – zu ermuntern, weibliche Sicht- und Verhaltensweisen zu verstehen, zu achten und gegebenenfalls auch zu übernehmen. Das ist kein bloßes Wunschdenken, sondern eine Notwendigkeit.

Ich plädiere dafür, die Gender-Diversity Diskussionen dringend zu erweitern. Es geht vielmehr um die Kultur der Inklusion, eine integrierende Unternehmensphilosophie. Unter Inklusion versteht man unter anderem den kulturellen Wandel, auch kulturelle Eingliederung und Zugehörigkeit, wobei gerade die Vielfalt und Unterschiede nicht nur toleriert, sondern geschätzt werden. Jede Person kann sich individuell mit allen Stärken und Besonderheiten einbringen. Das entspricht dem neuen Zeitgeist und repräsentiert, was Frauen wirklich wollen, statt undifferenzierter Frauenbevorteilung und Frauenquoten. Frauen wollen über ihre Leistung in eine führende Position kommen, sie wollen in einem angenehmen Umfeld gestalten. Das charakterisiert die (neue) Arbeitswelt. Deshalb braucht die Zukunft verstärkt weibliche Prinzipien, das weibliche Korrektiv.

Der Wiener Zukunftsforscher Professor Peter Zellmann belegt diese Tendenz treffend: »Die Bedeutung der Frau nimmt zu. Wir entwickeln uns vom Industriepatriarchat hin zum Freizeitmatriarchat. Das findet unabhängig von jeglicher Frauenpolitik oder Emanzipationsbewegung statt. Ob das nun von der Politik eingefordert wird oder nicht, die Gesellschaft wird weiblich.«[22]

Female Shift: Frauen werden zum entscheidenden (Wirtschafts-)Faktor

Alle sind sich einig: Der Einfluss von Frauen wird immens zunehmen. In Kultur und Wissenschaft, in Politik und Wirtschaft. Aufgrund ihres höheren Bildungsgrades laufen junge Frauen vor allem in den westlichen Ländern männlichen Mitbewerbern bereits in vielen Bereichen den Rang ab. Noch nie war eine Frauengeneration so gut ausgebildet, so selbstbewusst und ambitioniert. Die Konsequenz: Frauen werden zunehmend Spitzenpositionen im Arbeitsmarkt und in der Gesellschaft einnehmen. Female Shift ist der Weg der Zukunft.

In der nächsten Dekade werden Frauen verstärkt als Konsumenten, Mitarbeiterinnen, Produzenten und Unternehmerinnen ihren Platz in der globalen Wirtschaft einnehmen. In Anlehnung an die wachsende Bedeutung der beiden Milliardenvölker China und Indien ist oft von der »dritten Milliarde« die Rede, die einen ebenso großen Einfluss auf die Weltwirtschaft haben wird. Geschätzte 870 Millionen Frauen werden bis 2020 das globale Wirtschaftsleben bestimmen. Frauen wechseln in die Wissensarbeit, in Bereiche der Fertigung, Medizin, Ausbildung und Informationstechnologie.[23]

Zum aktuellen Zeitpunkt ist das weibliche Potenzial als Wirtschaftsgröße noch längst nicht erschlossen. Es gibt immer noch sehr viele Frauen, die an der prognostizierten Entwicklung nicht teilhaben können, weil sie schlecht ausgebildet sind oder durch ihre Familien und ihr Umfeld zu wenig unterstützt werden. Doch die Situation wandelt sich rasant. Die Verbesserung der Ausbildungsmöglichkeiten, die Veränderung gesetzlicher Vorgaben und kultureller Normen sowie eine bessere Infrastruktur ermöglichen Frauen zunehmend einen besseren Zugang zur Arbeitswelt. Phänomene wie die durch Landflucht verstärkte Migration in städtische Ballungszentren verstärken dies gerade in den bevölkerungsreichen Schwellenländern.

Akademikerinnen sehen sehr guten Zeiten entgegen. Wichtig sind vor allem ein passender Studienschwerpunkt und entsprechende Zusatzqualifikationen. Betriebs- und Volkswirtinnen können beispielsweise mit Sprachkenntnissen wie Russisch, Chinesisch oder Spanisch zusätzlich punkten. Wer eine dieser Sprachen spricht, schlägt eine wichtige Brücke zu den wirtschaftlichen Wachstumsregionen der Zukunft. Auch Abschlüsse in den Geisteswissenschaften sind in immer mehr Wirtschaftsunternehmen gern gesehen, vorausgesetzt, dieses Wissen wird durch Zusatz-Know-how, wie beispielsweise in Betriebswirtschaftslehre, ergänzt.

Auch wer kein Prädikatsexamen oder keinen Abschluss in den klassischen Disziplinen vorzuweisen hat, aber besondere persönliche Eigenschaften mitbringt, hat ebenfalls gute Chancen. Die Unternehmen suchen verstärkt Mitarbeiter mit bereits nachweisbarer interkultureller Kompetenz oder der Bereitschaft, sich in die in anderen Ländern geltenden geschäftlichen Regeln und Besonderheiten einzuarbeiten. Wer also in seinem Lebenslauf Auslandssemester oder entsprechende Praktika verzeichnen kann, zeigt damit an, über diese in einer globalisierten Welt wettbewerbsentscheidenden Fähigkeiten zu verfügen und zusätzlich noch flexibel und mobil zu sein. Wird es gut ausgespielt, entscheidet dieses Ass im Ärmel durchaus darüber, wie sich die Rahmenbedingungen des Jobs ausgestalten lassen.

Vor diesem Hintergrund empfehle ich heutigen und zukünftigen Hochschulabsolventinnen, gegenüber potenziellen Arbeitgebern durchaus selbstbewusst und mit dem Wissen um die eigene Qualifikation aufzutreten. Es ist jedoch wichtig, strategisch vorzugehen und sich bereits vor einer Bewerbung Fragen wie die folgenden zu stellen:

- Welche Erfahrungen sollte ich in welchen Bereichen gesammelt haben, um gut auf spätere Führungsaufgaben vorbereitet zu sein?
- Welche Möglichkeiten – auch international – zur Weiterbildung und Weiterentwicklung sind mir wichtig und welche gibt es im Rahmen der angebotenen Position?

- Welcher Erfahrungs- oder Wissensvorsprung hilft dabei, mich gegenüber anderen, teilweise langjährigen Mitarbeitern zu profilieren?

Weibliche Werte erobern die Welt

Das zunehmende Selbstbewusstsein der Frauen und ihre wachsende Unabhängigkeit verändern die Welt. Teilweise schon deutlich sichtbar, teilweise aber noch eher im Verborgenen. Schon heute treffen Frauen 80 Prozent aller Kaufentscheidungen und beeinflussen und bestimmen die Konsummärkte damit stärker als Männer. Diese Entwicklung hat auch Auswirkungen auf die Arbeitswelt. Die zunehmende Bedeutung von als eher weiblich definierten Eigenschaften wie Geduld und Einfühlungsvermögen sorgt für ein anderes, besseres Arbeitsklima – von dem auch die Männer profitieren. Der Balance, die sich aus der Kombination der geschlechtsspezifischen Fähigkeiten ergibt, gehört die Zukunft. Es geht darum, dafür die richtigen Rahmenbedingungen zu schaffen. Rahmenbedingungen, denen auch Männer zustimmen und vertrauen können.

Auch Soziologen gehen davon aus, dass die nächsten 150 Jahre von femininen Eigenschaften beeinflusst und gesteuert werden. Sie prognostizieren, dass Kommunikationsfähigkeit, Emotionalität und Intuition immer wichtiger werden und eine Epoche der emotionalen Intelligenz bevorsteht. In der Grey-Studie heißt es: »Alles wird weicher, runder, bunter. Das fühlt sich allerorten ziemlich gut an, einfach menschlicher. Weibliche Werte halten immer mehr Einzug in unser alltägliches Leben und verändern leise, aber unaufhaltsam unsere Welt.«[24]

Mehr Gefühle: Selbst Führungskräfte der alten Schule erkennen mittlerweile an, dass in der Arbeitswelt wichtige Entscheidungen nicht nur von der Ratio, sondern auch von Emotionen getragen werden. Diese Bereitschaft, Gefühlen, Sensibilität und Empathie den ihnen zukommenden Platz einzuräumen, ist aus Sicht von Experten bei Frauen deutlich stärker vorhanden.

Mehr Toleranz: Der weibliche Gesprächsstil ist kommunikativer, Probleme werden nicht nur benannt, sondern man tauscht sich über die einzelnen Punkte aus. Das zugehörige Gesprächsklima wird mitgeprägt von mehr Einfühlungsvermögen, Rücksichtnahme und Toleranz. In einem Bericht des Zukunftsinstituts werden Untersuchungen der kanadischen Entwicklungspsychologin Susan Pinker zitiert; sie hat festgestellt, dass Frauen »in den Betätigungsfeldern, die mit Kommunikation und differenzierter Wahrnehmung von Menschen zu tun haben, eine stärkere Ausprägung« haben und »zur Präferenz sozialer Beziehungen« neigen.[25]

Mehr Erfolg für alle: Untersuchungen haben gezeigt, dass sich die jeweils geschlechtsspezifischen Stärken nicht nur ergänzen, sondern dass insgesamt bessere Ergebnisse erzielt werden, wenn Frauen und Männer gleichberechtigt zusammenarbeiten. Außerdem verändert sich das Klima im Unternehmen zum Positiven. Dominanzverhalten wird zugunsten von mehr Respekt und gegenseitiger Wertschätzung eingedämmt. Weil Frauen großen Wert darauf legen, dass gerade weitreichende Entscheidungen transparent kommuniziert werden, tragen die Mitarbeiter die neue Unternehmensstrategie selbst dann eher mit, wenn sie mit unpopulären Maßnahmen verbunden ist. Gerade in schwierigen Zeiten erweisen sich Frauen oft als gute Krisenmanager, die Schieflagen früh erkennen und schnell Gegenmaßnahmen einleiten.

Mehr Mut: Zwar gehen Frauen in der Arbeitswelt grundsätzlich weniger Risiken ein, doch sie zeigen bei kontroversen Diskussionen und schwierigen Entscheidungen oft mehr Engagement und Mut als männliche Kollegen, die nicht anecken wollen und ihre wahre Meinung sehr zurückhaltend äußern, um keine negativen Reaktionen seitens der Führungskraft zu riskieren. Frauen haben weit weniger Skrupel, Dinge zu hinterfragen, was Männer häufig als Naivität auslegen. In gemischten Teams wird alles gründlicher abgeklopft, der Umgangston wird weicher, verbindlicher, konstruktiver – und wenn man von den so zu erzielenden Ergebnissen ausgeht, auch professioneller.

Mehr Effizienz: In den USA erwirtschaften Unternehmen mit einem besonders hohen Frauenanteil im Vorstand schon heute 53 Prozent mehr Profit als Unternehmen, bei denen der Frauenanteil im Vorstand gering ist.

Unternehmen mit einem 20-prozentigen Frauenanteil in den Führungspositionen sind um etwa 40 Prozent effizienter.[26]

Frauenquote – pro oder kontra?

Diese Frage wird seit Jahren in Europa diskutiert, sowohl in der Politik als auch in der Wirtschaft. Einerseits haben verschiedene Studien, u. a. auch eine der Unternehmensberatung McKinsey, ergeben, dass Unternehmen mit Frauen im Vorstand nicht nur wettbewerbsfähiger, sondern auch innovativer sind. Andererseits ist die Zahl weiblicher Führungskräfte im Topmanagement in der Tat extrem niedrig. 2008 betrug der Frauenanteil der 30 größten börsennotierten Unternehmen in Deutschland gerade einmal 0,5 Prozent. Seitdem hat sich zwar etwas getan, denn Ende 2011 waren es 3,7 Prozent, also eine siebenfache Steigerung, doch das Ergebnis ist immer noch armselig.[27] Vor diesem Hintergrund ist es nicht verwunderlich, dass die Forderung nach einer gesetzlich geregelten Frauenquote von 30 Prozent im Raum steht.

Auch Mechthild Maier, eine der wenigen Frauen in der Führungsriege der deutschen Wirtschaft, fordert sie. Die Managerin ist als Leiterin Group Diversity Management unter anderem für die Gleichbehandlung der Geschlechter bei der Telekom zuständig. Das Dax-Unternehmen hat 2010 eine verbindliche Frauenquote eingeführt und sich von 19 Prozent (2010) auf 24,7 Prozent (2012) gesteigert. 2015 sollen 30 Prozent erreicht sein – und zwei Frauen neben fünf Männern im Vorstand sitzen.

In einem Gespräch mit der *Süddeutschen Zeitung* bezeichnete Mechthild Maier im Dezember 2011 die Frauenquote als »notwendiges Übel (…) 240 Jahre hätte es gedauert, bis ihr Anteil (der Frauen) bei der Telekom auf 30 Prozent gestiegen wäre, wenn wir das Tempo von vor 2010 beibehalten hätten.« Sie glaubt, dass eine stärkere Beteiligung von Frauen ohne klares Ziel mit eindeutigem Zeitplan nicht zu schaffen ist. »Die vorherigen Versprechen haben nichts gebracht.«[28]

Liegt also die weibliche Zukunft in einer Frauenquote? Ich bin skeptisch.

Warum ich gegen die Frauenquote bin

Natürlich will auch ich mehr Frauen in Führungspositionen, sie werden dringend gebraucht. Mir wäre es jedoch lieber, wenn dieses Ziel ohne Quotendruck erreicht würde. Ich habe zudem festgestellt, dass auch viele durchaus selbstbewusste Frauen gegen die Quote sind. Aus meiner Sicht löst die Frauenquote nicht die Ursache des Problems, sie arbeitet nur an den Symptomen. Um in einem Unternehmen oder einer Branche mehr Frauen zu fördern, muss man zunächst eine wertschätzende und wertorientierte Kultur aufbauen und flexible Arbeitszeitmodelle anbieten. Sonst gehen die Frauen sehr schnell wieder und man beginnt mit der Erfüllung der Quote wieder von vorne.

Woran erkennt man, ob Frauenförderung in einem Unternehmen gelebte Realität ist? Neben der klassischen Recherche in den Medien und im Internet besteht eine gute Möglichkeit darin, sich zu vernetzen. Frauen, die gern in einem Unternehmen arbeiten, kommunizieren das auch. Oder man arbeitet mit externen Beratern zusammen, die Kriterien für eine integrierende Unternehmenskultur definieren und die Unternehmen dahingehend vergleichen. Hilfreich sind auch Unternehmenskultur-Wettbewerbe, wie sie beispielsweise das Great Place to Work Institute jährlich in vielen Ländern der Welt durchführt. Die Organisation, die seit 2002 auch in Deutschland arbeitet, lobt außerdem auch einen Sonderpreis für »Vereinbarkeit von Familie und Beruf« aus. Meine Hoffnung besteht darin, dass sich immer mehr Unternehmen diesen Wettbewerben stellen, damit sich schnell verlässliche Vergleichsmöglichkeiten ergeben.

Natürlich ist es positiv, wenn Unternehmen sich öffentlich selbst dazu verpflichten, über eine Frauenquote den Anteil an weiblichen Führungskräften zu erhöhen. Die Quote bleibt jedoch einfach nur eine theoretische Zahl, die noch lange nicht sicherstellt, wie sich die Frauen im Unternehmen weiterentwickeln können oder wie beispielsweise der Umgang mit Teilzeitwünschen von Müttern ist. Dies kann nicht die Aufgabe einer Quote sein, sondern vielmehr die einer neuen, modernen Unternehmenskultur.

Das Waage-Prinzip des Ausgleichs

Ein Blick in die Geschichte zeigt, dass die Wirtschaftssysteme der Industriegesellschaften von Männern für Männer konzipiert wurden. So ist es nicht überraschend, dass in vielen Unternehmen noch hierarchische Strukturen und alte Muster vorherrschen. Oft gibt es gerade in Schlüsselbereichen wie Kommunikation, Transparenz und Führungsstil erschreckende Defizite. Gleichzeitig zeichnet sich bereits jetzt überall ab, dass das einseitige patriarchalische Modell an seine Grenzen kommt. Es ist bereits den Herausforderungen der kommenden Jahre nicht gewachsen, geschweige denn denen der Zukunft.

Derzeit herrscht in den Unternehmen also kein natürliches Gleichgewicht der jeweiligen Stärken beider Geschlechter. Hier gilt es, wieder für einen Ausgleich zu sorgen. Wie das funktionieren könnte, zeigt ein Blick in die Natur: Dort ist alles von einer Balance der Gegensätze bestimmt. Auf die Wirtschaft übertragen heißt das, dass der Ausgleich nur mit mehr weiblichen Aspekten erreicht werden kann. Mir geht es dabei nicht um eine Vorherrschaft der Frauen, sondern vielmehr darum, mit der Betonung der vernachlässigten weiblichen Fähigkeiten einen Ausgleich zur dominanten männlichen Arbeitswelt zu erreichen, damit endlich Einklang, oder besser Balance, herrscht. Das nenne ich das Waage-Prinzip.

Für mich ist diese These kein bloßer Diskussionsbeitrag, sondern eine Notwendigkeit, wenn die Arbeits- und Wirtschaftswelt humaner und gleichzeitig erfolgreicher werden soll. Wenn wir das nicht schaffen, werden wir alle verlieren. Oder positiv ausgedrückt: Wenn wir gewinnen wollen, müssen wir das schaffen. Und da gilt es, keine Zeit zu verlieren. Zweifellos sind neben einem grundsätzlichen Umdenken neue Managementansätze erforderlich, denn mit den Methoden von heute und gestern wird es in Zukunft nicht mehr funktionieren.

Eine grundlegende Erkenntnis besteht darin, dass mehr auf den einzelnen Menschen und auf das Wohl der Gemeinschaft eingegangen werden und alles Handeln einen erkennbaren Sinn haben muss. Das lässt sich jedoch nur erreichen, wenn die Unternehmen so transparent wie möglich geführt werden, wenn ein Kontext für alle Mitarbeiter hergestellt werden kann, damit jeder weiß, warum etwas getan wird. Das erfordert die Fähigkeit zu vertrauensvoller Zusammenarbeit, Offenheit für ein neues Bewusstsein und vor allen Dingen Vertrauen zu anderen. Der Einzug eines stärker weiblich geprägten Bewusstseins in die Wirtschaftswelt wird völlig andere Management-Qualitäten in den Fokus der Vorstandsetagen rücken lassen.

Neue Männer mit weiblichen Eigenschaften

Die so dringend benötigten weiblichen Prinzipien sind natürlich nicht nur bei Frauen zu finden. Es gibt auch Männer, die über sehr viel Empathie und hohe Kommunikationsfähigkeit verfügen. Diese Männer mit solch weiblichen Stärken sind gar nicht selten. Viele setzen diese Eigenschaften nicht selten nur deshalb nicht ein, weil sie in den Unternehmen oft nicht gefragt sind oder sogar negativ bewertet werden.

Das Zukunftsinstitut sieht im erwähnten Female Shift einen Megatrend, der die weltweiten gesellschaftlichen Entwicklungen massiv und nachhaltig beeinflussen wird. »Female Shift bedeutet nicht nur, dass der Einfluss von Frauen in Wirtschaft und Gesellschaft steigt. Eine inzwischen nicht mehr zu übersehende Folge dieser Feminisierung der Gesellschaft ist der Trend zum neuen Mann. Die zunehmende Unabhängigkeit stärkt das Selbstbewusstsein von Frauen – mit dem Ergebnis, dass sie heute neue Ansprüche und Erwartungen an Männer stellen.«[29] Wer dieser Entwicklung im Privaten oder in der Arbeitswelt Rechnung tragen will, muss lernen, weibliche Werte und Vorstellungen besser zu verstehen.

Die aktuelle Situation und die gestiegenen Ansprüche der Frauen formen ein neues Männerbild. Dabei geht es nicht um das von Männern mit traditionellem Rollenverständnis oft bemühte Bild eines »weichgespülten Softies« oder kritiklosen Jasagers ohne eigenen Willen, sondern, um noch einmal das Zukunftsinstitut zu zitieren, um »den Selbst-Designer mit einem von Individualität, Toleranz und Interesse geprägten Selbstverständnis.«[30]

Natürlich gab es auch früher schon sensible Männerpersönlichkeiten, die ihre Aufgaben mit großem Einfühlungsvermögen bewältigt haben. Wie jede Frau eine männliche Seite hat, besitzt jeder Mann auch eine weibliche. Es kommt nur darauf an, wie ausgeprägt sie jeweils ist. Ebenso wie innerhalb der Persönlichkeit ist es auch innerhalb der Wirtschaft entscheidend, ein Gleichgewicht herzustellen und zu erhalten.

Was heißt das für die neuen Männer? Im Privaten haben die gestiegenen und nun auch offen angemeldeten Ansprüche moderner Frauen und die Tatsache, dass sie finanziell immer unabhängiger werden, auch die Einstellungen und das Verhalten der Männer verändert. Sie werden zunehmend vom »Versorger« zum »Fürsorger«. Für die Arbeitswelt bedeutet das, dass diese Männer auch hier verstärkt anfangen, sich für gesellschaftliche Veränderungen einzusetzen. Viele fühlen sich schon lange in den alten patriarchalischen Verhaltensmustern gefangen und warten eigentlich nur darauf, andere, nach der allgemeinen Definition eher weibliche Eigenschaften leben zu können. Sie sind deshalb froh, dass die sogenannten weichen Faktoren, die bisher überwiegend durch Frauen repräsentiert waren, in den Unternehmen jetzt allgemein akzeptiert und sogar erwünscht sind.

Ein offeneres, respektvolleres und weniger auf Konkurrenz ausgerichtetes Klima ist auch der Wunsch vieler Männer – selbst wenn sie ihn nicht öffentlich äußern. Immer wieder hört man auch von männlichen Kollegen, dass sich der Umgangston, die Umgangsformen und auch die Art, wie kommuniziert wird, zum

Positiven verändert, sobald Frauen im Team sind. Viele Männer empfinden das als äußerst angenehm und stressreduzierend. Sogar der als harter Wall-Street-Hund bekannte ehemalige Vorstandschef der Bank Morgan Stanley John Mack erklärte bei einer Veranstaltung vor Harvard-Studenten, dass sein Führungsstil »viel weicher« geworden sei und er jetzt auf die Zusammenarbeit mit Frauen großen Wert lege. Seine Begründung: »Es verändert einen, wenn man in einen Abgrund geschaut hat.«

In der Studie «Could the right man for the Job be a woman? How Women differ from Men as Leaders« des Hudson European Research & Development Center wurden deutliche Unterschiede bei weiblichen und männlichen Führungskräften ermittelt. Weibliche Manager fokussieren der Erhebung zufolge weniger auf kurzfristige Ergebnisse, sie bevorzugen übergeordnete Ziele, das sogenannte »bigger picture«, und sie sind autonomer als Männer. Sie verlieren sich weniger in den Details des Tagesgeschäfts und sind offener für Veränderungen. Frauen favorisieren in ihrem Führungsstil eine offenere Kommunikation, legen darauf auch bei ihren Mitarbeitern besonderen Wert und schaffen mehr Raum für Kooperation und gegenseitige Unterstützung.[31]

Diese Ergebnisse ergänzen diejenigen von A. H. Eagly und B. T. Johnson. Die Autoren konnten keine Nachweise finden, dass Frauen einen mehr interpersonellen Stil bevorzugen und Männer einen aufgabenorientierten Stil im Management präferieren. Männer und Frauen fokussieren gleichermaßen auf die Zielerreichung. Nichtsdestotrotz haben auch diese Autoren herausgefunden, dass Frauen einen eher demokratischen oder partizipativen Führungsstil pflegen, der weniger direktiv und weniger autokratisch ist als der Führungsstil der Männer. Frauen haben in ihrem Führungsstil eine höhere Neigung zu Altruismus und werden auch so wahrgenommen.[32]

Dies passt gut in eine Zeit, die sich nach einer humaneren Arbeitswelt sehnt, in der die Menschen nicht wie Maschinen funktionieren und einfach nur für die erbrachte Leistung bezahlt werden, sondern als Menschen wahrgenommen werden und neben Geld auch das bekommen wollen, was sie ebenfalls verdienen: Aufmerksamkeit, Anerkennung und Zuwendung. Der Maßstab der Zukunft wird lauten: Was trägt ein Unternehmen zum Wohl der Gesellschaft bei? Das ist die nachhaltige und neue Relevanz der Arbeitswelt. Und das funktioniert nur mit einem Gleichgewicht der Kräfte und der Kombination der Stärken von Frauen und Männern.

KAPITEL 5

Die Welt der Gefühle

Oft missverstanden, unterdrückt oder negiert – aber auch für die Arbeitswelt so wichtig

Gefühle haben einen zweifelhaften Ruf, in der Naturwissenschaft ebenso wie im Management. In der Naturwissenschaft galt die Beschäftigung mit einer so wenig greifbaren Materie daher als schlicht undenkbar. Auch die Philosophen zogen jahrhundertelang gegen die Gefühle ins Feld. Intuition hatte in ihren Konzepten keinen Platz, war allenfalls eine Angelegenheit der Frauenzimmer, die als schwach, flatterhaft, unstet und unvernünftig galten. Mit dem berühmten Satz »Ich denke, also bin ich« hat der französische Philosoph René Descartes die Vorherrschaft des Verstandes begründet und das Selbstverständnis des aufgeklärten Menschen für lange Zeit geprägt.

Und im Geschäftsleben? Auch da scheinen sie zu stören: »Bitte lassen Sie uns sachlich argumentieren!« Oder: »Seien Sie doch nicht so emotional, das bringt uns nicht weiter!« Solche Aussprüche sind wahrscheinlich schon jedem von uns begegnet. In vielen Unternehmen werden Gefühle im Management tabuisiert. Auseinandersetzungen sollten nur auf der Sachebene geführt werden, Entscheidungen mit »kühlem Kopf« getroffen werden. Ein emotionaler Führungsstil wirft Fragen nach der Qualifikation eines Managers auf, insbesondere bei Nachwuchsführungskräften. Ist dieser als Manager wirklich geeignet? Offen wird es nicht ausgesprochen, aber diese Annahme geistert steht spätestens dann im Raum, wenn nicht alles reibungslos funktioniert.

Wer also als Manager zu sehr emotionsgesteuert ist, muss mit Skepsis rechnen. Doch: Die neuesten Ergebnisse der Neurobiologie belegen, dass Emotionen eine Fähigkeit sind, die wir über Millionen von Jahren in der Evolution entwickelt haben.[33]

Entscheidungen: sachlich oder intuitiv?

Eine Entscheidung intuitiv treffen? Aus dem Bauch heraus? Das ist für Verstandesanhänger unvorstellbar. Doch: Wer täglich unter zeitlichem Druck arbeitet und oft in Sekunden Entscheidungen treffen muss, kann nur schwer einen Schritt im Voraus planen, eine Stärken- und Schwächenanalyse durchführen oder gar Risiken und Konsequenzen einschätzen. Dieser Mensch folgt seinem Bauchgefühl, auch Intuition genannt.

Auch Professor Gerd Gigerenzer, Direktor am Max-Planck-Institut für Bildungsforschung in Berlin, betont, dass »Intuition nichts mit Metaphysik, Telepathie oder vergleichbaren Künsten« zu tun habe. Und schon gar nichts mit Wahrsagerei. Ohne Intuition jedoch – und das zeigt die Schwierigkeit des Begriffs – wären wir nicht in der Lage, Vorstellungen über die Zukunft zu entwickeln. Und ohne diese würden wir auch keine Entscheidungen treffen. Die »Entscheidung aus dem Bauch« erfolgt nicht auf Basis von Hokuspokus, sondern auf der Grundlage vorhandener Erfahrungen und Erinnerungen, die in unserem Gehirn gespeichert sind und auf die wir zurückgreifen.

Somit ist es wenig überraschend, dass die meisten Entscheidungen des Menschen – rund 90 Prozent – auf Intuitionen basieren, fasst Yves von Cramon, Neurologe und Direktor am Max-Planck-Institut für Kognitions- und Neurowissenschaften in Leipzig, seine Forschungsergebnisse zusammen.[34]

Emotionen werden mit Schwäche gleichgesetzt, und die gesteht man sich nicht zu, geschweige denn ein. Erst denken, dann handeln, lautet die traditionelle und auf den ersten Blick einleuchtende Maxime des Managements. Viele Führungskräfte sehen sich auch heute noch zu einer Sicht und Darstellung der Dinge gezwungen, die, zumindest nach außen, ausschließlich rational und bis ins Detail nachprüfbar wirkt.

Einfach den Gefühlsschalter auf Aus stellen. Als ob das ohne Weiteres ginge! Denn so funktioniert unser Gehirn nicht. Mittlerweile ist längst bekannt, dass auch der Verstand von Gefühlen gesteuert wird, dass Emotionen unser Verhalten bestimmen, dass Intuition ein Teil unserer Intelligenz ist. Die moderne Forschung weist ausdrücklich auf den Zusammenhang zwischen Vernunft, Emotion und Gefühl hin. So hat der portugiesische Bewusstseinsforscher Professor António Damásio von der University of Southern California bereits den berühmten Lehrsatz des französischen Philosophen René Descartes als Irrtum oder Fehlformulierung entlarvt. Statt »Ich denke, also bin ich« müsse es aus seiner Sicht eigentlich heißen: »Ich fühle, also bin ich.«[35]

Auch die Ergebnisse einer Studie der Unternehmensberatung Centracon aus dem Jahr 2007 gehen in diese Richtung. Demnach fühlt sich in Deutschland nur jeder vierte Manager in seinen von der Ratio getragenen Entscheidungen sicher.[36] Ist also die Forderung nach reinen Vernunftentscheidungen antiquiert und ein Relikt der Vergangenheit? Die Antwort ist einfach: Können Sie sich wirklich vorstellen, dass Gefühle wie Sympathie oder Abneigung, Euphorie oder Zweifel, Überschwang oder Niedergeschlagenheit die Schwelle zum Büro nicht überwinden und draußen vor der Tür bleiben? Natürlich nehmen wir sie mit in unseren Arbeitsalltag. Es kommt nur darauf an, wie wir damit umgehen.

Meine Erfahrung mit Gefühlen im Management ist ambivalent: Ich habe sehr viele Jahre geübt und auch immer neue Wege ausprobiert, um meine Gefühle im Beruf anzunehmen, sie zu verstehen, sie einzuordnen und mich auch mit ihnen auseinanderzusetzen. Das war ein hartes Stück Arbeit und ich ahne, dass der angemessene Umgang mit Emotionen ein wohl nie enden wollendes Thema wird. Zu Beginn meiner Laufbahn habe ich sehr viel heruntergeschluckt oder überreagiert. Erst nach vielen Praxisjahren und mit Unterstützung von Beratern habe ich gelernt, Gefühle im Berufsleben angemessen(er) zu leben und zu erleben.

So habe ich beispielsweise die Erfahrung gemacht, dass positive Gefühle etwas leichter im Unternehmensumfeld lebbar sind als negative oder destruktive Gefühle. Wenn ein komplexes Projekt erfolgreich abgeschlossen wurde, habe ich sehr gerne mein Team auch zum Feiern eingeladen. Diese Situationen habe ich immer als sehr verbindend und als etwas sehr Besonderes empfunden. Es waren sehr kraftvolle Momente, die, glaube ich, mein Team und mich stark motiviert haben, auch die nächste Hürde oder das nächste Projekt gemeinsam zu starten.

Destruktive Gefühle habe ich natürlich auch erlebt. Oft wurde ich mit Angst konfrontiert: Angst vor dem Versagen, Angst vor Fehlern, Angst vor den Konsequenzen einer Entscheidung. Auch die Angst gegenüber Vorgesetzten hat mich in meiner Laufbahn oft begleitet. Angst im Führungsalltag zu erleben ist eine tiefe Erfahrung – für Mitarbeiter und auch für Manager.

Fehler betrachte ich als etwas Menschliches. Dennoch erschreckt mich manches Mal, welche Konsequenzen ein Fehler haben kann. Ich kann mich noch gut an eine Anweisung erinnern, mit der ich eine Führungskraft dazu angehalten habe, ein Projekt nicht weiter zu beschleunigen. Er hatte mir dieses Projekt vorgestellt, um einen möglichen Ergebnisengpass auszugleichen, und wollte seine aktive Unterstützung anbieten. Aber er hatte auch darauf hingewiesen, dass er dieses Projekt möglicherweise früher zum Verkaufsabschluss bringen könnte, dies aber möglicherweise ernste Folgen auf die Geschäftsbeziehung haben könnte. Diese Aussage hatte mich veranlasst, seinen Vorschlag abzulehnen. Im Sinne des Kunden war das die richtige Entscheidung – für mein Team und mich war es eine Fehlentscheidung, vor allem finanzieller Natur. Für mich war die Konsequenz eine schlechte Bewertung meiner Leistung seitens meines Vorgesetzten, da wir so unsere Ergebnisse geschmälert hatten. Persönlich bin ich noch heute überzeugt, dass es für den Ruf des Unternehmens und für meinen Manager die richtige Entscheidung war, aber das firmenspezifische Bewertungs- und Bezahlsystem hat diese Entscheidung abgestraft. Trotz einer solchen Erfahrung darf man sich nicht von seiner Angst leiten lassen: auch die nächste Entscheidung muss getroffen werden, und das Risiko, dass man die falsche Wahl treffen könnte, darf nicht lähmen.

Ursprung und Sinn der Gefühle

Heute ist es wissenschaftlich bewiesen, dass Gefühle gute Berater sind. Sie schöpfen sich aus dem Erfahrungsgedächtnis, das im Wesentlichen Teil des limbischen Systems in unserer Gehirnmitte ist. Es speichert alle Erfahrungen und gleicht, unabhängig vom Willen, alle aktuellen Vorkommnisse mit den Erinnerungen ab. Dabei prüft das limbische System blitzschnell, ob die frühere Erfahrung angenehm und vorteilhaft war oder nicht – und dementsprechend wiederholt oder vermieden werden sollte. Das Ergebnis der Prüfung erleben wir als körperlich angenehmes oder unangenehmes Signal im Bauch, mit einem Gefühl der Ablehnung oder der Zustimmung. Demgegenüber ist die Großhirnrinde für das bewusste Erleben, für Denken, Wollen, Planen, Impulskontrolle und das Abschätzen der Folgen von Handlungen zuständig. Dieser Gehirnteil ermöglicht es, sich über Körpersignale hinwegzusetzen. Und so gerät man in Entscheidungskonflikte zwischen Denken und Fühlen.

Der Sinn unserer Gefühle ist es, uns auf Bedürfnisse aufmerksam zu machen und uns zu motivieren, diese Bedürfnisse zu befriedigen. Bedürfnisse sind Lebenskräfte, die uns antreiben, ein erfülltes Leben zu führen. Sie dienen nicht nur der Grundversorgung und dem Überleben, sondern auch dem körperlichen, seelischen und sozialen Wohlbefinden. Sie sind die Ursache für Gefühle, deren Auslöser entweder äußere Ereignisse sind oder in uns geweckte Gedanken, die uns assoziativ an zerebral verwurzelte Ereignisse und Bedürfnisse erinnern.

Gefühle sind ein wesentlicher Erfolgs- oder Misserfolgsfaktor, sie bestimmen über unser Verhalten und die Art, wie wir Aufgaben erfüllen. Menschen möchten etwas leisten. Sie wollen sich über ihre eigene Arbeit erleben und stolz auf sich sein können. Wichtig ist uns hierbei – in unserer Eigenschaft als Homo sociologicus – dies nicht nur allein für uns zu tun, sondern in einer Gemeinschaft, in einem System, zu dem wir gehören.

Genau betrachtet sind Gefühle auch Geschenke, die man Menschen macht. Je nachdem können sie dafür sorgen, dass der andere sich freut, aber sie können auch einen Veränderungsprozess in Gang setzen. Manchmal hat man den Eindruck, als hätten die Menschen vergessen, dass Arbeitszeit auch Lebenszeit ist. Gefühle lassen sich nicht einfach an der Garderobe abgeben. Es geht vielmehr darum, sie sich und anderen im richtigen Umfang und an der passenden Stelle zuzugestehen und ihnen Raum zu geben.

Der Umgang mit Gefühlen im Berufsalltag

Seine Heiligkeit der Dalai Lama gibt uns eine schöne Anleitung für einen emotionalen Führungsstil: »Es ist die Aufgabe der Führungskraft, ein Unternehmen mit warmem und starkem Herzen so zu schaffen und die Dinge so zu sehen, wie sie wirklich sind.«[37]

Stolz, Zufriedenheit, Zugehörigkeit – das sind alles Gefühle, für deren positive Wirkungskraft ein Unternehmen den Nährboden bereiten kann. Je mehr Unternehmenssysteme sich an Werten und Bedürfnissen der Mitarbeiter ausrichten und einen Rahmen schaffen, in dem diese Menschen zu Leistung und Teamarbeit motiviert werden, desto erfolgreicher sind sie. Dann können Firmen und Organisationen wachsen und Menschen einen Arbeitsplatz bieten, der ein Stück Sinnerfüllung im Leben ist. Um diese Chance wahrnehmen zu können, brauchen Unternehmen außer Managern auch Managerinnen. Weibliche Führungskräfte lassen Gefühle bei anderen und bei sich selber meist leichter zu und werten Gefühle nicht impulsiv als Schwäche. Bereits im ersten Erkennen und Aufgreifen von Gefühlen liegt Veränderungskraft und ein besonders großes Potenzial für Wachstum – des Einzelnen, des Teams und des Unternehmens insgesamt.

Eine der meistunterdrückten Emotionen im Beruf ist die Wut. Wie oft sind Sie schon wütend gewesen? Ich weiß, dass ich es sehr oft war – auf mich und auch auf andere. Doch warum ist man wütend? Wut ist das Gegenteil von Trägheit, Apathie und Verzweiflung. Sie zeigt uns, dass wir uns möglicherweise selbst betrogen haben oder dass wir auf etwas besser achten müssen. Sie ist sozusagen ein persönliches Navigationssystem, das auf schlechte Gewohnheiten hinweist. Die Wut ist ein nützlicher Motor und zeigt, dass wir handeln müssen. Sie ist Antrieb.

Auch für mich ist dieses Gefühl ein guter Indikator dafür, dass irgendetwas schiefläuft. Oft bin ich wütend, wenn ich mir etwas nur schwer eingestehen möchte, z. B. wenn eine Entscheidung von den nächsten Management-Ebenen getroffen wird, die ich überhaupt nicht mittragen möchte. Dann entsteht ein Gefühl von Ohnmacht und Enttäuschung darüber, dass ich mich nicht durchsetzen konnte, oder ich spüre einfach nur Unverständnis für diese Entscheidung.

Wie geht man in meiner Position damit um? Einfach ist es nicht, und auch nach intensiver Reflexion gehört das für mich nach wie vor zu den größeren Herausforderungen im Berufsleben. Ich frage mich in diesen Momenten: Was ändert diese Entscheidung tatsächlich? Was hätte ich anders machen können? Dabei fällt mir auch schon einmal auf, dass ich mehr oder anders für meine Sicht der Dinge hätte kämpfen sollen, was mich dann erst recht wütend macht. Oft frage ich mich auch, ob es ein besseres Ende genommen hätte, wenn ich bessere Argumente gehabt oder die Situation früher durchschaut hätte.

Wenn ich dann feststelle, dass ich eine Situation hätte besser einschätzen müssen, versuche ich auszuloten, auch wenn es vermeintlich zu spät ist, ob die Entscheidung abzuschwächen ist oder einige störende Aspekte dieser Entscheidung etwas aufgeweicht werden können. Ich habe gelernt, dass es wichtig ist zu verstehen, wer hinter einer Entscheidung steht und weshalb sie getroffen wurde. Es ist wichtig, nachzufassen und das Thema immer wieder aufzubringen, wenn es inhaltlich passt, denn Entscheidungen können nach einiger Zeit auch einmal revidiert oder leicht modifiziert werden.

Nicht nur im privaten Bereich oder im allgemeinen menschlichen Miteinander, sondern auch auf der sogenannten Inhalts- oder Sachebene leiten uns also unsere Gefühle. Nachgewiesenermaßen werden über 80 Prozent der Entscheidungen im Geschäftsleben emotional getroffen. Und es ist ebenfalls erwiesen, dass die Klärung auf der Beziehungsebene im Sinne von »Du bist okay – ich bin okay«[38] die Klärung auf der Sachebene um ein Vielfaches effizienter sein lässt als ohne Beziehungsklärung. So wird nachvollziehbar, warum in vielen anderen Kulturen auch in Business-Kontexten so viel Zeit auf der persönlichen Beziehungsebene miteinander verbracht wird, beispielsweise bei langen und intensiven Geschäftsessen. Dieser Aufwand wird durch den Zeitgewinn bei der eigentlichen Verhandlung vollständig kompensiert. Und das Schönste dabei: Die Menschen haben sogar mehr Spaß!

Dennoch werden Gefühle in der deutschen oder westeuropäischen Geschäftswelt zumeist noch tabuisiert und ein offener Umgang damit nicht akzeptiert. Oft wissen Führungskräfte nicht, ob sie bei ihren Aktionen und Entscheidungen ihre Emotionen ernst nehmen sollen. Ob sie sich auf ihr Bauchgefühl, auch Bauchgehirn genannt, verlassen können, oder ob es sie fehlleitet, wenn der Kopf zu anderen Entscheidungen kommt.

Diese Unsicherheit der Gefühle erschwert und verlängert Entscheidungsprozesse, und viele Menschen können irgendwann nicht mehr unterscheiden, was Gedanken und was Gefühle sind. Man dreht sich im Kreis und will eigentlich nur eines: vermeiden, dass man sich unangemessen verhält, denn Gefühle gelten eben im Berufsalltag gemeinhin als unprofessionell. Bei Entscheidungsproblemen sitzen die Mitarbeiter die Entscheidung häufig aus, um ein intuitives Urteil zu umgehen. Dadurch reduzieren sie sich selbst zuweilen zu Befehlsempfängern und verstecken sich dahinter, dass jemand anderes einen Beschluss gefasst hat, den sie gegen ihr eigenes Gefühl lediglich auszuführen haben.

Dabei sagen die Gefühle meist ganz deutlich, was für die eigene Person und den eigenen Verantwortungsbereich das Richtige wäre. Nur: Inwieweit darf man ihnen trauen und wie kann man mit ihnen argumentieren?

Ohne Gefühle ist man schneller am Ziel. Aber um welchen Preis?

Es ist wichtig, sich der Emotion zu stellen und sich damit auseinanderzusetzen. Die größte Versuchung als Führungskraft ist, sich selbstherrlich zu gebärden und sich als allwissend zu betrachten. Die Gefahr, die Bodenhaftung zu verlieren, ist groß. Dann gibt es erfahrungsgemäß nur noch wenige Menschen im direkten Umfeld, die einem Orientierung geben oder widersprechen. Auch ich habe immer wieder Momente, in denen ich weniger offen bin und Widerstände schlechter ertragen kann. Es kostet mich manches Mal einfach zu viel Kraft, andere Ansichten zu hören, auf andere Menschen einzugehen und mich der Rückmeldung zu stellen. Es gibt Moment, da komme auch ich ins Zweifeln: Es ist doch so viel leichter, ohne Gefühle und ohne Rücksicht auf die Befindlichkeiten anderer Menschen zu führen; man ist viel schneller am Ziel.

Warum gehe ich meinen Weg trotzdem und stelle mich den Emotionen jeden Tag aufs Neue – obwohl auch ich meine Fähigkeit, mich wirklich auf einen Menschen einzustellen, hin und wieder infrage stelle oder Mühe habe, mich auf die vielen unterschiedlichen Verhaltensweisen meiner Kollegen und Mitarbeiter einzulassen? Doch genau hier beginnt eine der wichtigsten Aufgaben als Führungskraft – die Selbstführung. Aus meiner Erfahrung entscheidet sich genau an diesem Punkt, ob man wirklich geeignet ist, anderen Menschen ein Vorbild zu sein und sie zu leiten.

Die beruflichen Karrieren werden heutzutage immer schneller und steiler. Die schnelle, zielorientierte Arbeitsweise begünstigt den direktiven Führungsstil. Da gibt es keine Zeit für Gefühle. Sie sind ein Luxus, den man sich nicht leisten kann und nicht leisten will. Viele Manager arbeiten mit konsequenter Anweisung und sehr viel Direktiven, statt sich den Herausforderungen eines an den Menschen angepassten und individuellen Führungsstils zu stellen. Weil die Auseinandersetzung mit Gefühlen zu anstrengend ist, entscheiden sich immer noch viele für den anderen Weg.

Für mich ist es dagegen auch heute noch eine große Bereicherung, Menschen vom Kern und von der Tiefe her zu begegnen. Ich konnte mich auch nur deshalb als Führungskraft qualifizieren, weil ich es liebe, mit den unterschiedlichsten Menschen zusammenzuarbeiten. Das ist aus meiner Sicht die Grundvoraussetzung, um Menschen zu führen und zu ihrer Weiterentwicklung beizutragen. Aber es reicht nicht immer aus, auch das musste ich häufig erkennen. Nur der Wunsch und der Wille, es besser zu machen, sind nicht genug. Für ein menschliches und erfüllendes Arbeitsumfeld ist es wichtig, offenzubleiben für andere Meinungen und für Unterstützung. Kollegen und Freunde können helfen, aber oft ist es auch gut, sich professioneller Hilfe zu bedienen und sie anzunehmen. Wenn es Berater, Coaches und Trainer gibt – warum sollte man sie nicht in Anspruch nehmen? Nicht immer hat man Menschen zur Seite, die einen situationsgerecht unterstützen können.

Erfolgsgeheimnis Coaching: mit Unterstützung schneller zum Erfolg

Frauen haben meiner Erfahrung nach oft eine große Offenheit gegenüber Coaching: Sie sehen es überwiegend als völlig normal an, sich in schwierigen persönlichen oder beruflichen Fragen und Krisen Unterstützung von außen zu suchen. In der Männerwelt wird Beratung auf emotionaler Ebene dagegen häufig als Schwäche angesehen. Das übliche Argument lautet: »Bei dir stimmt doch etwas nicht, wenn du Coaching brauchst.« Frauen hingegen wissen intuitiv, dass ein Sparringspartner von außen es viel leichter macht, sich mit den »blinden Flecken« auseinanderzusetzen, die einem selbst und anderen das Leben schwer machen. Der Coach wird als Medium gesehen, durch den der Klient, der »Coachee«, selbstverantwortlich und individuell Antworten und Lösungen erarbeitet.

Ziel der Arbeit eines Coaches ist es, die Klienten dabei zu unterstützen, ihr Potenzial zu stärken, Klarheit zu finden und die für sie richtigen Entscheidungen zu treffen. Es geht zunächst darum, die eigenen Gefühle zu entdecken, zu ergründen und zu verstehen, ihren Ursprung zu erkennen und die tiefer liegenden Bedürfnisse zu benennen. Im nächsten Schritt erarbeiten die Klienten, wie sie nichtbefriedigte Bedürfnisse stillen und welche – zu ihrer aktuellen Lebenssituation passenden und realistischen – Wege sie gehen können. Nachhaltigkeit wird durch wiederkehrende Gespräche, Innenschau und Überprüfung der Ergebnisse erzielt.

Meist kommen die Menschen zum Coaching, weil sie ein »ungutes Gefühl« haben und damit nicht mehr weiterleben oder -arbeiten wollen. Diese Gefühle verschwinden erst dann, wenn das zugehörige Bedürfnis erkannt und durch angemessene Strategien versorgt oder wenn der Auslöser anders interpretiert wird.

Deshalb macht man sich im Coaching-Prozess auf die Suche nach dem Ursprung dieses Gefühls. Es ist wichtig, die Situation herauszufinden, durch die das Gefühl entstanden ist, denn wenn die damalige Situation der aktuellen ähnlich ist, kann die emotionale Erfahrung genutzt werden – nach dem Motto »Aus Schaden wird man klug«.

Es ist erstaunlich, welch unerwartete Erkenntnisse und Schicksalswendungen sich in den Coachings ergeben. Selbst für den Coach ist es immer wieder interessant und bewegend, wenn die Klienten Lösungen für sich finden, die sich ein anderer nie hätte vorstellen können. Denn der Coach weiß es nicht »besser« als der Klient mit seinem Bauchgehirn, er kann ihn nur auf seinem Weg begleiten.

Im beruflichen Miteinander sind es gerade die unausgetragenen und schwelenden Konflikte, die allen Beteiligten Probleme machen. Hauptursache von Konflikten ist oft zu viel Kontrolle und Fremdbestimmung. Das erzeugt Widerstand, der oft der einzige Weg für Mitarbeiter ist, um authentisch und sich selbst treu zu bleiben. Es gibt viele Formen dieses Widerstands, allen gemeinsam sind die negativen Folgen für die Menschen und das Unternehmen.

Ich habe mehrfach in meiner Laufbahn auf Supervision, Coaching und Trainings für mich und für meine Mitarbeiter zurückgegriffen. Eine der wichtigsten Coaches in den letzten Jahren meiner Laufbahn ist Swantje Benussi. Seit 2004 arbeite ich mit ihr als Coach für meine Teams zusammen. Dabei gibt es auch immer wieder Momente, in denen ich mich von ihr beraten lasse.

Nach 20 Jahren eigener Unternehmensleitung und Führungserfahrung sowie Begleitung von Führungs- und Veränderungsthemen in Unternehmen fokussiert sich Swantje Benussi in ihrer Arbeit auf Führungsthemen, Teambuilding-Prozesse, Konfliktmanagement und Persönlichkeitsentwicklung. Sie hat drei Kinder und coacht viele Frauen zum Thema Integration von Karriere und Familie. Es ist ihr ein tiefes Anliegen, die Arbeitswelt l(i)ebenswerter zu machen, denn arbeiten ist ihrer Überzeugung nach nicht nur das Mittel zum Zweck, sondern auch der Zweck selbst. Mit großer Leidenschaft für das Thema »Frauen und Männer zusammen in Führung« referiert sie über die oft missverstandene Welt der Gefühle und beschreibt, wie man im Berufsalltag mit Gefühlen umgehen kann. Dabei bezieht sie auch den Ursprung und Sinn von Emotionen in ihre Überlegungen mit ein.

Die unterschiedliche Gefühlswelt von Frauen und Männern

Frauen sind maßgeblich daran beteiligt, Gefühle im Business salonfähig zu machen. Es fehlen jedoch positive weibliche Rollenvorbilder für Frauen im Management. Es gibt einfach noch zu wenige, sodass die jungen weiblichen Führungskräfte bei diesem Thema weitgehend auf sich allein gestellt sind.

Männer und Frauen sind gleichermaßen emotional. Frauen tendieren nur eher dazu, ihre Gefühle zu zeigen oder zu thematisieren – es sei denn, sie haben nur männliche Vorbilder im Management und gehen davon aus, dass ein offener Umgang mit Emotionen negativ gewertet würde. Man(n) zeigt weniger, wie es in ihm aussieht, weil dies mit Kontrollverlust assoziiert wird und wie erwähnt von anderen Männern als Schwäche ausgelegt werden könnte. Emotion wird als fehlende Souveränität gedeutet, deshalb zeigt der coole Manager eben keine Gefühle.

Das unterschiedliche Verhalten von Männern und Frauen ist auch die Folge einer unterschiedlichen Schwerpunktsetzung in der Erziehung, die dafür sorgt, dass andere Werte, Vorbilder und

Erlebnisse im Vordergrund stehen, die zusammen mit bestimmten Gefühlen im Gedächtnis gespeichert werden. Es hängt auch viel davon ab, ob und wie ein Mensch, insbesondere in seiner Kindheit, in seinem »Sein« gesehen und nicht nur durch seine Leistung definiert wurde. Wie viel Anerkennung er für Sozialverhalten bekommen hat und wie viel für messbare Leistungen und Durchsetzungsvermögen.

Mädchen wurden vor allem in der Vergangenheit, aber teilweise werden sie auch heute noch anders erzogen. Sie werden gelobt, wenn sie »nett sind« und »sich um andere kümmern«. Nach dem Vorbild der Mutter lernen sie früh, dass sich die Frau, auch wenn sie berufstätig ist, mehr um die Familie kümmert als der Mann. Ein Forschungsprojekt des Deutschen Jugendinstituts im Auftrag der EU zum Thema »Karriereverläufe von Frauen« zeigt auf, dass etwa 80 Prozent aller Männer in Führungspositionen Frauen hinter sich haben, die das Privatleben und die Familie organisieren. Bei Frauen der gleichen Hierarchieebene sind es dagegen lediglich 4 Prozent, die auf eine entsprechende Unterstützung ihrer Ehemänner oder Partner bauen können.[39]

Frauen lernen auch verstärkt, für ein gutes emotionales Miteinander zu sorgen, insbesondere unter Geschwistern und mit Freunden, später auch im Unternehmen. Die Männer erwarten geradezu, dass Frauen diese integrierenden und sozialen Rollen im Unternehmen übernehmen, dass sie sich um Kollegen und Mitarbeiter kümmern und Gefühle bei Bedarf offen ansprechen. Es gibt dafür von den Unternehmen zwar keine Credits, aber wenn Frauen diese unausgesprochenen Forderungen nicht erfüllen, fällt das den Männern und auch anderen Frauen negativ auf. Wenn hingegen Männer das nicht tun, erscheint es allen als normal.

Da Frauen seltener ausschließlich ihr eigenes Fortkommen im Auge haben, weil sie nicht so wettbewerbsorientiert sozialisiert wurden, haben Männer im Business häufig mehr Vertrauen zu Frauen als zu ihren männlichen Kollegen. Frauen zeigen zudem mehr positive Gefühle als Männer – wie Freude, Rührung, Dankbarkeit, Sympathie, Wertschätzung, Wohlwollen und Zuneigung. Negative Gefühle zeigen Männer und Frauen gleichermaßen, weil diese Gefühle im Berufsalltag eher angenommen und akzeptiert, sprich sozialisiert, sind.

Männer offenbaren Emotionen insbesondere dann, wenn sie im Wettbewerb stehen, sich nicht ausreichend gewürdigt oder nicht richtig gesehen fühlen. Manche reagieren arrogant oder wütend, was sich für die Karriere jedoch als Hindernis erweisen kann. Ist das der Fall, lassen sich viele Manager coachen. Bei Frauen ist dieses Problem meist nur dann ein Coaching-Thema, wenn sie sich dem männlichen Verhalten angleichen. Das wirkt auf Mitarbeiter und Kollegen besonders unangenehm, weil dieses Reaktionsmuster nicht dem Rollenbild entspricht, das die meisten von einer Frau haben.

Jeder Mensch, gleich welchen Alters, hat die Sehnsucht, vom Gegenüber angenommen zu werden. Dieses Annehmen gilt traditionell eher als weibliche Qualität, die von Frauen auch im Beruf erwartet wird. Wenn diese Erwartung von einer weiblichen Führungskraft nicht erfüllt wird, reagieren – männliche und weibliche – Mitarbeiter und Kollegen meist viel enttäuschter und negativer als bei einem Mann, von dem dieses Maß an Empathie weniger erwartet wird.

In der Vergangenheit waren die wenigen Frauen in Führungspositionen häufig wenig emotional und sehr an männlichen Verhaltensmustern orientiert, weil sie mit einem anderen Verhalten niemals »nach oben« gekommen wären. Diese Frauen mussten sich im wahrsten Sinne des Wortes nach oben kämpfen. Ich bin ihnen dankbar, weil sie viel für die nachfolgenden Frauengenerationen getan haben; sie haben den Weg vorbereitet, indem sie gezeigt haben, dass Kompetenz nichts mit dem Geschlecht zu tun hat. Leider haben sie gleichzeitig vielen Männern Angst vor erfolgreichen Frauen gemacht. Das daraus resultierende Zerrbild der kalten und harten Karrierefrau eilt auch heute noch vielen Managerinnen voraus. Eine deutliche Abwehrhaltung der Männer gegenüber Frauen auf ihrer Ebene ist die Folge.

Es gilt nun, die Diskussionen über Frauenquote und Fachkräftemangel zu nutzen, um zu zeigen, wie »Frauen in Führung« wirklich sind und wie sie sich verhalten. Das wird sich ähnlich entspannend auswirken wie der im Jahr 1901 gegen viele Widerstände erstmalig ermöglichte Eintritt von Mädchen in höhere Jungenschulen und Universitäten. Hier wurde eine ausgleichende und aggressivitätshemmende Wirkung konstatiert, überzogenes Wettbewerbsverhalten reduzierte sich. Durch vertrauensvolles Miteinander lässt sich insgesamt das emotionale und geistige Potenzial von Männern und Frauen erhöhen.

Selbstbewusstsein und Selbstdarstellung

Ein schwaches Selbstwertgefühl und eine schlechte Selbstvermarktung können Frauen und Männer gleichermaßen betreffen, wobei es eher typisch für Frauen ist, dass sie ihre Unsicherheit deutlicher zeigen. Dies reduziert – wie in einem Teufelskreis – ihre Erfolgschancen weiter und deutlich stärker, als wenn Selbstwertstörungen hinter Arroganz und Härte verborgen werden, eine Taktik, die häufiger von Männern angewendet wird.

Meist geben sich Menschen, die mit den genannten Problemen zu kämpfen haben, jedoch sehr zurückhaltend, sie lassen sich durch Kollegen die »Show stehlen« und werden für ihre Umwelt einfach nicht sichtbar genug. Die dominanteren Kollegen hingegen vermarkten sich, teilweise sogar trotz Halb- oder

Unwissen, brillant und es kommt in der Folge zu ungerechten Personalentscheidungen. Gerade auf der Karriereleiter ist mangelndes Selbstbewusstsein für Führungskräfte mehr als hinderlich. Manche kennen ihr Problem, sie klagen darüber, dass sie trotz guter Leistung zu wenig Selbstwertgefühl haben und sich deshalb »nicht gut verkaufen« können.

Ob es mangelndes Selbstbewusstsein ist oder manchmal auch ein besonders hoher Anspruch an die eigene Leistung – sich verkaufen ist eine Kunst, die man im Leben beherrschen muss oder, wenn man es nicht kann, erlernen muss. In meinem Führungsalltag stelle ich oft fest, dass gerade die hochgebildeten und besonders qualifizierten Mitarbeiter eher bescheiden und zurückhaltend auftreten und nach der Devise leben: »Ich lasse meine Leistungen für mich sprechen.« Gerade in größeren Unternehmen reicht das aber leider oft nicht. Diese Mitarbeiter unterschätzen die Informationsflut, mit denen sich eine Führungskraft auseinandersetzen muss. Oft werden Ergebnisse im Verlauf ihrer Erreichung durch viele Helfer und Unterstützer verwässert, das heißt, sie sind nicht mehr wirklich auf den Initiator zurückzuführen. Selten kann sich eine Führungskraft über alle Einzelheiten zu jedem Projekt im Haus in aller Tiefe austauschen. Daten gibt es viele, nur sagt das nichts darüber aus, wer oder was der tatsächliche Auslöser für dieses Ergebnis war. Deshalb erkläre ich gerade diesen Mitarbeitern, dass die inhaltliche Reichweite einer Führungskraft begrenzt ist, und versuche auf diesem Weg, diese Menschen zu ermuntern, über ihre Ergebnisse zu sprechen.

Des Kaisers neue Kleider

Swantje Benussi schilderte mir den Fall eines Managers, nennen wir ihn Michael B., dessen Kommentar zu diesem Thema bezeichnend ist: »Es kommt mir oft so vor, als ob die besagten Kollegen nackt im Park spazieren gingen und so tun, als ob sie einen Smoking trügen.« Sie verhalten sich auffällig, um möglichst viel gesehen zu werden, und versuchen, die Beiträge sowie das Wissen und Können anderer für sich zu beanspruchen und sich »mit fremden Federn zu schmücken«.

Der bescheidene Kollege hingegen überprüft gedanklich zunächst mehrfach, ob sein Beitrag gut genug ist, um ihn nur dann einzubringen, wenn er einen tatsächlichen Mehrwert bringt. Dadurch verpasst er häufig den richtigen Zeitpunkt und kommt nur selten zum Zuge, wodurch seine Sichtbarkeit eingeschränkt ist. Es macht ihn manchmal wütend, meist resigniert er jedoch nur noch. Das Wissen: »Ich müsste sichtbarer sein und kann es nicht, weil ich mir mit meinen Werten und Überzeugungen selbst im Weg stehe«, frustriert ihn. Mit der gegen sich vorgebrachten Beschuldigung, sich selbst im Weg zu stehen, wird er zum Opfer seiner selbst, dabei könnte er durch mehr Selbstführung in eine aktivere Rolle kommen.

Michael B. kommt mit der Zielvorgabe seines Chefs ins Coaching, mehr »Proactiveness und Push Mentality« zu zeigen. Dieses anhand von Vorbildprofilen lediglich auf der Verhaltensebene anzutrainieren, erscheint als nicht besonders erstrebenswert, weil Michael B. eben die Vorbilder der nackt durch den Park spazierenden Kollegen im Kopf hat. Er fühlt Widerstand und Abwehr gegen diese Selbstvermarkter, obwohl er für sich mehr Sichtbarkeit erreichen möchte, denn er empfindet es als ungerecht, dass die Blender eher befördert werden als die bescheidenen Könner.

Somit gilt es im Coaching, nach Erlebnissen und Menschen in der Vergangenheit zu suchen, die Michael B. vorgelebt oder anerzogen haben, wie viel er wissen und können muss, um das Recht zu haben, auf sich aufmerksam zu machen. Glaubenssätze wie »Ihr werdet sie an ihren Taten erkennen« sitzen tief und senden ihre Botschaften aus dem Unterbewusstsein. Es können aber auch nahestehende Personen und Vorbilder sein, die sich genau anders verhalten haben, nämlich ständig im Vordergrund die Aufmerksamkeit auf sich gezogen und den anderen Menschen keine Sichtbarkeit gewährt haben. Die Scham, die beim Beobachter entsteht, wird dann zum Warnmelder für die Zukunft, sich selber nie entsprechend zu verhalten.

Es können auch traumatische Erlebnisse sein, die Michael B. im Zusammenhang mit einem öffentlichen Misserfolg hatte. Insbesondere dann, wenn er in einem verletzlichen Moment, in dem Wunsch, anerkannt und angenommen zu werden, aus seiner sicheren Schutzzone herausgetreten ist. Wenn dann das Gegenteil geschah oder er sogar lächerlich gemacht und gedemütigt wurde, ist dieses Erlebnis wahrscheinlich mit Gefühlen der Verzweiflung abgespeichert worden. Werden später im Leben Situationen als ähnlich eingestuft, kann das zu Angstzuständen oder Blackouts, beispielsweise bei Vorträgen oder Präsentationen, führen.

Es lohnt sich aber auch, über das Verhalten seines jeweiligen Gegenübers nachzudenken und zu versuchen, es richtig zu verstehen. Viele begnadete Selbstvermarkter stehen ständig unter dem Druck, sich zeigen zu müssen, ob sie nun etwas zu bieten haben oder nicht. Auch sie haben ungute Gefühle, wenn sie »nackt durch den Park spazieren«, sie sehen sich aber ständig gefordert, »nach oben« kommen zu müssen, koste es, was es wolle. Sehr oft ist dieser innere Druck dadurch bedingt, dass sie in der Kindheit zu wenig wahrgenommen wurden oder ausschließlich für Leistung Lob bekamen. Dieses Lob wirkt wie ein süßes Gift – es macht abhängig. Der Mensch braucht ständig mehr davon, um sich wohl- und gut zu fühlen. Das sind die Gründe dafür, dass die eigene Sichtbarkeit ständig durch scheinbare Leistungen erhöht werden muss und damit eine Negativspirale in Gang gebracht wird.

Bei zu wenig Anerkennung in der Kindheit wird die Sehnsucht danach so groß, dass alles getan wird, um dem Vorbild des Vaters oder der Mutter nachzueifern oder die Kriterien zu erfüllen, die das jeweilige Elternteil sich wünscht. Dieses »Briefing« wirkt oft auch über dessen Tod hinaus. Viele Menschen erkennen beim tieferen Nachspüren, dass sie die übergroße Belastung einer Karriere gegen große Widerstände nur aushalten, weil sie endlich die Aufmerksamkeit und Zuneigung des Vaters oder der Mutter erreichen wollen, auch wenn diese schon längst nicht mehr da sind und auch zu Lebzeiten keine Anerkennung für den Sohn oder die Tochter erkennen ließen. Das alles sind tief sitzende Gefühle, die Menschen antreiben und gleichzeitig behindern.

Einen Beweis dafür, wie wichtig Gefühle im Berufsalltag sind, liefert die Methode der Erforschung des positiven Zielzustandes und die Arbeit an den automatischen Reaktionen, um Störungen des Selbstwertgefühles zu heilen. Folgendes Beispiel aus der Coaching-Praxis zeigt, dass positive Gefühle als grundsätzlicher Erfolgsfaktor im Berufsalltag motivieren. Somit gilt es, zu diesen positiven Gefühlen zu kommen.

Die verändernde Kraft der Wunderfrage

Ein weiterer Praxisfall von Swantje Benussi: Sophie L. kommt hoch motiviert zum Coaching. Sie will sich dringend verändern, weil ihr aufgrund ihres Verhaltens nahegelegt wurde, das Unternehmen zu verlassen. Sie hat vor der drohenden Entlassung Angst und möchte über eine effektive Veränderung ein anderes Image bekommen, um im Unternehmen bleiben zu können. Ihr Anliegen ist es demnach, mehr Sichtbarkeit, positive Ausstrahlung und Wertschätzung zu bekommen.

Der erste Schritt im Coaching-Prozess muss sein, Sophie L. im Erreichen ihres gewünschten Zielzustandes sowie in der angestrebten Selbstführung zu stärken und zu unterstützen. Man muss mit ihr den Zielzustand genau erforschen und beschreiben, um ihre Sehnsucht danach zu bestärken. Nur so werden positive Gefühle ausgelöst, die ihr das Vertrauen geben, dass sie den Zielzustand erreichen kann. Für die Erforschung des Zielzustandes wählt Swantje Benussi als Einstieg »die Wunderfrage«: Sie führt die Klientin in Gedanken nach dem Coaching nach Hause und lässt sie die Abendroutine gestalten. Sophie L. begleitet die Gedankenreise mit ihren eigenen Bildern von ihrer Welt zu Hause. Dann soll sie sich vorstellen, dass über Nacht ein Wunder geschieht, das ihre Probleme im Unternehmen vollständig löst. Sie wacht am nächsten Morgen auf und soll erzählen, woran sie bemerkt, dass ihr Problem gelöst ist. Was hat sich alles verändert? Wie fühlt sie sich? Was macht sie anders als sonst?

Mit diesen Fragen begleitet der Coach die Klientin gedanklich durch den nächsten Tag an ihrem Arbeitsplatz und fragt sie jeweils nach ihren Handlungen, Gefühlen und Reaktionen. Sophie L. fühlt eine Leichtigkeit in den Dingen, sie spürt Präsenz. Sie lächelt bei dem Gedanken, wie sie über den Gang geht und die Leute offen ansieht, stets bereit, ein Gespräch mit ihnen zu führen. Sie hat Ideen, trägt sie vor, man hört ihr zu. Ihr wird Zutrauen entgegengebracht, weil sie Sicherheit ausstrahlt. Sie sieht sich in aufrechter Haltung, freundlich und lässig diese Leichtigkeit ausstrahlend. Dieser Prozess wird vertieft, sodass sie sich genau einprägen kann, wie sich das anfühlt. Sophie L. sieht sehr gelöst und freudig erregt aus, sie beobachtet sich in ihrem Inneren, wie sie sich im neuen Zustand bewegt. Sie spürt überall ein angenehmes Kribbeln, wie aufgeladen. Sie fühlt sich aufrecht.

Nun müssen die Barrieren auf dem Weg zu dem Zielzustand erkannt und abgebaut werden. Sophie L. ist immer noch sehr gefangen in ihren alten Verhaltensmustern, weil sie bereits lange in der gleichen Position im Unternehmen ist. Damit gehen automatische Reaktionen einher, die es zu erkennen und zu verändern gilt. Eine Schlüsselstelle bei dieser Arbeit ist die genaue Beschreibung ihres letzten Bewerbungsgespräches, in dem sie das ultimative Gefühl des »Nicht-Genügens« bekommen hatte. Sie kann sich gut in dieses Gefühl der Unsicherheit und des Abgelehntseins hineinversetzen. Bei der Erforschung dieser Reaktion gelingt es Sophie L. zu erkennen, warum sie bei ihrem Gegenüber eine negative Haltung hervorgerufen hat, die wiederum sie selbst verunsichert. Diese Erkenntnis hilft Sophie L. nun, weitere Verhaltensweisen zu erarbeiten, die sie in die Lage versetzen, ein besseres Image in der Firma aufzubauen. Sie lernt, sich besser selbst zu führen und zu erkennen.

Die Zukunft gehört gemischten Teams

Damit ein Unternehmen für Frauen attraktiv ist bzw. bleibt, muss es ihnen ein Arbeitsumfeld schaffen, in dem sie sich und ihre Werte anerkannt sehen und das Signal bekommen, dass sie mit ihrer weiblichen Veränderungskraft erwünscht sind. Das bedeutet, ihnen räumliche und zeitliche Rahmenbedingungen zu bieten, die es erlauben, ihren beruflichen Einsatz mit ihrer Familie zu vereinbaren – auch und gerade auf erster und zweiter Führungsebene.

Eine Unternehmenskultur, die Gefühlen Raum gibt, gibt den Menschen Raum. Ein Unternehmen, das die Grundlage dafür schafft, hoch qualifizierte Frauen in Führungsetagen zu bringen, und Männern wie Frauen ermöglicht, ein erfülltes Arbeits- und Familienleben ohne Gefährdung ihrer Karriere zu führen, nutzt die in den Mitarbeitern liegenden Ressourcen auf die richtige Weise. Für die Gestaltung von Unternehmenskultur bedeutet das, den Blick bewusst auf Authentizität, Menschlichkeit und

Kommunikation zu richten und entsprechende Maßnahmen zu ergreifen. Wo all dies möglich oder bereits realisiert ist, ist die Wahrscheinlichkeit für einen dauerhaften Unternehmenserfolg extrem groß.

Wie Swantje Benussi ist es auch mir ein Bedürfnis, Frauen zu ermutigen, mit ihren besonderen Fähigkeiten in die Führungsetagen zu gehen und in den Unternehmen für ein Arbeitsumfeld zu sorgen, in dem Gefühle nicht nur erlaubt, sondern auch erwünscht sind. Gleichzeitig möchte ich an die Männer appellieren, ihre Gefühle im Beruf mehr zu zeigen. Gefühle schaffen Vertrauen zwischen Menschen, weil sie sie »berührbar« machen. Und Vertrauen ist die Grundlage für erfolgreiche gemischte Teams.

Was Unternehmen tun können, um die Arbeit in Führungspositionen für Frauen und Männer attraktiv zu machen:

- »Walk as you talk«: Authentizität, Gefühle und Intuition sind in allen Unternehmensebenen erwünscht und werden bei der Entscheidungsfindung einbezogen.
- Flexible Arbeitszeiten ermöglichen, die ein Familienleben zulassen. Es sollte völlig normal sein, wenn Männer und Frauen sich zwischendurch um die Familie kümmern und anschließend wieder online sind.
- Output-Orientierung statt Einhaltung von Arbeitszeiten propagieren.
- Mehr Frauen in Managementpositionen als Role Models einstellen, auch Teilzeitkräfte im Management zulassen.
- Kommunikation und Teamarbeit fordern und fördern.
- Raum und Zeit geben für Vertrauensbildung und Kontakt der Mitarbeiter untereinander.

- Über den gesetzlichen Rahmen hinaus Elternzeiten für Frauen und Männer oder Sabbaticals als Familienzeit anbieten (auch für Männer als Selbstverständlichkeit ohne »Softy-Image«).
- In der Unternehmenskultur verankern, dass sich Frauen und Männer gleichermaßen aktiv in das tägliche Familienmanagement einbringen. (Vorbilder dafür findet man beispielsweise in Skandinavien.)
- Feedback-Kultur stärken und das Selbstverständnis als »Learning Organization« kommunizieren.

KAPITEL 6

Ein Unternehmen ist kein Dschungel, sondern eine Familie

Warum das älteste Erfolgsmodell ein ideales Vorbild ist

Ein System, das jeder von uns kennt und jeden prägt, ist das beste Vorbild, wie auch in Unternehmen ein gutes Miteinander gefördert werden kann: Die Familie bildet das erste Lernumfeld für jeden Menschen. Das weibliche Prinzip findet sich in der Mutter, der Großmutter und der Schwester. Das männliche Prinzip wird durch Vater, Großvater und Bruder repräsentiert. Die Familie ist in sich ein geschlossenes System.

Das Erste, was die meisten Menschen im Leben kennenlernen, ist ihre Mutter. Alles, was sie tut, hat immense Bedeutung für das Kind. Sie gibt Sicherheit und Vertrauen in die Welt. Menschen, die sich um Babys kümmern, deren Mutter aus welchen Gründen auch immer nicht da ist, versuchen deshalb, diese fehlende Qualität so gut wie nur irgend möglich ersetzen. Sie tun es nicht nur, indem sie das Kleine füttern, sondern sie sorgen auch für Körperkontakt, sie halten und wiegen es, sprechen mit ihm, summen oder singen und tragen so einen wichtigen Baustein dazu bei, dass sich das Kind körperlich und seelisch gut entwickeln kann.

Jungen orientieren sich später vor allem am Vater oder suchen sich einen Ersatz, indem sie versuchen, sich Freunden anzuschließen, deren Väter allerlei »männliche« Aktivitäten mit ihren Sprösslingen unternehmen, beispielsweise Hütten bauen, Fußball spielen, angeln gehen etc.

Und nun die Parallele zur Arbeitswelt: Meistens lernt man ein Unternehmen als Lehrling oder Trainee kennen oder man steigt unmittelbar nach dem Studium in eine Firma ein. Unbedarft, unsicher und vollkommen abhängig von guter Anleitung und Anweisung gilt es, sich in eine neue Welt zu integrieren. Es kommt darauf an, schnell die Regeln des Systems kennenzulernen und sich diesen anzupassen.

Die Parallelen zwischen Familie und Arbeitswelt sind nicht zufällig

Idealerweise funktioniert ein Unternehmen wie ein Familienverband und kennzeichnet sich durch denselben Zusammenhalt aus. Es gibt viele Parallelen zwischen Familien und Organisationen. In beiden sind die Bedingungen zunächst einmal nicht optimal: Kinder können sich ihre Eltern und Geschwister ebenso wenig aussuchen wie Mitarbeiter ihre Chefs und Kollegen. Ein Unternehmen, eine Organisation und eine Familie, letztendlich auch ein Staat, funktionieren deshalb nach bestimmten Regeln. Arbeitnehmer und Familienmitglieder müssen sich den jeweiligen Gegebenheiten und Anforderungen anpassen.

Im System Unternehmen wie im System Familie bedeutet dies, dass man sich teilweise auch unterordnen muss. Manchmal geht das so weit, dass man die persönlichen Entwicklungsmöglichkeiten für die Gemeinschaft zurückstellen muss. Dennoch gibt es in der Familie im Allgemeinen eine mehr oder minder akzeptierte Rollenverteilung, die Werte wie Respekt, Liebe, Zuneigung und gegenseitiges Interesse als Basis hat. Das sollte auch für die Arbeitswelt gelten; die unterschiedlichen Rollen und Aufgaben im Unternehmen müssen gleichermaßen akzeptiert werden.

Der wichtigste Treiber des Menschen ist sein Wunsch nach Gemeinschaft. Wir brauchen die Gemeinschaft mit anderen nicht nur, um unser Überleben und die Grundversorgung zu sichern, sondern weil wir für die Erfüllung unserer emotionalen Bedürfnisse auf die Zugehörigkeit zu einer Gruppe angewiesen sind. Wir Menschen sehnen uns nach Geborgenheit, nach dem Gefühl, in einem System – ob in Partnerschaft, Familie, Freundeskreis oder Unternehmen – zugehörig, aufgehoben und angenommen zu sein.

Mitarbeiter im Unternehmen folgen wie Kinder in der Familie drei Hauptmotivatoren:

1. Sie möchten in ihren Fähigkeiten gefordert und gefördert werden, ihr Potenzial bestmöglich entfalten und Leistung bringen dürfen, auf die sie selbst stolz sein können.
2. Sie wünschen sich, Teil eines Ganzen zu sein, mit dem sie sich identifizieren und in dem sie sich wiederfinden können.
3. Sie möchten in ihrer Persönlichkeit und in ihren Fähigkeiten wahrgenommen werden. Hier geht es um den Wunsch nach Wertschätzung und Anerkennung von außen. Gesehen zu werden bedeutet für jeden Mitarbeiter Ermutigung, gerade auch bei Tätigkeiten, die schwerfallen und besonderer Anstrengung bedürfen.

Führungsaufgaben – die Königsdisziplin

Die Leitung von Mitarbeitern im Unternehmen ist, ebenso wie die Erziehung von Kindern in der Familie, eine »Königsdisziplin«, für deren bestmögliche Erfüllung im Wesentlichen drei Führungsaufgaben im Mittelpunkt stehen:

Orientierung: Die Führungskraft sollte Mitarbeitern eine Vision vermitteln, klare Ziele setzen und Aufgaben den vorhandenen Kompetenzen entsprechend eindeutig und verlässlich zuweisen.

Werte: Die Führungskraft sollte stets im Blick haben, das Unternehmen oder die von ihr geleitete Abteilung im Kontext von Werten auszugestalten. Hier gilt es, nicht nur für Werte einzustehen und sie vorzuleben, sondern auch, die Mitarbeiter in ihren Werten zu respektieren und ihnen Raum zu geben, die eigenen Ideale so einzubringen, dass sie sich im System zu Hause fühlen.

Wahrnehmung: Bei der Mitarbeiterführung steht der Mensch im Mittelpunkt. Eine Führungskraft sollte ihre Mitarbeiter als Individuen im Blick haben, um ihre Fähigkeiten zu erkennen und den Rahmen zu schaffen, in dem die Mitarbeiter wachsen, ihr Potenzial vergrößern und ihren Beitrag für das Unternehmen erhöhen können.

Dazugehören – das lernen wir meist in unserer Ursprungsfamilie. Kleine Kinder zählen in einer der Entwicklungsphasen ständig auf, welche Menschen zu ihrer Familie gehören. Am besten geht es Kindern, wenn alle Familienmitglieder zusammen sind. Der urmenschliche Wunsch nach Zugehörigkeit bleibt ein Leben lang erhalten; manchmal wird er zwar durch prägende Erlebnisse verschüttet, doch gut verborgen bleibt er immer in uns. Der Wunsch nach Gemeinschaft wird zunächst im Freundeskreis, im Kindergarten, in der Schule und in Cliquen befriedigt, später in Communitys wie Vereinen und Klubs gesucht oder durch die Gründung einer Familie – und auch durch die Arbeit in einem Unternehmen erfüllt.

Wir Menschen durchleben von der Geburt bis zum Tod aufeinander folgende Lebensphasen, die durch unsere Erfahrungen charakterisiert und voneinander beeinflusst werden. Die Erziehung von Kindern passt sich zwangsläufig an das Lebensalter und an die jeweiligen Entwicklungsphasen an. Sie wandelt sich den Veränderungen der Kinder folgend. Auch Mitarbeiter verändern sich im Laufe ihrer Betriebszugehörigkeit. Die US-Autoren Paul Hersey und Ken Blanchard haben ein Führungsmodell für Unternehmen nach der Erkenntnis entwickelt, dass sich – abhängig von der Dauer der Betriebszugehörigkeit – die Motivation und die Fähigkeiten des Mitarbeiters in Bezug auf seine Aufgabe verändern.[40] Daraus ergibt sich – wie auch in der Familie – die Notwendigkeit, die Mitarbeiter je nach Phase unterschiedlich zu führen.

Erfolgreiche Führung bedeutet, der Dynamik des Entwicklungszyklus von Mitarbeitern gerecht zu werden:

- Mitarbeiter, die neu bei uns im Unternehmen sind, sind meist hoch motiviert, voller Tatendrang und Hoffnung, hier eine neue berufliche Heimat zu finden. Sie sind unbelastet und offen und begegnen dem Unternehmen als Ganzes vorbehaltlos. Am Anfang versuchen wir der Situation entsprechend, also nach dem Modell der situativen Führung, über Anweisungen Orientierung zu geben, damit Fehler vermieden werden und wir die jeweiligen Aufgaben gemeinsam entwickeln können.
- Naturgemäß formen sich im Laufe der Zeit Haltung und Meinung des Mitarbeiters; die Einarbeitungsphase ist abgeschlossen, die Fähigkeiten ausgebaut und wahrscheinlich schon öfter unter Beweis gestellt. So nimmt die persönliche

Sicherheit und das Selbstvertrauen zu – und das Bedürfnis nach neuen Herausforderungen wächst. Wenn aber Raum für die Entfaltung fehlt, lässt auch die Motivation nach und im schlimmsten Fall macht sich Resignation bemerkbar. Um das zu verhindern, versuchen wir dem Mitarbeiter »Führung durch Anleitung« zuteilwerden zu lassen: Größerer Freiraum für die eigene Art der Aufgabenerfüllung bedeutet, dass man sich ausprobieren und auch einmal Fehler machen darf, um aus ihnen zu lernen. Als Manager oder Vorgesetzter ist es dabei wichtig, den Mitarbeiter immer wieder zu ermutigen, damit dieser sich auch wirklich etwas zutraut.

- ♥ Schwierig wird es oft, wenn der Mitarbeiter an die Grenzen des Systems – vorgegebene Hierarchien beispielsweise – stößt und eine weitere persönliche Entfaltung zunächst nicht möglich scheint. Oft macht sich Ernüchterung breit, da man in der Regel noch nicht genügend Einfluss hat, um gewünschte Veränderungen durchzusetzen. Das wirkt demotivierend – insofern ist Motivation das beste Gegenmittel in dieser Situation. Nur so fühlt man sich als Mitarbeiter ernst genommen und in seinen Bedürfnissen verstanden.
- ♥ Wir wachsen als Führungskräfte mit unseren Mitarbeitern mit und begleiten sie dabei, sich in das Unternehmen zu integrieren, das System zu verstehen und nach und nach verantwortungsvollere Aufgaben zu übernehmen. Das ist gleichzeitig der Moment des Loslassens – durch Delegation geben wir Verantwortung ab und motivieren den Mitarbeiter so am meisten, da die neuen Gestaltungsmöglichkeiten stolz machen. Die Parallelen zur Familie sind hier unübersehbar: Führungskräfte begleiten die Mitarbeiter wie junge Erwachsene, die Erfahrungen machen, mit ihren Aufgaben wachsen und nach und nach mehr Verantwortung für sich

und auch für andere, also das Unternehmen, übernehmen. Dafür ist Freiheit ebenso wichtig wie ein Ansprechpartner, der vertrauensvoll mit Rat und Tat zur Seite steht.

Wenn Manager ihre Mitarbeiter aus einem »Elterngefühl« heraus führen, formt sich als Ziel ihrer Führungsaufgabe, Verantwortung für die Entwicklung der Mitarbeiter zu übernehmen. Gleichzeitig steigt das Verständnis der Führungskräfte für die Mitarbeiter in den verschiedenen Phasen. Sie begreifen die Fähigkeiten und Motivation der Mitarbeiter im Zusammenhang mit der Dauer ihrer Unternehmenszugehörigkeit, mit dem Grad ihrer Erfahrung und mit der Wirkung der motivierenden oder demotivierenden Unternehmenssituation auf den Einzelnen.

Von Führungskräften und Eltern, von Kollegen und Geschwistern, von Mitarbeitern und Kindern

Auf den ersten Blick wirkt das abwertend: Der Gedanke, dass Mitarbeiter sich wie Kinder verhalten, kann schnell missverstanden werden, als wären sie unmündige Wesen. Das ist natürlich nicht gemeint, vielmehr geht es um ein System, bei dem die einen bereits Verantwortung für das große Ganze (also die Familie) tragen und andere in die Verantwortung hineinwachsen und dabei begleitet werden.

Auch der Organisationspsychologe Dr. Hans Rosenkranz sieht systemische Parallelen zwischen Familie und Unternehmen. Er legt in seinem Buch »Von der Familie zur Gruppe zum Team« überzeugend dar, in welchem Maß die Wahrnehmung von Menschen in Unternehmen mit der Wahrnehmung von Familienmitgliedern zusammenhängt.[41]

Viele Führungskräfte erleben ihre Mitarbeiter wie eigene »Kinder«, für deren Leistung und Entwicklung sie grundsätzlich das Gefühl von Verantwortung und Fürsorge haben. Die Führungskraft folgt unbewusst dem Vorbild, das auch sie dem ersten System, dem sie als Kind und Jugendlicher zugehörig war, entnimmt. Der Umgang mit Menschen, die Haltung zur Hierarchie, die Verteilung von Aufgaben, das Miteinander mit Kollegen oder die eigene Rolle in der Gemeinschaft: Strukturen und Beziehungen im Unternehmen werden tatsächlich in der Ursprungsfamilie der Führungskraft geprägt und dementsprechend von ihr ausgefüllt. Es liegt also auf der Hand, wie vielfältig und komplex sich die Dynamik im Unternehmensteam gestaltet. Wenn sich für jedes Mitglied eines Teams in der Kommunikation mit den anderen bestimmte Aspekte ursprünglicher Beziehungen in der Familie wiederholen, mit wie vielen im Verborgenen liegenden Systemen haben wir es dann zu tun! Wie viele persönliche Geschichten, Hintergründe und Prägungen wirken auf das Zusammenwirken dieses einen Teams ein!

Mitarbeiterkonflikte und Geschwisterkonflikte

Jeder, der Kinder großzieht, kann davon erzählen, wie oft es zwischen Geschwistern zum Streit kommt. Jede Führungskraft, die eine Gruppe von Menschen im Unternehmen leitet, kennt das ebenso. Die Inhalte der Konflikte sind natürlich verschieden, die Dynamik ist hingegen vergleichbar. So lassen sich auch für die Rolle, die Eltern und Führungskräfte in der Dynamik von Geschwister- bzw. Mitarbeiterkonflikten einnehmen, wertvolle Parallelen ziehen und Essenzen aus den oben dargestellten Modellen gewinnen:

So wie unter Geschwistern gibt es zwischen Kollegen Reibereien, deren Inhalt der Wettbewerb um Ressourcen ist: Budgets, Aufmerksamkeit der Führungskraft und Macht. Ähnlich wie in der Familie ist es am hilfreichsten, den Mitarbeitern das Austragen dieser Konflikte selbst zu überlassen. Streitigkeiten zwischen Einzelnen können am besten unter vier Augen gelöst werden, eventuell begleitet durch einen externen Moderator oder Mediator.

Sofern das ganze Team betroffen oder beteiligt ist (was sehr häufig zutrifft), ist die Lösung eines Konflikts nur durch Einbeziehung aller Kollegen nachhaltig möglich. An dieser Stelle wird der Konflikt, der durch zwei Teammitglieder ausgelebt wird, auf eine breitere Basis gestellt und in seinem Kontext bearbeitet. Das Team setzt sich – ohne Einschaltung der Führungskraft – zusammen, das Problem wird offengelegt, die Kollegen bringen ihre Anteile daran mit in der Runde ein, verdeckte Themen zwischen anderen Beteiligten können ans Licht treten, Zusammenhänge geklärt werden. Sehr oft fühlen sich die Konfliktpartner, die den jetzt notwendigen Dialog im Team ausgelöst haben, dadurch entlastet, erleben sie doch eindrucksvoll, dass sie Teil des Teams und zugehörig sind. Diese Art der Konfliktbewältigung stärkt den Teamgeist und öffnet die Türen für eine effizientere Zusammenarbeit in verbessertem Klima.

Finden die Mitarbeiter aber nicht selbst zu einer Lösung ihres Konflikts und erreicht dieser die nächste Eskalationsstufe, steht die Frage an, was als Nächstes zu tun ist, wer hinzuzuziehen ist und ob die Führungskraft an dieser Stelle zuständig ist. Hier tappen Führungskräfte oft in die Falle: Auf die Beschwerde eines Mitarbeiters hin oder weil der Konflikt dem Chef zu Ohren kommt, greift er von oben in den Prozess ein. Gewissermaßen »vor den Karren gespannt«, trifft er eine Entscheidung, die der Sach- und Beziehungslage zwischen den Mitarbeitern häufig weder angemessen noch dienlich ist.

Wann aber ist die Konfliktlösung nun Führungsaufgabe und wann nicht? Für die Frage, ob und wann sich eine Führungskraft in einen Mitarbeiterkonflikt sinnvollerweise einschaltet, spielen verschiedene Aspekte eine Rolle:

- Der Inhalt des Konflikts: Die Unterscheidung zwischen von der Führungskraft zu justierenden sachlichen Vorgaben und von den Mitarbeitern selbstständig zu klärenden Beziehungsproblemen.
- Der Wunsch der Konfliktpartner, das Thema nach oben zu eskalieren.
- Die Festigkeit des Teams und der Grad des Vertrauens untereinander.
- Die Haltung der Führungskraft zu Konflikten und ihrer Funktion.
- Die Fähigkeit oder Unfähigkeit der Führungskraft, einen Konflikt auszuhalten und seiner Lösung durch die Mitarbeiter zuzusehen.
- Die Unternehmenskultur in Bezug auf Kommunikation und Konfliktmanagement.

Je besser entwickelt und stabiler ein Mitarbeiterteam ist, desto seltener ist seine Führungskraft als Konfliktlöser gefordert: Wie in der Familie ist »petzen« verpönt, Kinder haben die elterliche Botschaft erhalten, ihre Streitigkeiten miteinander zu lösen und sich nicht gegenseitig bei den Eltern schlechtzumachen. Eltern schicken ihre petzenden Kinder im Idealfall mit Worten wie »Das ist nicht für meine Ohren bestimmt« zurück zum Bruder oder zur Schwester. Oder Eltern bringen beide Kinder in die Verantwortung – den einen für die »Missetat«, den anderen fürs Petzen.

An diesem Vorbild sollte sich auch eine Führungskraft im Unternehmen orientieren und der Reife des Teams und seiner Mitarbeiter entsprechend handeln. Im Fokus der Entscheidung muss stets stehen, auf welche Weise das Potenzial von Mitarbeitern bestmöglich gefördert und entfaltet werden kann, um damit jeden Einzelnen, die Gruppe und das Unternehmen zu konstruktivem Wachstum zu führen.

Hans Rosenkranz beobachtet in Wirtschaftsunternehmen immer wieder Konstellationen, die auf die Familienbezogenheit sozialer Gruppierungen wie Unternehmen hinweisen. Viele Aspekte des Rollenverhaltens im Team lassen sich aus den früheren Erfahrungen in der Ursprungsfamilie erklären. Wie ein Erbe wird das in der Familie gelernte Verhalten in die Gruppe im Unternehmen eingebracht.

Wie eine Familie kann ein Team einen geschützten Raum für die Entwicklung und Sicherung seiner Mitglieder darstellen. Gleichzeitig kommt es im negativen Sinn zu zu starker Anpassung und Einschränkung, die in jedem Team individuell unterschiedlich ausgeprägt sind. Jedes Team hat, wie jede Familie, seine ganz eigene Kultur.

So ist es erklärbar, dass Teammitglieder, die aus unterschiedlichen Kulturen kommen, in der neuen Gemeinschaft aufeinanderprallen. Dann muss erst eine gemeinsame eigene Teamkultur aufgebaut werden, die die Werte der verschiedenen Herkunftskulturen integriert. Das Team stellt sich dann wie eine neue Familie dar, in der sich die Mitglieder mit ihren Werten einbringen, um mehr oder minder vertrauensvoll miteinander leben zu können.

Frau und Mann gehören gemeinsam in die Führung von Familien und Unternehmen

Am Vorbild der Familie wird sichtbar, wie wichtig beide Elternteile sind. Sie geben für Söhne und Töchter Rollenvorbilder zur Orientierung ab. Töchter lernen durch die Mutter die »Welt der Frauen« kennen, in die sie selbst eines Tages eintreten werden, und bekommen durch den Vater eine Vorstellung, wie ihr Partner einmal sein soll. Söhne lernen durch den Vater die Männerwelt mit ihren Spielregeln kennen und haben durch ihre Mutter ein »Frauenbild« als Referenz bei der Partnersuche. Töchter sind meist emotional enger mit ihren Vätern und Söhne enger mit den Müttern verbunden.

Männer und Frauen ergänzen sich, das zeigt sich im Idealfall auch im System Familie, das sie gemeinsam führen. Sie teilen sich die Verantwortungsbereiche nach Neigungen, Kompetenzen und Möglichkeiten. Meist ist der eine Partner mehr für das Familienmanagement, der andere mehr für das Außenmanagement zuständig. Ein Elternteil ist verstärkt für Themen auf der Beziehungsebene der Ansprechpartner, der andere mehr für Organisation und Logistik. Einer kümmert sich um die Finanzen, der andere um den Einkauf. Frauen sind in der Familie erfahrungsgemäß zumeist stärker für die Beziehungen zuständig, im Innen- wie im Außenverhältnis.

Gute Beziehungen zu Mitarbeitern und Kunden sind in der Unternehmenswelt die Haupterfolgsfaktoren. Kunden und Mitarbeiter sind nur dann zufrieden, wenn ihre Bedürfnisse erfüllt werden. Diese Bedürfnisse drücken sich in Gefühlen aus, deren Wahrnehmung und Anerkennung eine typisch weibliche Kompetenz darstellt. Frauen sind durch ihre Sozialisation häufig in besonderer Weise befähigt, sich für die Bedürfnisse anderer einzusetzen, sei es für ihre Mitarbeiter oder Kollegen oder in der Familie für ihre Kinder. Eine besondere Fähigkeit von Frauen liegt in der Fürsorge für die ihnen anvertrauten Menschen, außerdem sind sie oft besonders gut darin, eine Gemeinschaft zusammenzuhalten, so wie es nicht nur in der Familie, sondern auch im Unternehmen Tag für Tag erforderlich ist.

Männer fokussieren sich in der Regel stärker auf den Wettbewerb, sie setzen ihre Entscheidungsstärke ein und sie bringen ihre Fähigkeit, zielorientiert und schnell zu handeln, effizient in das Unternehmen ein. Frauen und Männer in einem Führungsteam sind eine ideale synergetische Gemeinschaft – seit jeher das Erfolgsgeheimnis von Familien. Für zukunftsorientierte Unternehmen gilt es, diese Synergien gezielt zu fördern und bestmöglich zu nutzen.

KAPITEL 7

Psychohygiene

Manager sein heißt Vorbild sein

»Unser Leben ist das Produkt unserer Gedanken.« Diese Erkenntnis des römischen Philosophenkaisers Marc Aurel (121–180 n. Chr.) habe ich mir zu eigen gemacht. Die Gedanken bestimmen unser Handeln; sie lenken unser Sagen und Tun, positiv wie negativ.

In den meisten Positionen der Arbeitswelt hat man mit Menschen zu tun. Kommunikation ist also wichtiger als alles andere. Der Umgang miteinander ist entscheidend für das Betriebsklima, und daran hapert es häufig in allen Bereichen. Der Ton zwischen Vorgesetzten und Mitarbeitern, zwischen Kollegen, zwischen Männern und Frauen wird oft bestimmt von Aggression, Rücksichtslosigkeit, Respektlosigkeit, Neid und bisweilen auch von Verachtung. Es sind genau diese Zwischen- und Misstöne, die unsere Arbeitswelt vergiften und uns das Leben so schwer machen. Dass ein solches Klima den geschäftlichen Erfolg nicht gerade fördert, muss man nicht eigens betonen.

Es ist genau so, wie es schon im Sprichwort heißt: »Der Ton macht die Musik!« Und oft genug können einem die Disharmonien dieser Musik jegliche Freude und Lebenslust nehmen.

Dann schleppen sich »müde dreinblickende Bürosklaven durch ihren grauen Computeralltag, die Gräben zwischen den Kollegen schlucken jedes Lachen und das zarte Pflänzchen der Motivation trocknet neben dem Ficus vor sich hin«[42], wie der Psychiater Manfred Stelzig in seinem Buch »Keine Angst vor dem Glück« die Situation an vielen Arbeitsplätzen sehr anschaulich beschreibt.

Wir alle kennen diese Frustrationen nur zu gut, und manchen haben sie sogar krank gemacht. Es ist also ein ungeschriebenes Gesetz der Arbeitswelt, dass der Arbeitsplatz eine lustfreie Zone mit der Gemütlichkeit eines Schlangennestes zu sein hat, in dem nur Widerspruchslosigkeit, bedingungsloser Gehorsam, totale Anpassung und das Wort des Chefs zählen. Und wo steht eigentlich geschrieben, dass der alttestamentarische Satz »Im Schweiße deines Angesichtes sollst du dein Brot essen« als quasi göttliche Anleitung für seelische Grabenkriege oder geistige Trockenwüsten im Büro herzuhalten hat? Das Management der Zukunft bedient sich der Psychohygiene, um ein Klima der Fairness und des vernünftigen Umgangs miteinander zu schaffen und die Mitarbeiter zu motivieren.

Psychohygiene – das Wort mag vielen zunächst fremd und vielleicht auch unheimlich erscheinen. Es hat jedoch nichts mit psychischen Erkrankungen zu tun und auch nichts mit Formen von Gehirnwäsche oder der Gleichschaltung der Psyche, also Mechanismen einer elementaren Bevormundung. Es geht um die sorgsame Pflege der menschlichen Seele, um das Verhindern von Gedanken, Erfahrungen, Eindrücken etc., die unsere Psyche belasten. Und es geht darum, die Seele frei und unbeschwert zu machen oder, wie es Irene Galler, Betriebscoach in Wien, formuliert: »Seien Sie ein guter Seelengärtner.«[43]

Was ist Psychohygiene?

Wissenschaftlich betrachtet versteht man unter Psychohygiene die Lehre von der psychischen Gesundheit. Der Begriff ist weit über 100 Jahre alt und geht auf den deutschen Psychiater Robert Sommer (1864–1937) zurück. Er gründete 1924 den deutschen Verband der Psychohygiene. Doch erst durch das Buch »A mind that found itself« des amerikanischen Seelenforschers Clifford W. Beers (1876–1943), der selbst an Depressionen litt, nach einem Suizidversuch drei Jahre in einer psychiatrischen Klinik verbringen musste und nach diesen Erfahrungen die Behandlung von Patienten reformieren und verbessern wollte, wurde der Begriff »Psychohygiene« außerhalb von Fachkreisen bekannt.

Nach Clifford Beers' Erkenntnissen umfasst die Psychohygiene nicht nur die Erhaltung der geistigen Gesundheit, die Verhütung von Geistes- und Nervenkrankheiten und anderen Defektzuständen sowie die Behandlung von psychisch Kranken, sondern auch die Aufklärung über psychische Anomalien in der Erziehung, im Wirtschaftsleben und in nahezu allen menschlichen Verhaltensweisen. Der deutsche Psychoanalytiker Heinrich Meng (1887–1972) entwickelte 1933 nach seiner Emigration in die Schweiz die Lehre der Psychohygiene weiter und wurde 1945 an der Universität Basel Inhaber des ersten europäischen Lehrstuhls für Psychohygiene.

Während des Regimes der Nationalsozialisten musste die Lehre von der Gesundheit der Psyche ausgerechnet dort eine Bewährungsprobe bestehen, wo viele Menschen dem Terror der Machthaber mit am stärksten ausgesetzt waren: im Getto und Konzentrationslager von Theresienstadt. Dorthin war 1942 der jüdische Neurologe, Psychiater und Begründer der Existenzanalyse Viktor Emil Frankl aus Wien deportiert worden. Frankl sah seine traumatisierten Leidensgefährten und gründete während seiner Haftzeit ein »Referat für psychische Hygiene«, das Häftlinge psychologisch betreute; damit wollte er ihre Überlebenschancen vergrößern. Ihm halfen die später in Auschwitz ermordete Rabbinerin Regina Jonas, die sich um Neuankömmlinge kümmerte, sowie der ebenfalls inhaftierte Psychologe und Philosophie-Professor Emil Utitz, der am 24. November 1942 den Vortrag »The Hygiene of Soul in Theresienstadt« hielt. Was makaber oder gar zynisch klingen mag, war in der Tat eine Form von Krisenintervention während des dunkelsten Kapitels unserer Geschichte, ein verzweifelter Versuch, den Menschen zu helfen, den Terror zu überleben.

Die Psychohygiene will also helfen, sowohl kranken als auch Menschen in Krisensituationen. Laut Karl Friedrich Mierke, Psychologe und Buchautor (»Die Psychohygiene des Schulalltags«), nimmt sie heute drei Aufgaben wahr:

- Die präventive Psychohygiene bemüht sich um die Gesunderhaltung des Individuums und der Gesellschaft.
- Die restitutive Psychohygiene bietet in Lebenskrisen und Konfliktsituationen regenerative und korrigierende Gegenmaßnahmen.
- Die kurative Psychohygiene unterstützt bei Erkrankungen mit psychotherapeutischen oder auch klinischen Verfahren.

In Helmut E. Ehrhardts Buch »Aggressivität, Dissozialität, Psychohygiene« nennt E. Schomburg die Lebensgrundbedürfnisse der Menschen und ihre Reihenfolge:

1. Liebe
2. Sicherheit

3. Anerkennung
4. Raum zu freiem schöpferischen Tun
5. Erlebnisse mit Erinnerungswert
6. Selbstachtung[44]

Die Psychohygiene will diese Bedürfnisse erreichen und erhalten.

Laut des Instituts für Führungskompetenz und Motivation beinhaltet Psychohygiene alle Maßnahmen, die zur Erhaltung und Verbesserung des Wohlbefindens jedes Einzelnen beitragen. »Dabei ist nicht nur das eigene Ich von Bedeutung, sondern auch das Arbeitsumfeld, in dem sich der Mensch bewegt. Nur in einer Umgebung, in der sich der Mensch wohlfühlt, wird er auch gesund bleiben.

Der Nutzen für die Mitarbeiter:

a) Erhaltung bzw. Erlangung ihrer geistigen sowie körperlichen Gesundheit.
b) Zufriedene Mitarbeiter, die fachlich und sozial kompetent sind und dadurch wesentlich zum Erfolg eines Unternehmens beitragen.«[45]

Ein entsprechendes Engagement ist auch dringend notwendig, denn »jüngste Zahlen der Weltgesundheitsorganisation WHO zeigen, dass in den Industriestaaten seelisches Leid die größte Gesundheitsgefahr im 21. Jahrhundert sein wird. 2020 werden psychische Leiden, nach Herz- und Kreislauferkrankungen, an zweiter Stelle liegen«, referierte bereits 2008 die damalige österreichische Gesundheits- und Familienministerin Andrea Kdolsky.[46]

Erfolg macht oft blind und selbstgefällig

Psychohygiene in der Arbeitswelt ist deshalb eine der wichtigsten Aufgaben der Zukunft. Dazu gehört freilich auch eine entsprechende Selbstreflexion der Führungskräfte. Manager sollten Vorbild sein, und dafür reicht der fachliche Horizont allein nicht aus. Führung hat immer mit Selbsterkenntnis zu tun und mit dem Bewusstsein für die eigenen Unzulänglichkeiten, denn das eigene Bild von sich selbst ist meist ganz anders als das, das andere Menschen von einem haben.

Bei Managern ist häufig die Sicht auf sich selbst getrübt. Hier bewahrheitet sich der Spruch »Erfolg macht blind«. Ich würde sogar noch weiter gehen und sagen: »Der größte Feind des Erfolgs ist der Erfolg.« Nichts macht selbstgefälliger. Es entstehen Verdrängungsmechanismen, bei denen Manager beispielsweise auf Kritik mit einem Schwall von Gegenattacken reagieren, die ihre Umgebung verletzen und ängstigen. In solch einem Klima kann und wird auf Dauer keine kreative und lustvolle Arbeit entstehen.

Heute werden bei Führungskräften oft Widersprüchlichkeiten sichtbar. Die Manager haben zumeist den Anspruch, »den Dingen auf den Grund zu gehen«, »unter die Oberfläche zu schauen«, »Menschen zu durchschauen und ihren wahren Charakter zu erkennen«. Dagegen ist auch nichts einzuwenden. Warum tun sie das aber nicht bei sich selbst? Warum nicht bei sich selbst auf den Grund gehen? Warum sich nicht selbst durchschauen? Da gibt es ein großes Manko. Und es führt dazu, dass vor allem Führungskräfte fast alles kennen, nur nicht sich selbst.

Was ist die Folge? Die Wirksamkeit als Führungskraft bei den Mitarbeitern lässt nach. Es entsteht das Gefühl, dass die Worte nicht mehr ankommen, dass kein gemeinsames Verständnis mehr da ist, dass das gemeinsame Zielbild verschwimmt, dass der Schwung weg ist. Immer mehr Abstimmungsgespräche sind notwendig und die gängigen Anreizsysteme funktionieren auch nicht mehr. Die Wirksamkeit geht schleichend zurück. Man merkt es nicht direkt, sondern vor allem daran, dass man immer mehr arbeiten muss, um das Ergebnis auch nur zu halten. Dieses Gefühl der Unwirksamkeit gehört neben dem Mangel an Wertschätzung zu den Hauptursachen von Depression und Burn-Out.

Hinzu kommen noch absehbare Veränderungen im Umfeld der Unternehmen und der Führungskräfte: vom Shareholder zum Stakeholder. Unternehmen müssen also nicht mehr nur die Interessen der Anteilseigner (Shareholder), sondern auch die verschiedener Anspruchsgruppen (Stakeholder), wie beispielsweise Lieferanten, Geschäftspartner, Staaten oder die Öffentlichkeit, berücksichtigen. Diese Entwicklung stellt neue Anforderungen an die Integrationsfähigkeit und die Fähigkeit zum Interessenausgleich. Persönlichkeit wird wichtiger denn je. Es gibt also viele handfeste wirtschaftliche Gründe, sich vor allem als Führungskraft selbst besser kennenzulernen. Doch die Einstellung dazu ist oft ambivalent. Sport zu treiben, den Körper zu trainieren gehört bei einem Manager fast schon zum guten Ton. Niemand wird schief angesehen, wenn er morgens vor der Arbeit oder zweimal die Woche abends ins Fitnessstudio oder zum Laufen geht. Im Gegenteil, das ist für das Image durchaus förderlich.

Was aber, wenn jemand seinen Geist trainiert, seine Haltung, seine Gedanken, wenn jemand also gezielt reflektiert, beispielsweise mithilfe der Meditation? Da liegt die Akzeptanzschwelle schon wesentlich höher. Warum wird das Training des Körpers so anders bewertet als das Training von Geist und Seele? Ist mentale Stärke nicht ebenso erstrebenswert wie körperliche Fitness?

Selbstreflexion und Selbstführung statt Selbstüberschätzung

Reflektieren ist eine Notwendigkeit. Manager brauchen Zeit dazu und werden erst so ihre Wirksamkeit als Führungskraft verbessern. Sie erkennen dann vor allem, dass man oftmals besser daran tut, das Gegenteil zu denken oder zu tun als das, was dem klassischen Rollenbild entspricht:

- Als Manager will man bewegen, vorwärtstreiben, immer in Bewegung sein. Selbstführung dagegen lehrt, dass man oft auch innehalten und reflektieren muss, um besser voranzukommen.
- Als Manager möchte man stets die Zügel in der Hand behalten und zupacken. Selbstführung dagegen lehrt, dass man auch loslassen können muss, um den richtigen Weg zu finden.
- Als Manager möchte man reden, überzeugen, diskutieren, präsentieren. Selbstführung dagegen lehrt, dass auch im Zuhören, der angewandten Achtsamkeit, aktive Führung liegt.
- Als Manager soll man stets und rasch Menschen und Situationen beurteilen. Selbstführung dagegen lehrt, das »Nicht-Urteilen« die Grundlage für das wahre Erkennen von Menschen und Situationen ist.

Selbstführung ist daher eine Notwendigkeit. Wer führen will, muss erst lernen, sich selbst zu führen. Eine gute Führungskraft muss sich also immer weiterentwickeln – hin zu einem einfühlsamen, bescheidenen und demütigen Menschen. Wer eine große Machtfülle hat, muss an sich selbst besonders hohe moralische Ansprüche stellen.

Die wichtigsten Regeln für Führungskräfte

1. Manager arbeiten mit geliehener Macht. Sie übernehmen die Rolle des Treuhänders.
2. Führungskräfte müssen stetig weiterlernen und an sich arbeiten. Das Wissen sollte auch durch Verstehen erweitert werden. Mitgefühl und Empathie prägen die Beziehungen zu anderen Menschen.
3. Es ist wichtig, seine eigenen Leistungen zu relativieren. Bescheidenheit ist von zentraler Bedeutung.
4. Verantwortung bezieht sich nicht nur auf die Ergebnisse der Arbeit, sondern auch auf die Mitarbeiter.
5. Es ist wichtig, in die Entwicklung anderer zu investieren und Beziehungen zu Menschen aufzubauen, die weniger erfolgreich sind als man selbst. Ebenfalls entscheidend: Andersartigkeit tolerieren lernen.

Selbstreflexion und Selbsterfahrungen sind für Führungskräfte also extrem wichtig, doch bei vielen Managern geht immer noch eine latente Beratungsresistenz einher mit der strikten Verweigerung, sich selbst zu hinterfragen. Die Gründe dafür können Eitelkeit, Arroganz oder Unsicherheit sein oder die Angst vor vermeintlichem Machtverlust, wenn man Fehler und Schwächen zugibt.

Auch bei mir ist zuweilen die Versuchung der Selbstüberschätzung vorhanden, ein entsprechendes Gefühl stellt sich leicht ein, weil man ja schon etwas erreicht hat. Ich musste in all den Jahren hart an mir arbeiten, weil ich bemerkt habe, dass mein Anspruch im Umgang mit anderen Menschen und mein Handeln oft nicht kongruent waren. Das hat dazu geführt, dass ich mich coachen lasse und selbst eine Coaching-Ausbildung begonnen habe.

Ich glaube, dass ich nur deshalb so erfolgreich wurde, weil ich mich nicht nur immer wieder selbst hinterfrage, sondern darüber hinaus auch offengeblieben bin für Rückmeldungen von anderen Menschen. Und ich habe so oft wie möglich Berater gesucht, die bewusst Gegenpositionen eingenommen und mir ihre Eindrücke unverblümt mitgeteilt haben. Bei Schwierigkeiten habe ich mir die entscheidende Frage gestellt: Wo und wer sind die Mitarbeiter, mit denen ich die meisten Probleme habe? Wenn ich mit ihnen selbst nicht klarkomme, frage ich andere kompetente Menschen, die sich kritisch mit mir auseinandersetzen. Querdenker, die helfen, sich selbst zu reflektieren. Das Ziel ist die Verwirklichung des Grundsatzes »Behandle andere Menschen so, wie du selbst behandelt werden willst!«

Das hört sich einfach an, ist aber in Wahrheit gar nicht so leicht. Es bedarf gewisser natürlicher Voraussetzungen. Man braucht eine Mischung aus emotionaler Intelligenz und Intuition. Und es sind einige Erfahrungen notwendig, zu denen auch persönliche Niederlagen gehören. Einschneidende Erlebnisse wie der Tod wichtiger Menschen, eine zerstörerische Liebe sowie der Verlust meines Kindes haben in mir Lernprozesse ausgelöst.

Das war trotz des Schmerzes und der Trauer wertvoll und wichtig für mich. Ich musste mich sehr früh solchen Herausforderungen stellen und habe dadurch einen gewissen Erfahrungsvorsprung gegenüber Menschen, die erst mit 40 Jahren oder später die ersten existenziellen Krisen erleben und sich dann mit der Verarbeitung schwerer tun. Diese frühen intensiven Erfahrungen mit für mich schwierigen Entwicklungen haben mich geprägt. Ich habe gelernt, mich meinen Gefühlen und Verletzungen zu stellen.

Mein schlimmster persönlicher Verlust war die Fehlgeburt meines Kindes. Das und die Reaktionen meines Umfeldes gehören zu den traumatischen Erlebnissen, die mir noch heute bestätigen, wie überlebenswichtig Psychohygiene für die Menschen ist.

Im Frühjahr 2000 war ich im fünften Monat schwanger und spürte intuitiv, dass irgendetwas nicht stimmte. Mein Mann und ich hatten für April unsere standesamtliche Trauung geplant, das war ein Karfreitag. Für den Karsamstag stand die kirchliche Hochzeit an. Freunde und Verwandte waren eingeladen, die Vorbereitungen abgeschlossen. Und wir freuten uns alle auf dieses Fest. Doch ich hatte ein ungutes Gefühl, besser gesagt eine böse Ahnung. In der Klinik bestätigten sich meine schlimmsten Befürchtungen und man teilte meinem Mann und mir mit, dass unser Kind aufgrund eines Gen-Defekts nicht lebensfähig sei. Dabei fiel auf, wie wenig auch die Ärzte mit dieser Situation umgehen konnten. Statt direkt mit uns zu sprechen, wanden sie sich und kommunizierten nur untereinander.

Wir waren verzweifelt. In unserem Schmerz sprachen wir mit einigen Freunden und meinen Eltern. Und da zeigte sich einmal mehr die Unfähigkeit von Menschen, mit den Gefühlen anderer umzugehen.

Ausgerechnet meinen Eltern fiel nichts anderes ein als zu fragen: »Du wirst doch nicht die Hochzeit absagen wollen?« Und eine bis dahin enge Freundin kam kurz zu unserem Standesamttermin und schickte mir dann eine SMS, in der sie mir mitteilte: »Ich kann nicht zum Hochzeitsfest kommen, ich halte das nicht aus.« Das fand ich sehr verletzend. Später habe ich häufig erlebt, dass viele Menschen über solche Themen nicht sprechen können. Sie schleppen die Probleme und die Traurigkeit mit sich herum und es fehlt ihnen der Mut, sich beidem zu stellen.

Eine andere Freundin sagte mir: »Du musst dich doch fühlen wie ein Alien, mit diesem Kind in deinem Bauch.« Wiederum eine andere zeigte Gefühl und tat für mein Empfinden intuitiv das Richtige. Sie sagte nur schlicht: »Ich werde für dich da sein.«

Dieser einfache Satz hat mir unglaublich gutgetan. Wir haben dann doch geheiratet und die Termine, deren Einhaltung (fast) alle von uns erwartet haben, eingehalten. Kurze Zeit nach der Hochzeit ging ich in die Klinik und habe mein Kind tot zur Welt gebracht. Es war ein Mädchen.

Zur gleichen Zeit wurde im zweiten Kreißsaal ein gesunder Junge geboren. Meine spontane Reaktion war: »Gott sei Dank ist es dort gut gegangen.« Jahre später wurde meine jüngere Schwester schwanger. Sie sprach mit mir darüber und fragte auf einmal: »Gönnst du mir die Schwangerschaft? Und wäre es für dich in Ordnung, wenn ich dich bitte, die Patenschaft zu übernehmen?« Ich war ihr dankbar, dass sie das Thema angesprochen hatte. Und ich habe nachgedacht und gespürt, dass es mir wirklich nichts ausmacht, dass ich ihr von ganzem Herzen ein gesundes Kind gönne. Auch das hat mit Psychohygiene zu tun. Hätte ich damals anders reagiert, hätte ich an mir arbeiten müssen.

Eine weitere sehr schlimme Erfahrung machte ich mit einer Journalistin. Es war ein Interview anlässlich meines Dienstantritts als General Manager von Microsoft Österreich. Die Frau fragte mich auch nach Privatem und meinte dann: »Sie haben ja wohl Ihren Kinderwunsch Ihrer Karriere geopfert.« Dieser Generalverdacht, dass ich als Frau in meiner Position den Kinderwunsch der Karriere opfern würde, empörte und verletzte mich nach der Fehlgeburt zutiefst, und auch die Entschuldigung der Journalistin konnte diesen Übergriff nicht schmälern.

Dennoch hat diese Begegnung mir auch klargemacht, dass ich den Verlust meines Kindes mental verarbeitet habe. Dieser Schicksalsschlag hat mich geprägt, und ich sage heute: Es war gut, die Erfahrung einer Schwangerschaft und des Gebärens gemacht zu haben. Ich hege keinen inneren Groll, auch weil ich glaube, dass man in seinem Leben die Dinge nehmen soll, wie sie sind. Und auf meinem Lebensweg sind Kinder offenbar nicht vorgesehen. Ohne das Erlebnis der Schwangerschaft hätte ich mich vielleicht zehn, 15 Jahre später gefragt: Hättest du es nicht wenigstens probieren sollen? Aber ich habe nun einmal diese Erfahrung gemacht und sie verarbeitet. Auch das ist Psychohygiene.

Am Anfang stehen Selbsterkenntnis und Geduld

Der Weg zu einer guten seelischen Gesundheit ist oft ziemlich steinig. Nach meinen Erfahrungen gilt es zunächst, seinem Ego über verschiedene Stufen zu helfen.

1. **Phase:** Man hat das untrügliche Gefühl »So geht's nicht weiter«. Man beginnt an sich zu arbeiten und wird eins mit dem Schmerz in sich.
2. **Phase:** Der Schmerz wird analysiert, man setzt sich mit der gewonnenen Erkenntnis auseinander.
3. **Phase:** Im Austausch mit anderen stellt man fest, dass auch sie ähnliche Probleme haben. Man fängt an, sie zu belehren, ohne dass sie darum gebeten haben.
4. **Phase:** Man erkennt diese Form der Bevormundung und wird traurig, weil man feststellen muss, dass man auch hier etwas falsch gemacht hat.
5. **Phase:** Jetzt kommt die Erkenntnis: Es geht nicht darum, die anderen zu ändern, sondern darum, bei sich selbst zu bleiben. So zu sein, wie man selbst ist.

Die Erkenntnis der letzten Phase steht vor allem in Asien im Mittelpunkt, sie ist die Grundhaltung für einen ausgeglichenen Seelenhaushalt.

In unserer westlichen Arbeitswelt fällt gerade diese Einsicht den meisten Managern schwer. Denn aus Macht wird oft das Recht abgeleitet, andere zu bevormunden und zu belehren. Diese Bevormundung zerstört jegliches Vertrauen, das in einem auf Kreativität und Leistung abzielenden Arbeitsumfeld notwendig ist. Die Konsequenz kann nur lauten: Wenn man gebeten wird, kann man auf andere Menschen Einfluss nehmen. Allerdings nur dann!

Stellen Sie sich beispielsweise vor: Nach einem Gespräch mit dem Boss vertrauen Sie sich einem Kollegen an und sagen ihm, dass Sie Angst vor einer schlechten Bewertung haben. Er antwortet: »Du, das kenne ich. Das habe ich auch schon mal erlebt. Mach dir keine Gedanken!« Was ist das für eine Kommunikation? Diese Gedankenlosigkeit ist unangemessen. Wir müssen die eigene Oberflächlichkeit überwinden, erst dann beginnt die Psychohygiene. Ich habe gelernt, dass es den meisten Menschen einfach nur wichtig ist, gehört zu werden. Oft wollen sie nicht mit Beispielen aus dem eigenen Leben belehrt werden, sondern nur ein offenes Ohr. Ich habe das mittlerweile als ständige Übung in meinen Alltag eingebaut und die Erfahrung gemacht, dass es vielen Menschen damit sehr gut geht. Und wenn sie doch wissen wollen, wie es bei einem selbst war – dann fragen sie nach.

Neben der Fähigkeit zur Selbstreflexion und -kritik gehört Geduld zu den Voraussetzungen einer guten Psychohygiene. Mangelnde Geduld führt zu überflüssigen Zuspitzungen, vor allem in der Arbeitswelt. Wir kennen das alle, und auch ich erlebe es immer wieder in meinem Arbeitsalltag. Eine Besprechung mit Mitarbeitern nervt, und zwar so sehr, dass einem der sprichwörtliche Kragen platzt. Ein Wort gibt das andere, und der Chef hat das letzte. Das Resultat: Die Stimmung ist schlichtweg bescheiden, die Mitarbeiter sind je nachdem eingeschüchtert, beleidigt oder gar verängstigt. In solchen Situationen versuche ich, mich sofort selbst zu fragen: Was war denn das eben für ein Verhalten? Gerade als Führungskraft bleibt mir dann gar keine andere Möglichkeit, als die Situation so schnell wie möglich zu bereinigen – mit einer Entschuldigung: »Sorry, ich habe mich nicht gut verhalten! Lassen Sie uns noch einmal reden.«

Gute Manager profitieren von Kollegen, die viel fragen und wissen wollen. Natürlich fühlt man sich mitunter genervt, was aber ganz falsch ist. Diese Menschen helfen einem, die eigenen Grenzen zu erkennen. Sie halten einem gewissermaßen einen Spiegel vor – und das kann sehr unangenehm sein, aber auch sehr lehrreich. In diesem Spiegel ist oft der Zustand der eigenen Psychohygiene zu sehen. Man bekommt einen Befund. Und der ist wichtig für die Therapie.

Es gibt Menschen, die auf Fragen, Einwände, Rückmeldungen und Reflexionen partout nicht reagieren. Bei einigen von ihnen habe ich die seltsame Beobachtung gemacht, dass sie immer wieder in Situationen geraten, in denen ihnen vom Schicksal der Spiegel vorgehalten wird – in Form von Schicksalsschlägen wie Krankheit, einen Unfall, familiären und finanziellen Krisen. Ich glaube daher, dass Psychohygiene teilweise auch ein Schutz vor wirklichen Katastrophen ist.

Bei Verletzungen der Psychohygiene sind oft große Unterschiede zwischen Frauen und Männern festzustellen. Bei Frauen ist das Bewusstsein, dass man sich falsch verhalten hat, häufig deutlich größer als bei Männern, bei denen oft das Ego die Hauptrolle spielt. Älteren Managern ist das vielleicht bewusst, aber sie geben es nicht zu.

Folgende Situation habe ist erst unlängst erlebt: Drei Manager und ich sitzen an einem Tisch. Ein vierter Mann, auch er in leitender Funktion, kommt hinzu und begrüßt die anderen Herren mit Handschlag, mich jedoch nicht. Ich habe sofort reagiert und höflich, aber bestimmt gesagt: »Du hast mich überhaupt nicht wahrgenommen!« Es war ihm peinlich, doch die Situation hatte er nun einmal heraufbeschworen. Ob bewusst oder unbewusst, sein Verhalten sprach in dieser Situation nicht für seine Qualifikation als Führungskraft.

Die Rahmenbedingungen der Arbeitswelt sind ungleich härter als früher. Das liegt auch daran, dass wir uns alle zu Individualisten entwickelt haben – ein unübersehbarer Gesellschaftstrend. Wir pflegen ichbezogene Eigenarten, die natürlich Verstöße gegen die Psychohygiene unterstützen. Das eigene Ego wird immer dominanter: »Ich bin, ich kann, ich muss!« So entstehen negative Verhaltensweisen, unter denen die Umwelt zu leiden hat. Frei nach dem Motto »Ich habe Hunger – und jetzt muss die gesamte Welt mitessen!«.

Bei Führungskräften wird das oft vom Statusdenken unterstützt, der Überzeugung von der eigenen Wichtigkeit und Unfehlbarkeit. Dieses Denken wird im schlimmsten Fall von einem Heer von Jasagern begünstigt, die wie Satelliten um die Führungskraft kreisen. Speziell dominante Manager der alten Schule versammeln solche Menschen um sich, die den Boss hofieren und ihm das Gefühl von Einzigartigkeit und Größe geben. Natürlich schmeichelt diese majestätische Aura dem eigenen Ego, doch es ist mehr als trügerisch, darauf zu bauen oder davon Leistung abzuleiten. Die bitteren Konsequenzen sind oft zu beobachten: Der selbstherrliche Boss macht Fehler, gerät ins Abseits – und die Karawane zieht weiter zum nächsten Chef.

Jasager und Schmeichler wird es immer geben. Doch eine kluge Führungskraft braucht und sucht als Kontrapunkt Querdenker. Mitarbeiter und Kollegen, die auch einmal unangenehme Fragen stellen, statt den Chef »bauchzupinseln«.

Wer kümmert sich um die seelische Fitness?

»Mens sana in corpore sano« – ein gesunder Geist in einem gesunden Körper. Diese berühmte lateinische Redensart stammt von dem römischen Satirendichter Juvenal, der bereits vor fast 2000 Jahren erkannt hat, was heutzutage zahlreiche joggende Mitglieder der allmächtigen Kaste des Managements nicht wahrhaben wollen: dass die Pflege und Gesundung der Seele genauso wichtig ist wie ein fitter Körper.

- Oft bedarf es nur einiger Grundsätzlichkeiten und mehr Aufmerksamkeit sich selbst gegenüber, um zu einem ausgeglicheneren Seelenhaushalt zu gelangen: Entspannungsübungen, Meditation, lesen, Musik hören, spazieren gehen etc. helfen dabei, seelische Verspannungen zu lösen.
- Beziehungen zu anderen Menschen fördern das psychische Wohlbefinden.
- Wenn man Probleme mit Vertrauenspersonen bespricht, macht das vieles leichter.
- Wer neugierig bleibt und sein Leben lang weiterlernt, betreibt geistiges Jogging.
- Wenn man in den Spiegel schaut und sich selbst mit allen Schwächen und Defiziten wahr- und annehmen kann, ist das ein wichtiger Schritt zur inneren Zufriedenheit.
- Man sollte sich auch mit Enttäuschungen und Niederlagen konstruktiv auseinandersetzen, denn jede Krise birgt auch eine neue Chance.
- Es ist wichtig, sich Hilfe zu holen, wenn Probleme das Innenleben blockieren.
- Ausreichend Schlaf, gesunde Ernährung, Bewegung und Naturkontakt sind gut für die Psyche.
- Humor und Spiritualität stabilisieren die Seele.

- Gefühle zulassen: Lachen macht froh, Weinen reinigt die Seele.
- Kreativ sein: Spielen, schreiben, malen, musizieren, gestalten etc. Man lebt dabei seine Gefühle aus.
- Die Umgebung, auch den Arbeitsplatz, schön gestalten. Auch das ist ein wichtiges Wohlfühlmoment.

Intuition als Ratgeber

Im Grunde genommen wissen wir alle instinktiv, was richtig und was falsch ist. Ob eine Frage verletzt oder nicht. Ob ich bewusst jemanden kränken oder verunsichern will. Unsere Intuition sagt uns das. Jeder Mensch hat eine innere Stimme und jeder reagiert darauf, der eine stärker, der andere schwächer.

Die Intuition kann uns warnen und entwarnen, die Richtung weisen, Menschen sympathisch finden oder furchtbar. Sie gibt den Takt an und weist den Weg. Und bisweilen schützt sie uns vor zu wenig oder zu viel Selbstreflexion. Das »Bauchgefühl« oder der »gesunde Menschenverstand«, wie viele auch sagen, ordnet und sortiert Wahrnehmungen und befähigt zu unerwarteten kreativen Schüben, die gern als »Geistesblitz« bezeichnet werden.

Ich halte die Integration von Intuition in der Arbeitswelt für unabdingbar. Intuition plus die Bereitschaft, an sich zu arbeiten, sind beste Voraussetzungen, um ein guter Manager zu werden, mehr noch, ein guter Mensch, der auf dem richtigen Weg ist. Mahatma Gandhis Worte illustrieren dies sehr schön: «In dem Augenblick, da ich die leise innere Stimme unterdrücke, werde ich aufhören, nützlich zu sein.«

KAPITEL 8

Die Haltung – das erste Gebot

Wie sehen die Führungsqualitäten von morgen aus?

Haltung zeigen. Haltung bewahren. Haltung verlieren. Es geht immer etwas Kategorisches von dem Wort aus. Der Mensch – ein aufrecht sich fortbewegendes Wesen – strebt stets eine gerade Haltung an. Alles andere, das Kriechen, das Kauern, das Hocken, das Liegen oder sich Krümmen, entspricht nicht seiner Idealvorstellung – er wäre haltlos.

Wir reden von einer guten Haltung und meinen damit zwei Aspekte:

- Die aufrechte Stellung des Körpers, der damit Kraft, Stolz und Selbstbewusstsein ausstrahlt.
- Die psychische Haltung artikuliert eine persönliche Meinung zu einer Angelegenheit, einem Vorgang oder einem Gedanken – und damit wird es kompliziert.

Seit vielen Tausend Jahren machen sich die Menschen darüber Gedanken, wie diese innere Haltung idealerweise aussehen könnte. Der norddeutsche Schriftsteller Gorch Fock (1880–1916) meinte: »Du kannst dein Leben nicht verlängern und du kannst es nicht verbreitern. Aber du kannst es vertiefen.« So ähnlich, nur etwas tiefschürfender, sah es auch der griechische Philosoph Platon (427–347 v. Chr.): »Es gibt einen Platz, den du füllen musst, den niemand sonst füllen kann. Und es gibt etwas für dich zu tun, das niemand sonst tun kann.«

Er meinte die Summe von Lebensinhalten, Vorstellungen und Reflexionen. Man kann das auch Überzeugung nennen: Werte, die wir mit der inneren Haltung gefestigt nach außen tragen. Somit ist die Haltung eine Art Spiegel unseres Inneren. So simpel ist das und so verräterisch zugleich.

In fast allen Kulturkreisen gilt die Bewahrung dieser Haltung als erstrebenswert. Zu den wichtigsten Merkmalen einer Persönlichkeit gehört eine kontinuierliche Verlässlichkeit in der Haltung; ein Schwanken oder gar der Verlust bedeutet einen kaum wiedergutzumachenden Imageverlust. Haltung bewahren heißt: Gelassenheit und Besonnenheit in schwierigen Situationen zu zeigen, Gemütsruhe an den Tag zu legen oder umgangssprachlich ruhig Blut zu bewahren.

Adolph Freiherr von Knigge (1752–1796) schrieb dazu in seinem Standardwerk »Über den Umgang mit Menschen«: »Was die Franzosen Contenance nennen, Haltung und Harmonie im äußeren Betragen, Gleichmütigkeit, Vermeidung allen Ungestüms, aller leidenschaftlichen Ausbrüche und Übereilungen, dessen sollte sich vorzüglich ein Mensch von lebhaftem Temperamente befleißigen.«[47] Diese Contenance kann Gefühlsausbrüche mildern, Eskalationen vermeiden und in kritischen Momenten sogar eine gewisse Überlegenheit schaffen.

Man kennt das, wenn auch nicht perfekt und verlässlich, aus der Politik, vor allem aber aus der Diplomatie. Doch im Wirtschaftsleben und in der Arbeitswelt ist es noch lange keine Selbstverständlichkeit. Hier herrscht größtenteils nach wie vor das Prinzip der Abschottung und Täuschung: Man lässt sich nur äußerst ungern in die Karten schauen, das, was man sagt, meint man nicht unbedingt, und was man meint, das sagt man meist auch nicht.

Warum muss ich mir über die Haltung zu einem anderen Menschen Gedanken machen? Es geht doch um die Sache und um Ergebnisse in der Arbeit – um Arbeitsleistung. Kann ich es mir im beruflichen Kontext überhaupt leisten, mich anderen Menschen gegenüber offen, ganz ohne Verdeck zu zeigen?

Haltung zeigen heißt Position beziehen

Unter ihrer massiven Arbeitslast klagen die Führungskräfte häufig, »dass im Prinzip alles ziemlich einfach wäre, stünde nur nicht immer der Mensch und seine Befindlichkeiten im Wege«. Mit welcher Haltung also begegne ich den Menschen mit ihren Befindlichkeiten?

Aus der Haltung heraus schleichen sich unbewusst Verhaltensweisen ein, die wir irgendwann gelernt haben. Die Herausforderung ist, das eigene komplexe innere System zu managen, bevor man andere Menschen führen kann. Und genau hier liegt die wichtigste Bedingung für gutes Management. Ein guter Manager hat eine positive, im wahrsten Sinne liebevolle Haltung zu Menschen, er akzeptiert Unterschiede und die Vielfalt der Menschen, mit denen er es zu tun hat. Und er arbeitet an sich.

Diese Arbeit an sich selbst zielt darauf ab, bei dieser positiven Haltung zu bleiben, unabhängig davon, wie das Gegenüber sich zeigt. Denn der Mensch ist versucht, in Resonanz zu gehen, d. h. auf die Art und Weise auf das Gegenüber zu reagieren, wie es im Inneren vorprogrammiert ist. Die Haltung ist der Spiegel des Inneren; somit löst das Verhalten des Gegenübers gute und schlechte Erinnerungen aus und dementsprechend ist man versucht, Position zu beziehen und spontan positiv, negativ oder abwartend zu reagieren. Und diese Reaktion löst wiederum beim Gegenüber eine Verstärkung des ursprünglichen Verhaltens aus. Dieses sich verstärkende Reagieren aufeinander wird Wechselwirkung genannt:

Eine freundliche Haltung erzeugt beim anderen in aller Regel eine wohlwollendere Haltung, entsprechend ruft eine abwehrende beim Gegenüber umso mehr Ablehnung hervor. Die Regel ist ganz einfach: »Wie du mir, so ich dir! Und noch mehr!«

Der Manager, der bei seiner positiven Haltung bleiben kann, ist in der Lage zu erkennen, was sein Gegenüber bei ihm auslöst, und er kennt seine eigenen Reaktionsmuster. Diese kann er bewusst im positiven Sinn steuern. Insgesamt gilt es, sich aufeinander einzuspielen wie in einem Orchester. Ein gutes Orchester spielt auch nicht sofort perfekt; Dirigent und Musiker müssen sich erst aufeinander einstimmen.

Die Haltung ist quasi die Grundmelodie, die immer mitschwingt. Das ist besonders gut bei Liebespaaren zu beobachten, weil sie emotional besonders stark beteiligt sind. Sie schaukeln sich gegenseitig hoch mit ihren Einstellungen, bei verbalen und nonverbalen Zärtlichkeiten, aber auch bei Streitereien.

So ist es aber auch mit den Provokateuren, die sich a priori auffordernd bis bedrohlich gebärden – mit dem Ziel, Aufmerksamkeit zu erlangen. Wie im Sport (bei Boxern vor dem Kampf, bei Fußballern etc.) erzeugt so eine Drohgebärde die nächste, das kann leicht eskalieren. In der Gesellschaft haben Provokationen oft Ratlosigkeit und Ablehnung, manchmal auch Entsetzen zur Folge, aber immer ungeteilte Aufmerksamkeit. Man sichert sich einen hohen Bekanntheitsgrad und ist somit in der Diskussion.

Die Augenhöhe ist das Maß aller Dinge

Und im ganz normalen Berufsleben? Die Haltung von Managern und Mitarbeitern ist in den meisten Fällen nicht auf Augenhöhe. Der Mitarbeiter schaut nach oben, weil er es muss. Und der Chef schaut nach unten, weil er sich ja »oben« wähnt. Sie schaffen es selten, mit ihren Mitarbeitern auf Augenhöhe zu interagieren.

Mit der fehlenden Augenhöhe zwischen Chef und Mitarbeiter beginnt das eigentliche Dilemma. Es ist die erste Saat für Misstrauen, Angst und Ablehnung. Fehlende Augenhöhe bedeutet: keine Wertschätzung, keine Anerkennung. Wenn dann noch Mitarbeiter als »meine Untergebenen« bezeichnet werden, wird deutlich, dass diese Art der Führung rein auf positionsspezifischer Macht aufbaut. Menschen, die Macht brauchen, um zu führen, haben sich selbst und damit ihre Haltung nicht im Griff. Sie können sich selbst nicht führen, werden starr und halten an ihren Überzeugungen fest. Der Machterhalt erfordert immer mehr Kontrolle und führt zu mehr Bürokratie und Günstlingswirtschaft. Führung mit der falschen Haltung zu Menschen ist zerstörerisch.

Es ist die Haltung von Patriarchen oder Autokraten – sie besagt klipp und klar: »Ich bin der Chef, ich habe die Macht.« Diese Art von selbst verliehener Macht ist nicht tragfähig, sie schwindet rasch, wenn niemand mehr folgt. Macht im positiven Sinn wird der Führungskraft von ihren Mitarbeitern aufgrund ihrer inneren Haltung anvertraut. Sie geben freiwillig die Erlaubnis, sie zu führen.

Die ideale Haltung des Managers ist offen, neugierig, respektvoll und schenkt den Mitarbeitern Vertrauen. Mitarbeiter wollen ihrem Management vertrauen und erwarten, dass man ihnen vertraut, wie es der Dalai Lama in seinem Buch »Führen, Gestalten, Bewegen« beschreibt. Ein Zitat daraus: »Führungspersönlichkeiten, die Vertrauen erwecken, müssen sorgfältig darauf achten, dass sie auch das richtige Vertrauen wachrufen. Sie sollten ehrlich sein und keinen blinden Glauben verlangen. (…) Vertrauen braucht Unterstützung, und diese Unterstützung kommt aus der Weisheit.«[48] Das ist die wichtigste Grundhaltung, um trotz hierarchischer Strukturen ein menschliches und mitarbeiterorientiertes Klima zu schaffen.

Für fast jede Führungskraft ist der Umgang mit Macht in Unternehmen eine der größten Herausforderungen. Ich glaube fest, dass jeder Mensch für sich selbst die Macht hat, das eigene Leben zu gestalten und für sich die Initiative zu ergreifen. Jeder trägt die Verantwortung für sein eigenes Handeln. Deswegen betrachte ich die mir anvertraute »Macht« als »geliehen«. Macht bedeutet für mich, dass mir die Möglichkeit des »Machens« im Unternehmen gegeben wurde.

Um diese Haltung einzunehmen, musste ich an mir selbst arbeiten. Bescheidenheit ist eine wichtige Eigenschaft. Die vielen Jahre als Führungskraft haben mir gezeigt, dass es unglaublich viele Talente in den Unternehmen gibt, die zum Vorschein kommen, wenn ihnen Freiraum und Anerkennung gegeben wird. Das hat mich immer inspiriert und neugierig gehalten. Und es hat mir die Demut gegeben, mich nicht über meine Mitarbeiter zu stellen.

Die entwickelte oder besser »bewusste« Führungskraft stellt das Team in den Vordergrund und nicht die eigene Person. Das Ich sollte so wenig wie möglich vorkommen, ganz wichtig ist es, das Wir zu leben. Wir wollen, wir können, wir denken, wir handeln – und nicht ich. Im schlimmsten Fall spricht man bei einem Erfolg von »Ich« und bei Misserfolgen von »Wir«.

Mit der richtigen Haltung und vor allen Dingen mit Achtsamkeit im Umgang miteinander kann man offen und empathisch auf die Menschen reagieren und allen Hierarchien zum Trotz –

auf Augenhöhe. Das ist die richtige Haltung als Führungskraft. Doch einfach ist das nicht, überall lauern Fallstricke und eigene Unzulänglichkeiten; man muss Ungeduld überwinden, viel Verständnis aufbringen und oftmals instinktive Vorurteile negieren, wie folgendes Beispiel zeigt:

Ich erinnere mich an mehrere denkwürdige Begegnungen mit einem Mitarbeiter, einem hochgebildeten und fachlich sehr beschlagenen Mann, der allerdings einen großen Fehler hatte: Er redete sehr viel und konnte partout nicht zuhören. Vermutlich redete er nur so viel, um Anerkennung zu bekommen. Er wollte mit allen Mitteln wahrgenommen werden, weil er nach seiner Vorstellung beim Zuhören nicht bemerkt wird. Die Folge war natürlich, dass er bei Meetings und Diskussionen allen anderen auf die Nerven ging. Die Kollegen rollten schon mit den Augen, wenn er anfing zu sprechen, weil sie wussten: Der hört so schnell nicht mehr auf. Aber niemand sagte etwas.

Wie gehe ich nun als Vorgesetzter damit um, vor allem mit der Prämisse, menschlich zu führen? Ich muss das betonen, denn in der alten Schule ist die Lösung sehr einfach – der Boss sagt zu dem Mann: »Krieg das in den Griff, oder wir haben ein Problem!« Aber so geht es nicht. Der erste Schritt muss also Selbstreflexion sein: Ich merke, dass der Mitarbeiter anfängt, auch mich mit seinen Dauerreden zu nerven. Eine verbale Missbilligung wäre so einfach und liegt mir eigentlich auch schon auf der Zunge, doch ich reagiere anders: Ich frage mich, was mich innerlich auf die Palme bringt. Und ich erkenne: Der Mann giert nach Wertschätzung und will gelobt werden, aber niemand tut das und gibt ihm diese Wertschätzung. Das führt bei ihm dazu, dass er sich noch mehr darum bemüht und noch mehr redet. Dann stelle ich mir die Frage: Wie kann ich als Führungskraft dazu beitragen, dass er besser gesehen und wahrgenommen wird?

Zunächst muss ich meine eigene Wertung dieses Menschen neutralisieren. Ich darf ihn nicht bewerten, ich muss ihn als Menschen sehen, der offensichtlich viele Verletzungen erlitten oder schlechte Erfahrungen gemacht hat. Ich darf lernen, sein Heischen nach Aufmerksamkeit nicht persönlich auf mich oder auf das Team zu beziehen. Und ich überlege mir: Was kann ich tun, damit ich wertfrei bin und ihm mit einer respektvollen Haltung begegne?

Die Drei-W-Rückmeldung

Auf Basis dieser Wertfreiheit gebe ich ihm Feedback, und zwar in Form der »drei W«:

- Das erste W steht für Wertschätzung: Hierbei gilt es, ehrlich und authentisch zu sein und mehrere konkrete Eigenschaften oder Handlungen zu benennen, die ich tatsächlich schätze.
- Das zweite W steht für Wachstumskritik, ausschließlich gegeben aus meiner persönlichen Sicht: »Ich empfinde Sie als sehr dominant beim Reden, Sie haben in meiner Wahrnehmung einen zu hohen Redeanteil bei unseren Teammeetings und ich stelle fest, dass Ihr Verhalten Widerstand in mir provoziert oder ein ungutes Gefühl hinterlässt.«
- Das dritte steht W für Wunsch: Ich äußere einen Wunsch bezüglich seiner Verhaltensänderung, und ich biete Unterstützung an, indem ich frage: »Wie kann ich Sie unterstützen oder was kann ich dazu beitragen, damit es Ihnen leichter fällt zuzuhören? Was fehlt Ihnen, damit Sie besser zuhören können? Woran können wir feststellen, dass es Ihnen leichter fällt, besser zuzuhören? Und was können wir tun, damit Sie sich beachtet fühlen?«

Natürlich gäbe es noch weitere Dialoge – wichtig ist mir hier der beispielhafte Umgang mit einer wertschätzenden Rückmeldung aus der Ich-Perspektive. Diese Art der Rückmeldung unterstützt den vertrauensvollen Umgang miteinander.

In diesem konkreten Fall wünschte sich der Mitarbeiter explizit, von mir mehr gelobt zu werden – er wollte an konkreten Beispielen gemessen werden. Also fing ich damit an, ihn situativ zu loben – aber auch nur, wenn es angebracht war, wenn sich seine Leistung wirklich von anderen abhob oder besonders gut war. Ich lobte ihn, schenkte ihm mehr Aufmerksamkeit, befriedigte seinen Appetit nach mehr Anerkennung – und wartete darauf, wie er reagieren würde, ob das bei ihm ankam. Ich reflektierte seine Reaktionen und sagte ihm: »Das hat mir gefallen, ich habe festgestellt, dass Sie in diesem und jenem Punkt auf die Äußerungen und Meinungen der anderen gehört haben und das in Ihrer Antwort darauf auch berücksichtigt haben.«

Ich spürte, wie gut ihm diese situative Anerkennung tat. Mit der Zeit redete er in der Tat weniger, er besprach sich öfter mit Kollegen, was vorher kaum der Fall gewesen war. Schließlich kam er zu mir und wollte von sich aus ein Einzelgespräch. Er sagte mir, dass er sich über das Lob gefreut habe, weil es nicht oberflächlich war, sondern ins Detail ging. Das habe ihm gezeigt, dass ich seine Arbeit und Haltung ernst nehme und ihn somit als Mitarbeiter schätze.

Ein Lob kann auch verletzen

Damit hatte der Mitarbeiter einen wesentlichen Punkt angesprochen: Ein Lob kann auch kränkend sein. Wenn es gönnerhaft von oben herab kommt, ohne dass man die betroffene Person überhaupt wirklich wahrnimmt, ohne dass man sich mit ihr richtig abgibt. Eines der schlimmsten Beispiele ist der Allgemeinplatz: »Du machst einen guten Job.« Das ist so wenig speziell, so oberflächlich, dass jeder weiß: »Wer das sagt, hat sich nicht mit mir beschäftigt, der kennt mich nicht einmal oder will mich auch gar nicht kennen. Der nimmt mich nicht ernst. Für den bin ich nichts, ich bin es ihm nicht wert, meine Arbeit im Detail zu sehen und zu analysieren.« So ein Lob kann mehr verletzten als eine harte, aber konstruktive Kritik oder eine Rückmeldung nach dem Prinzip der »drei W« – Wertschätzung, Wachstumskritik und Wunsch zur Veränderung.

Eine wertschätzende Haltung bedeutet: Die Arbeit der Mitarbeiter möglichst präzise zu spiegeln und auf aktuelle Beispiele zu beziehen, etwa so: »Du hast die Aufgabe mit dem Kunden A hervorragend gelöst, nehmen wir beispielsweise den Vertragspunkt XY, wo du A entgegengekommen bist. Da konnten wir als Unternehmen bei der Kundenzufriedenheit gut punkten. Auf diese Idee wäre ich nicht gekommen.« Das verstehe ich unter Augenhöhe!

Damit das Feedback wirklich eine Verhaltensänderung herbeiführt und nicht als vorgefertigte Meinung und Alibigespräch angenommen wird, sondern als echter Austausch, muss ich mit meiner Einstellung, Position und Haltung zu diesem Mitarbeiter ausgeglichen und neutral sein. Es geht nicht um mich. Bin ich bereit, eine wertfreie Haltung zu diesem Menschen zu haben? Wenn das bei meinem Gegenüber nicht ankommt, dann ist es sinnlos oder sogar schädlich.

Der Mitarbeiter spürt innerlich, wenn ich nicht meine, was ich sage. Und er merkt eben auch, wenn es ehrlich gemeint ist. Wenn ich also Feedback-Methoden wie die »Drei-W«-Methode mit der Haltung einsetze, dass ich ohnehin »das Sagen« habe, dann ist diese Rückmeldung kontraproduktiv – es ändert sich nichts. Der Mitarbeiter oder Kollege ändert sein Verhalten nicht, und das kann auch Einfluss auf das Verhalten der Gruppe haben.

Ein Hochleistungsteam lernt sich durch Feedback mit Wertschätzung, Wachstumskritik und Wunsch der Veränderung zu kalibrieren.

Feedback-Geben muss also gelernt werden

Auch das Feedback-Geben ist ein Lernprozess, egal, in welche Richtung: ob man nun dem Mitarbeiter eine Rückmeldung zu seiner Arbeit geben möchte oder als Angestellter seinem Vorgesetzten zu den eigenen Bedürfnissen oder zum Führungsstil. Wenn man nicht die richtige Einstellung hat, den Menschen nicht wirklich wertschätzt oder sich nicht wirklich auf sein Handeln einschwingt – sollte man sich erst besinnen: »Dieses und jenes Verhalten löst dieses und jenes bei mir aus.« Wenn wir also nicht in der Lage sind, uns selbst zu regulieren oder empathisch zu reagieren, sollten wir mindestens versuchen, eine Haltung zu finden, die sich innerlich und äußerlich positiv auswirkt. Neugier, Interesse und innere Offenheit, Geduld und die innere Bereitschaft, den anderen ernst zu nehmen – das sind schon einmal gute Startbedingungen für eine positive Grundstimmung.

Wie kann man diese Art von Einstimmung auf einen anderen Menschen bei kontinuierlicher Zeitknappheit realisieren? Entscheidend ist, dass es einem wichtig genug ist. Mir ist es wichtig und ich versuche daher, vor einem Meeting mit Kunden, Mitarbeitern und Partnern einen Augenblick der Besinnung und Einstimmung auf die Gesprächsrunde zu haben. Das ist nicht immer einfach, weil mein Terminkalender meist sehr voll ist; notfalls nutze ich den Weg zum Besprechungsraum, um mich zumindest kurz zu besinnen.

Die Körperhaltung verrät (fast) alles

Die innere Haltung bedingt und steuert auch die körperliche, die nonverbale Haltung: unsere Körpersprache, die so viel verrät, selbst wenn noch kein Wort gesprochen ist. In ihr äußern sich Macht und Ohnmacht, Interesse und Desinteresse, Dominanz und Unterwürfigkeit, Überheblichkeit und Aufgeschlossenheit, Sympathie und Antipathie. Alles hat mit ungefilterten Gefühlen zu tun, auf die der Körper reagiert – und diese Reflexion der Umgebung auf seine Weise mitteilt.

Es ist sehr schwer und bedarf eines speziellen Trainings, die eigene Körpersprache unter Kontrolle zu halten. Ein Gesichtsausdruck, eine Augenstellung, eine Körperhaltung, eine Geste – das alles kann abwertend und zustimmend wirken, ermunternd oder resignierend. Es ist wesentlich leichter, die Körpersprache der anderen – und damit ihre wahren Absichten – zu verstehen, als die eigene unter Kontrolle zu halten.

Rupert Lay gibt in seinem Buch »Dialektik für Manager« detaillierte Abweisungen für die richtige Gestik beim Sprechen:

- Studieren Sie keine Gesten ein, das können nur Schauspieler. Bei anderen wirkt es einfach nur gekünstelt und lächerlich.
- Sprechen Sie voller Lebendigkeit und leidenschaftlich und erlauben Sie sich Gesten, die Sie auch bei Freunden zulassen würden.
- Ihre Hände sollten sichtbar sein: auf keinen Fall auf den Rücken legen oder in die Hosen- oder Jackentaschen stecken.
- Verschränkte Arme signalisieren Distanz.
- Mit dem Zeigefinger auf Ihre Gesprächspartner zu zeigen wirkt aggressiv.
- Gefaltete Hände wirken verkrampft.[49]

Es gibt eine ganze Reihe von Körpersignalen, mit denen Führungskräfte ihre Macht zeigen, obwohl sie etwas ganz anderes sagen. Die Psychologin Bärbel Schwertfeger hat in ihrem Buch »Die Körpersprache der Bosse« typische Gesten und ihre Zuordnung beschrieben. Hier eine kleine Auswahl:

- **Autorität:** Die simpelste und auch berüchtigtste ist die Aufsehergestik, bei der man beide Hände in die Hüften stemmt, die Ellbogen ragen steil nach außen. Soll heißen: Mich kann keiner!
- **Die kaum anfechtbare Position:** Der Gesprächspartner lehnt im Stuhl oder Sessel weit nach hinten und verschränkt beide Hände hinter dem Kopf, seine Ellbogen zeigen nach außen. Er gibt sich entspannt und signalisiert gleichzeitig Überlegenheit.
- **Der Angriff:** Das deutlichste Signal ist der wie ein Speer ausgestreckte Zeigefinger. Widerspruch wird nicht geduldet! Das aggressivste Zeichen ist die geballte Faust, die allerdings zwei Deutungen zulässt: Hier will jemand mit allen Mitteln um seine Argumente kämpfen. Oder sie signalisiert einen Ausdruck höchster Konzentration.
- **Die Bedrohung:** Die aneinandergelegten Fingerspitzen beider Hände sind wie ein Keil (oder eine Pyramide) nach vorne gerichtet. So werden oft Argumente abgewiesen oder verbale Angriffe eingeleitet. Ein interessanter Aspekt: Je höher der Betreffende sich selbst einstuft, umso höher hält er bei dieser Geste seine Hände. Sie können sogar in Augenhöhe einen Keil bilden, durch den der Angreifer sein Opfer wie durch ein Visier anpeilt.
- **Gespräch steuern:** Der Boss unterbricht seinen Mitarbeiter wortlos, indem er einen knappen waagrechten Strich mit der Handkante beschreibt. Eine offene Bewegung nach vor-

ne, bei der die Handfläche zu sehen ist, teilt dem Mitarbeiter mit, dass er fortfahren darf.
- **Beschwichtigung oder Beruhigung:** Der Redner drückt beide Hände mehrmals nach unten. Er will ein Gegengewicht herstellen und entweder Beifall oder Unmut dämpfen.
- **Anerkennung:** Klopft der Chef dem Mitarbeiter von der Seite her sanft gegen die Schulter, so ist das ehrlich gemeint. Vorsicht, wenn die Bewegung von oben nach unten kommt: In fast allen diesen Handbewegungen spiegelt sich Dominanz wider.[50]

Der Schweizer Bewegungsforscher Christian Larsen sieht das Geheimnis einer positiven Ausstrahlung, also einer positiven inneren und äußeren Haltung, in der Offenheit und Anziehung. In einem Interview mit der Frauenzeitschrift *Brigitte Woman* sagte er: »Beides hat mit der eigenen Persönlichkeit zu tun, drückt sich aber auch in der Körperhaltung aus. Wer mit vorgeschobenem Kopf und Rücken dasteht, wirkt nicht im gleichen Maße ehrlich wie jemand mit aufgerichteter Haltung und offenem Blick (…) Die persönliche Körperhaltung ist die Summe aller körperlichen wie seelischen Belastungen, Erfahrungen, Herausforderungen, Enttäuschungen und Verletzungen, die wir erfahren haben. Die innere Haltung wirkt nach außen und umgekehrt.«[51]

Für die Gesamthaltung einer modernen Führungskraft heißt das:

- Bescheiden sein – es geht um das Wir.
- Mitarbeiter wollen ihrem Management vertrauen und erwarten, dass man ihnen vertraut.
- Geduldig sein im Umgang mit den Mitarbeitern.

- »Mit« den Menschen arbeiten – nicht »über« ihnen oder gar gegen sie.
- Manager brauchen emotionale Ausgeglichenheit, sie ist eine wichtige Voraussetzung, um Mitarbeitern vorurteilsfrei und friedvoll zu begegnen.
- Ein guter Manager hat eine Vision und das Ziel, die Menschen um sich herum zu motivieren, zu ermutigen und zu inspirieren.

Letztendlich geht es nur um das eine: den Menschen mit Zuneigung liebevoll begegnen. Das bedingt eine permanente Reflexion des eigenen Verhaltens und der Bewusstheit über die eigenen Emotionen. Diese Haltung gilt es zu zeigen – und zu (be-) wahren!

KAPITEL 9

Die Kultur des Zuhörens

Eine elementare Komponente eines offenen und menschlichen Führungsstils

»Das größte Geschenk, das ich von jemandem empfangen kann, ist, gesehen, gehört, verstanden und berührt zu werden. Das größte Geschenk, das ich geben kann, ist, den anderen zu sehen, zu verstehen und zu berühren. Wenn dies geschieht, entsteht Beziehung!«[52] Mit diesem schönen Zitat der amerikanischen Familientherapeutin Virginia Satir möchte ich auf dieses Thema einstimmen.

Menschen verlangen keine Gefälligkeiten, sondern Fairness. Sie möchten, dass man sie anhört und ihnen zuhört.

Doch kennen Sie das Gefühl, einer Quasselstrippe zuzuhören? Diese Menschen lösen bei mir die Angst vor einem Endlos-Monolog aus. Jeder hat wohl schon die Erfahrung von belanglosen oder leerlaufenden Gesprächen gemacht. Sie verlieren ihre Lebendigkeit, wenn wir die Verbindung zu den Gefühlsregungen oder den Bedürfnissen verlieren. Mir ist aufgefallen, dass das passiert, wenn Menschen reden, ohne sich selbst bewusst zu werden, was sie fühlen, brauchen oder erreichen wollen. Anstatt sich auszutauschen, mutieren sie und ihre Zuhörer zu Abladeplätzen von Worten.

Nur: Wie und wann unterbricht man ein totgelaufenes Gespräch oder den Endlos-Monolog? Ich schlage vor, dass die beste Zeit für eine Unterbrechung gekommen ist, wenn man einfach ein Wort mehr gehört hat, als man hören will. Je länger man wartet, desto schwerer wird es, freundlich zu bleiben. Wichtig ist, nicht mit der Absicht zu unterbrechen, selbst endlich wieder zu Wort zu kommen, sondern mit dem Sprechenden in Kontakt zu kommen. Es geht nicht darum, Ihr Gegenüber zum Zuhören zu bringen oder andere zu Wort kommen zu lassen, sondern darum, mit Einfühlungsvermögen auf ihn einzugehen oder den Wunsch nach mehr Verbindung offen auszusprechen.

Wenn Sie mehr sagen, als jemand hören möchte, ist es Ihnen dann lieber, dass Sie unterbrochen werden oder dass die Person vorgibt, geduldig zuzuhören? Die meisten Menschen wollen lieber unterbrochen werden. Ich habe das des Öfteren getestet und kann bestätigen, dass sich die Menschen nach echtem Austausch sehnen. Der vermeintlich geduldige Zuhörer, der aber nicht mit allen Sinnen beim Gespräch ist, löst beim Redner in der Regel eher Misstrauen aus, und am Ende langweilen sich beide Gesprächspartner. Der weitere Verlauf des Gesprächs kann also keine Bereicherung oder effektiven Ergebnisse mehr für die Kommunikationspartner bringen.

In meinem beruflichen Alltag stelle ich häufig fest, dass Menschen versuchen, sich mit Fragen zu beschäftigen, die sie gar nicht interessieren. Sie trauen sich nicht, die wirklich echten Fragen zu stellen. Wenn ich auf diese nicht ehrlich gemeinten Fragen dann antworte, bemerke ich Leerlauf in den Gesprächen und dass ich mir einen anderen Gesprächspartner wünsche. Ich mag Gespräche nicht nur aus Höflichkeit fortsetzen, bis man sich genügend mit Belanglosigkeiten abgegeben hat und einer der Gesprächspartner sich traut, das Gespräch zu unterbrechen oder sich einfach zu verabschieden.

Im beruflichen Kontext gibt es viele dieser belanglosen Small-Talk-Kontakte, die man aus Höflichkeit, Status- oder Hierarchie-Denken erledigt. Die schlimmsten Veranstaltungen sind die, bei denen man sich höflich von Gesprächspartner zu Gesprächspartner zuprostet und man beobachten kann, wie sich alle scheinbar interessiert gegenseitig zuhören. Weil es dem Anstand und vor allen Dingen der Pflichterfüllung entspricht, sich zu unterhalten – und alle langweilen sich. Wie erfrischend ist es dann, wenn man auf die emotionale Ebene geht. Plötzlich werden die Gesichter lebendig, das Gespräch wird zum Austausch.

Besonders herausfordernd ist es, wenn sich auf einmal alle Gesprächsteilnehmer im Zuhören üben, sprich: wenn alle sich anschweigen. Diese Momente des Schweigens auszuhalten, fällt mir besonders schwer. Ich habe einmal in einer Sitzung meines Führungsteams davon gesprochen, dass ich mich trotz eines intensiven Austauschs auch einsam fühle. Daraufhin war ein großes Schweigen das Resultat. Der Moment, in dem ich meine Verletzbarkeit gezeigt hatte und mit Schweigen konfrontiert wurde, war anstrengend. Ich empfand es auch als sehr ungewöhnlich für das Team, dass keinerlei Rückmeldung kam. Als erste Reaktion habe ich versucht zu klären, was hinter dem Schweigen liegen könnte. Plötzlich brach einer meiner Manager das Schweigen und erzählte von einem für ihn kritischen Erlebnis und dass er so etwas manchmal auch schlecht aushalten kann. Das war einer der Momente, an die wir uns alle gut erinnern.

Einander wirklich zu verstehen ist unerlässlich für eine wahre geistige Befruchtung. Konfuzius sagte: »Wenn die Sprache nicht stimmt, so ist das, was gesagt wird, nicht das, was gemeint ist.«

Die Aufmerksamkeit anderer ist uns wichtig

»Ich bin ganz Ohr. Was ist schon Besonderes daran, wenn man gut zuhören kann?« Ich erlebe oft, dass Menschen, die gut zuhören können, es als selbstverständlich und als nichts Besonderes wahrnehmen. Das Gegenteil ist der Fall. Richtiges Zuhören ist der Schlüssel zu einer gelungenen Kommunikation. Wenn wir den anderen wirklich verstehen wollen und können, haben wir ein mächtiges, ja ein magisches Werkzeug in der Hand. Denn ob uns jemand zuhört und versteht, das können wir oft nicht beeinflussen. Aber ob wir ein aktiver einfühlsamer und wirklich interessierter Zuhörer sind, das steht in unserer Macht.

Wir müssen erst verstehen, um danach verstanden zu werden. Die Philosophin Delia Steinberg Guzmán sagte einmal: »Zuhören bedeutet, in die Bewegungen des Herzens und des Verstandes des anderen einzutreten. Mitzuschwingen mit ihm, mitzufühlen, ohne mitzuleiden. Ihn sein lassen können, wie er oder sie ist. Sich wirklich für sie zu interessieren, vorurteilslos.«[53] Das ist aus meiner Sicht die beste Beschreibung der Kunst des Zuhörens.

Bei der Kommunikation ist es wie bei der Liebe. Wenn wir uns mehr Liebe wünschen, dann meinen wir in Wahrheit oft, dass wir mehr geliebt werden wollen. Wenn wir uns nach einer besseren Kommunikation sehnen, dann denken wir insgeheim, dass wir besser verstanden werden wollen. Ist dies nicht eine passive, abhängige, ja fast konsumistische Haltung? Wir erwarten und erhoffen Zuwendung und Aufmerksamkeiten von den anderen, wollen also zuerst empfangen, bevor wir selbst geben. Ob unsere Mitmenschen uns das Ersehnte gewähren, liegt nicht in unserer Macht – sehr wohl aber, was wir selbst tun. Darauf haben wir wahrhaft Einfluss. Der Schlüssel zu einer wirkungsvollen Kommunikation liegt bei uns: indem wir erst einmal zuhören.

Kommunikation bedeutet Brücken zu bauen und Verbindungen zu schaffen. Es gibt viele Aspekte der Kommunikation und zahlreiche Regeln, Tipps und Techniken, die man beachten kann und sollte. Ich bin aber zutiefst überzeugt: All dies ist nur äußert begrenzt wirksam, wenn die innere Haltung und das eigene Menschenbild nicht stimmen. Und umgekehrt: Kennt jemand all diese Erklärungs- und Kommunikationsmodelle überhaupt nicht, hat aber die richtige Einstellung zum anderen, wird er eine befriedigende Kommunikation und ein gelungenes Zusammenleben erreichen.

Worin besteht nun diese kommunikationsfreundliche innere Haltung? Wir müssen den anderen liebevoll begegnen! Wenn wir unser Herz wahrhaft für andere öffnen, sie mit ihren Stärken und Fähigkeiten anerkennen und lieben, dann werden wir ein natürliches Bedürfnis nach Verständigung verspüren. Dann erleben wir in den Gesprächen ein Fließen zwischen zwei Menschen – den Flow vollkommener Verständigung.

Jetzt fragen Sie sich sicher, wie das Zuhören die Arbeitswelt verändern kann. Insbesondere, wenn es mit »Liebe« zu tun hat. Das sogenannte aktive Zuhören ist das wohl mächtigste Werkzeug für einen am Menschen ausgerichteten Führungsstil. Es ist die Basis für die Führung in der neuen Zeit. Für Berater und Coaches ist diese Methode unerlässlich, um zum wahren Anliegen eines Klienten zu gelangen. Für Führungskräfte ist es ein wichtiges Instrument, um mehr über den Menschen und die wirklichen Gründe für einen Konflikt, für eine Fehlleistung oder einfach nur für eine Arbeitssituation zu erfahren.

Schweigen ist Gold – vor allem beim Zuhören

Lesen, Schreiben, Sprechen und Zuhören – die vier Grundformen der Verständigung sind im digitalen Zeitalter, in der Welt der neuen Medien, derartig verfügbar und rund um die Uhr abrufbar, dass wir uns immer weniger Zeit für Kommunikation nehmen. Vor allem in Firmen entstehen viele Konflikte durch Nachlässigkeit und fehlende Reflexion beim Schreiben von Mails und in Gesprächen.

Kennen Sie auch das Gefühl, dass Sie nicht wahrgenommen werden oder sich ungesehen oder ungehört fühlen? Wie passiert das? Es ist eine Auswirkung unserer schnelllebigen Zeit. Jeder will etwas von einem, ständig muss man verfügbar sein und keiner hat mehr Zeit. Man nimmt sich häufig auch selbst nicht die Zeit, etwas zu hinterfragen. Denn zuhören ist nicht gleich zuhören.

Der Mensch hat nur einen Mund, aber zwei Ohren. Es ist wichtig, mit beiden Ohren zuzuhören – und nicht in Gedanken noch beim E-Mailen zu sein, wenn man gerade ein Mitarbeitergespräch führt. Das Sprichwort »Reden ist Silber, Schweigen ist Gold« schließt auch das Zuhören mit ein. Geduld ist wichtig und gefordert beim Zuhören, gerade wenn man es eilig hat. Viele Missverständnisse kommen nur durch Ungeduld auf, schnell muss noch geantwortet, gemailt und eine SMS gesendet werden – alles zwischendurch. Wo man doch eigentlich nur zuhören sollte und wollte.

Aktives Zuhören kommt an

Aktives Zuhören ist eine äußerst wichtige Führungsmethode, aber auch im Umgang unter Kollegen, um sich auf gegenseitiges Verstehen und Verstandenwerden zu programmieren. Aktives Zuhören bedeutet zunächst, das Gesagte zu wiederholen, am besten mit den Worten des Gegenübers, und dann als Rückfrage mit den eigenen Worten, wie man selbst es verstanden hat. Dies gilt der Absicherung, dass das, was der andere sagen wollte, wirklich angekommen ist. Wenn man ihn nicht ganz richtig verstanden hat, wird so lange an der sinngemäßen Wiedergabe des Gesagten gefeilt, bis der Sprechende sich wirklich verstanden fühlt. Das hat den Effekt, dass er sich auch ernst genommen fühlt – und dass der Gesprächspartner sich wirklich auf ihn einlässt.

Zudem gewinnt man so Zeit, die Antwort wirklich auf den anderen auszurichten. Häufig hat bereits dies den Effekt, dass sich die eigene Meinung leicht verändert – nämlich in Richtung des Gesprächspartners, also auf den anderen zu. So entsteht eine schnellere Einigung, die beide Seiten integriert. Das ist der erste Schritt im aktiven Zuhören.

Ungeübt und in Eile dauert dieser Prozess einige Zeit und erfordert vor allem den Willen, sich aufeinander einzustimmen. Wenn man das trainiert und sich dafür auch die nötige Zeit nimmt, erreicht man eine große Wirkung und Klarheit. Klarheit und Klärung sind in der Arbeitswelt extrem wichtig. Klare Anweisungen, Klärung von Zielen, Klarheit über Zukunftsperspektiven – all das ist in der täglichen Kommunikation im Beruf gefordert.

Gelungene Kommunikation funktioniert in dem Maße, in dem jeder Beteiligte bereit ist, an sich zu arbeiten. Kommunikation an sich und vor allen Dingen die Fähigkeit zuzuhören sind ein Spiegel des Lebens, der uns zum ständigen Lernen und zur Achtsamkeit auffordert. Die Fokussierung auf den Augenblick bietet den besten Nährboden für die Kultur des Zuhörens. Es geht immer um Konzentration auf das Jetzt, das ist die Achtsamkeit, auf die es ankommt.

»Die Ausstrahlung, die von einem ausgeht, ist wichtiger als alle Techniken«, sagt der Benediktinerpater Anselm Grün. Diese

Ausstrahlung erwächst aus der richtigen inneren Haltung – einer liebevollen Haltung den Menschen gegenüber. Das achtsame Hinhören »mit Kopf und Herz« ist die wichtigste Tätigkeit im Umgang mit Mitmenschen. Und es ist die beste Übung für die Liebe.

Zuhören ist also eine Kunst und angewendete Liebe zugleich. Im Management der neuen Zeit wird »aktives Zuhören« zum neuen Unternehmensstandard deklariert. Statt langer Firmenwerte-Skalen würde es schon reichen, alle Menschen für das aktive Horchen zu sensibilisieren. Das ist nachhaltig und legt für die Menschen – die Mitarbeiter – die Basis für eine am Menschen ausgerichtete Führungskultur.

KAPITEL 10

Die Nein-Kultur

Oder: Die Kunst des Widerspruchs

Zuhören heißt aber nicht, dass man auch bedingungslos zustimmen muss.

Manchmal gibt es gar keinen anderen Ausweg, wenn die Arbeit wie ein Tsunami über einem zusammenschlägt, man sich wie ein Marienkäfer fühlt, der auf dem Rücken liegt und mit den Beinen strampelt. Ein Zustand absoluter Hilflosigkeit. Was hilft? Ausrasten, den ganzen Krempel hinschmeißen? Das ist sicher keine Lösung, es würde mehr schaden als helfen. Also bleibt nur ein kleines, aber sehr wirkungsvolles Wort. Das Nein zur Mehr- oder Überbelastung, das Nein zur Überforderung und Maßlosigkeit, bisweilen auch das Nein zu sich selbst.

Doch auch das ist wieder alles andere als einfach. Beim Schreiben dieses Kapitels fühlte ich mich an eine Erzählung des amerikanischen Schriftstellers Herman Melville (1819–1891), dem Autor von »Moby Dick«, erinnert. In »Bartleby, der Schreiber« schildert er das Schicksal eines Angestellten einer Rechtsanwaltskanzlei in der Wall Street von New York, der sich beharrlich weigert, Bürotätigkeiten auszuüben. Wenn ihm sein Chef einen Auftrag erteilt, antwortet Bartleby mit stereotyper Höflichkeit: »I would prefer not to – ich möchte lieber nicht!« Sein Boss, der Rechtsanwalt, ist fasziniert von diesem Sonderling, der freud- und anspruchslos in seinem Büro sitzt und sich verweigert. Natürlich geht die Geschichte böse aus. Erst resigniert der Chef vor seinem Angestellten und zieht aus, dann lassen die Nachmieter Bartleby von der Polizei abholen und ins Gefängnis bringen, wo er jegliche Kommunikation und dann auch die Nahrung verweigert – mit dem Argument »Ich möchte lieber nicht«. Verzweifelt und vergeblich versucht der Anwalt, Bartleby zu überreden, sein Nein aufzugeben. Schließlich stirbt der Schreiber an seiner Verweigerung.

Dieses literarische Stück versinnbildlicht die gesellschaftliche Haltung zum Nein. Es ist negativ belegt, verpönt, erschreckt die Menschen, macht sie unsicher. Manchmal kann es auch richtig gefährlich sein. Das Nein – ein Unwort? Ich glaube, dass es, zum richtigen Zeitpunkt angewendet, das Leben in der Arbeitswelt entscheidend erleichtern kann. Man muss nur wissen, wann und wie man es sagt.

Das warme Bett der Ja-Kultur

Im Prinzip leben wir in einer Ja-Kultur. Das Ja gilt als optimistisch, freundlich, engagiert, warmherzig. Es ist, wie das Wort schon sagt, lebensbejahend und ein Ausdruck der Hoffnung. Ein Ja war das Programm des US-Präsidenten Barack Obama, mit dem Slogan »Yes, we can« wurde er auf einer Welle der Begeisterung an die Macht getragen.

Dagegen hört sich ein Nein schroff, hart und egoistisch an. Dennoch gibt es einige wenige Länder mit einer gewissen Nein-Kultur, in denen es traditionell akzeptiert wird, wie etwa Deutschland oder die osteuropäischen Staaten. In Südeuropa hingegen und in den angelsächsischen Ländern sowie in Asien brüskiert ein Nein die Gesprächspartner. Es gilt als unhöflich, barsch, verletzend. Es stellt infrage, provoziert das Gegenüber, lehnt ab – ein Affront, den viele als beleidigend befinden. Westliche Diplomaten und Wirtschaftskräfte lernen deshalb in Seminaren beispielsweise, wie man in Japan ein Nein ausdrückt, ohne dieses Unwort auszusprechen.

Und doch ist es in privaten wie beruflichen Bereichen immer wieder wichtig, auf Wünsche und Forderungen mit einer Absage zu reagieren, sei das nun objektiv betrachtet berechtigt oder unberechtigt. Das können einige Menschen ganz gut, die meisten jedoch nicht, und Letztere haben damit große Schwierigkeiten innerhalb ihrer Familie, im Freundeskreis und in der Arbeitswelt. Die meisten potenziellen Neinsager empfinden Scheu, Unbehagen, Gewissensnot, ja sogar Angst vor ihrer eigenen abschlägigen Antwort, denn ein Nein signalisiert eine Gegenhaltung, mit der man die Pläne oder Vorhaben des Gesprächspartners nicht unterstützt. Man fürchtet, den anderen zu enttäuschen, zu verärgern oder zu verletzen und hat ein schlechtes Gewissen oder auch Schuldgefühle, die häufig zur Vermeidung des Neins führen, obwohl diese Haltung bei dem Betroffenen zu unzumutbaren Unannehmlichkeiten führt. Das heißt: Mit der Ablehnung des Neins verschlimmert er oder sie die eigene Situation, den eigenen Leidensdruck.

Ein Nein erfordert Mut

Die erste Voraussetzung für ein konstruktives Nein: Man braucht Mut! Der Münchner Tenor Jonas Kaufmann schilderte in einem Interview mit der *Welt am Sonntag*, wie und warum er seine künstlerische Karriere mit kleinen, wohlkalkulierten Schritten und nicht mit einem großen, spektakulären Paukenschlag begann. »Ich habe sehr lange und sehr oft Nein gesagt. Erstens ist es das wichtigste Wort für eine Karriere. Und zweitens wollte ich eine solide, ausgereifte Basis. Irgendwie wusste ich: Das kann noch warten. Und jetzt zahlt sich das aus.«[54]

Nur die wenigsten haben den Mut für dieses Nein. Dass so die eigenen Wünsche und Bedürfnisse auf der Strecke bleiben, ist also kein Wunder und führt zu Unzufriedenheit und Frustration.

In einer Arbeitswelt der permanenten Überlastung können wir ohne das Nein nicht mehr leben. Dabei sind zwei Ebenen zu beachten:

1. Die Unternehmen, die nach immer mehr Umsatz, anderen Reichweiten und ständiger Vergrößerung streben, geraten in Gefahr, den Überblick zu verlieren. Immer kommt etwas Neues dazu; eine »Speckschicht« überdeckt die nächste. Am Ende ist die Unbeweglichkeit nicht mehr zu übersehen. Dann muss man sich auch einmal gegen etwas entscheiden, gegen ein Wachstum, das nicht gesund ist und nur zu einer gefährlichen Aufblähung beiträgt.
2. Die Mitarbeiter, von denen immer mehr verlangt wird und die von einer Höchstleistung zu nächsten getrieben werden, müssen sich fragen: Wie bringe ich den Mut für ein Nein auf? Und wie sage ich es den anderen?

Wenn die Überforderung in diesen beiden Ebenen zusammentrifft, ist natürlich Chaos angesagt.

Wer intelligent Nein sagt, muss klug fragen

Ich kenne genügend Beispiele, in denen sich überlastete Mitarbeiter fragen: Wie schaffe ich das in dieser Zeit? Die Folge ist Stress und Angst, woraus mangelnde Konzentration resultiert –

so können wir unser volles Leistungsprogramm nicht mehr abrufen. Das Leistungsniveau ständig bis an den Rand der Erschöpfung zu pushen, das hat mit souveräner Führungsarbeit nichts zu tun. Eigentlich ist es die Aufgabe eines Vorgesetzten zu sehen, was er seinen Mitarbeitern zumutet. Wer das nicht kann, wird über kurz oder lang ein Problem mit einem unmotivierten Team bekommen.

Ein Nein erfordert wie erwähnt sehr viel mehr an innerer Kraft als ein Ja, das man oft aus Bequemlichkeit oder falscher Rücksichtnahme sagt. Es gilt, die Autoritätsspirale zu durchbrechen. Denn dieses Ja könnte auf Dauer zum Bumerang werden. Burn-Out ist nicht zuletzt eine Konsequenz aus permanenter Bejahung. Mitarbeiter, die mit Entscheidungen von Vorgesetzten nicht einverstanden sind, sollten sich fragen: Welche persönlichen Konsequenzen hat es für mich, jetzt Nein zu sagen? Ist das schon Arbeitsverweigerung oder ein Diskussionsbeitrag? Wie reagiert der Boss darauf?

Zunächst ist das direkte und kategorische Nein ohne Begründung und geht auch heute gar nicht. Vielmehr empfehle ich in solchen Fällen, die Entscheidungen oder Aufgabenstellungen intelligent zu hinterfragen. Etwa so:

- »An was genau haben Sie bei der Vorgabe gedacht?«
- »Was brauchen Sie dafür konkret?«
- »Bis wann brauchen Sie das?«
- »Welches Ziel verfolgen Sie mit dieser Anweisung? Was wollen wir konkret damit erreichen?«
- »Reicht es Ihnen vorerst, wenn ich die von Ihnen verlangte Arbeit aus den und den Gründen in verschiedenen Abschnitten erledige?«
- »Ich habe zeitgleich noch eine andere Aufgabe zu erledigen. Welche hat für Sie Vorrang?«

Das Wichtigste ist, folgende Fragen zu klären:

1. Wie kann ich ein Nein ohne persönliche Konsequenzen für mich artikulieren?
2. Wozu genau sage ich Nein?
3. Kann ich die Aufgabe, über die ich sprechen möchte, im Detail erläutern?

Die meisten Mitarbeiter trauen sich nicht, mit Vorgesetzten über deren Entscheidungen oder Anweisungen zu reden, was jedoch bei Arbeitsüberlastung wichtig ist. Ich selbst praktiziere diese Kultur des konstruktiven Nein-Sagens und kann verraten, dass sie fast immer funktioniert. Es entsteht ein Dialog zwischen Mitarbeiter und Führungskraft. Möglicherweise ist der Manager zunächst etwas verstimmt oder irritiert, doch durch diese klärenden Fragen ergibt sich ein guter Austausch. Durch den Dialog verfestigt sich beim Chef meist der Eindruck, mit einem aufmerksamen und engagierten Menschen zu sprechen.

Ein schroffes Nein ohne Begründung produziert Abwehrverhalten, die konstruktiven Fragen beim wohlüberlegten Nein signalisieren dagegen Interesse. Es muss also gelernt werden, elegant und intelligent Nein zu sagen, wenn es erforderlich ist. Man kann damit durchaus beeindrucken.

Ein kluges und angebrachtes Nein akzeptieren

Andererseits muss man sich als Manager schon vor der Aufgabenverteilung fragen, wie sinnvoll und wichtig die Aufträge sind. Ich priorisiere die meisten Aufgaben nach folgenden Fragen:

1. Was bringt die Arbeit für den Kunden?
2. Was bringt es dem Unternehmen?
3. Was bringt es den Mitarbeitern?

Wenn durch eine Aufgabe nicht eine der drei Fragen in positiver Weise beantwortet werden kann, dann ist diese Aufgabe für mich nicht so wichtig und schon gar nicht dringend.

Eine funktionierende Nein-Kultur setzt auch die Fähigkeit voraus, sich selbst mit vielen Fragen konfrontieren zu wollen und auch einmal seinen Standpunkt zu hinterfragen. Lösungsorientierte Fragen unterstützen einen demokratischen Führungsstil, bei dem Themen diskutiert und die Mitarbeiter aktiv in Entscheidungen einbezogen werden können. Sie sitzen mit im Boot und erleben Eigenverantwortung. Diese Form der Mitbestimmung fördert das Vertrauen untereinander – zugunsten eines hohen Motivationslevels.

Das heißt aber auch, dass man als Führungskraft selbst mit einem Nein rechnen muss. Man darf dann solche Entscheidungen, an denen das Team beteiligt war, nicht mehr kippen, auch wenn man selbst vielleicht hier und dort anderer Meinung ist.

Bitten kontra Forderungen

Bitten werden als Forderungen aufgefasst, wenn der andere davon ausgeht, beschuldigt oder gar bestraft zu werden, wenn er nicht zustimmt. Auf eine Forderung gibt es nur zwei Handlungsoptionen als Reaktion: Unterwerfung oder Rebellion. Bei einer echten Bitte sieht das anders aus, sie eröffnet konkrete Optionen.

Es kann anspruchsvoll sein, klare Bitten zu formulieren. Denken Sie immer daran, wie schwierig es ist, auf unsere Bitten zu reagieren, wenn wir selbst noch nicht einmal genau wissen, was wir wollen. Was also genau sollen andere Menschen tun, damit

Sie sich besser fühlen? Oder denken Sie an Chefs, die dazu neigen, Bitten als Forderungen zu formulieren und sich dann wundern, warum die Arbeiten teilweise sabotiert werden. Auch Mitarbeiter fragen sich oft, warum ihre Bitten nicht erhört werden – die sie zu vage oder unverständlich gestellt haben. Es ist also immer hilfreich, bei der Formulierung einer Bitte sein Gegenüber mit einzubeziehen: Wie kann er oder sie diese Bitte verstehen? Klingt sie mehr wie ein Befehlt? Wird meine Absicht, mein Bedürfnis deutlich? Nur eine Kommunikation, die auch die Reaktion des Empfängers berücksichtigt, kann erfolgreich sein.

Bei schwierigen Interaktionen hilft Einfühlungsvermögen

Handlungsalternativen vorzubereiten – das ist das große Ziel bei schwierigen Dialogen. Vor allen Dingen dann, wenn konkrete Aufgaben erledigt werden müssen, hilft es schon, wenn man das vom Mitarbeiter Vorgetragene wiederholt, hinterfragt und mit eigenen Worten zusammenfasst. Formulierungen wie »Ich verstehe jetzt besser, dass Sie …« oder: »Okay, Sie sind also der Auffassung, dass wir zunächst klären sollten, ob …« sind Beispiele, wie man das vom Mitarbeiter vorgetragene Nein noch einmal zusammenfassen kann. Der Mitarbeiter fühlt sich dann gehört und wird sicherlich eher bereit sein, auch die Argumente und Sichtweisen des Vorgesetzten zu hören. Die Chance auf einen echten Dialog ist nun gegeben; es kann auf jeden Fall mehr Kontext vermittelt werden. Gerade die Vermittlung der Hintergründe und des größeren Rahmens hilft, die Mitarbeiter stärker in das Unternehmensgeschehen einzubinden.

Auch wenn ich gelegentlich mit der vermeintlichen Widerspruchshaltung eines Mitarbeiters hadere, hilft sie mir, mich erst einmal selbst zu regulieren. Ich versuche, neugierig und offen zu bleiben, bin interessiert und halte mich innerlich bereit, die Aussagen des anderen ernst zu nehmen. All dies kann sich schon positiv auf die möglichen negativen Gefühle des Mitarbeiters auswirken. Es besteht ja schließlich immer auch die Möglichkeit, dass sich neue Erkenntnisse aus diesem Gespräch entwickeln.

Deswegen plädiere ich für eine konstruktive Nein-Kultur. Ein Nein ermöglicht auch mir, immer wieder nachzudenken und andere Aspekte in meine Überlegungen mit einzubeziehen.

Das Nein – und die Frauen

Können Frauen leichter mit einem Nein umgehen als Männer? Ich habe oft miterlebt, dass Frauen im Berufsumfeld versuchen, das Nein zu verstehen und eine Erklärung zu finden. Männer hingegen reagieren im ersten Moment eher irritiert oder auch ärgerlich. Aber auch Männer akzeptieren ein Nein, wenn es in den entsprechenden Gesamtzusammenhang gebracht wird. Wichtig bei Frauen und bei Männern ist gleichermaßen, dass das Nein nicht als hartes, vielleicht sogar willkürliches Nein kommuniziert wird, sondern es innerhalb des Kontextes erklärt wird.

Vier Fragen zur Krisenbewältigung

In meiner beruflichen Praxis gab es einige Situationen, die sehr kritisch für das Unternehmen waren. In Krisen lernt man, mit hohem Druck oder Stress umzugehen. Gerade wenn man sich wehren möchte und Nein sagen möchte, fühlt sich der Druck am größten an. Einfach nur auszuhalten funktioniert zumeist aber leider nicht. Man muss sich dieser Krise stellen.

Eine Krise hat zunächst mit Kontrollverlust zu tun. Deshalb empfiehlt es sich zu fragen, was Sie genau jetzt an dieser Situation verbessern können, statt nur die Ursachen der Krise zu erklären.

Wie können Sie diese krisenhafte Situation beeinflussen?

Können Sie der Versuchung widerstehen, die Gründe für die Probleme bei anderen Menschen zu suchen und sich stattdessen ausschließlich auf die positiven Auswirkungen konzentrieren, die Ihr Handeln auf die aktuelle Krisensituation haben könnte?

Wie ist die Trageweite dieser Krise? Gehen Sie davon aus, dass die Krise eine ganz bestimmte Ursache hat, die man in den Griff bekommen kann, oder machen Sie sich Sorgen, dass sie Ihr ganzes Leben überschatten könnte?

Und wie lange werden die Krise und die Nachwirkungen Ihrer Meinung nach andauern?

Wenn Sie sich mit den ersten beiden Fragen auseinandersetzen, erkennen Sie, wie Ihre persönliche Reaktion in dieser Situation sein könnte. Und die beiden letzten Fragen zeigen Ihnen auf, wie Sie selbst die Tragweite der Krise einschätzen.

In jedem Fall helfen diese Fragen nicht nur bei großen Krisen, sondern auch bei einer kurzfristigen persönlichen Verstimmung. Es sind wichtige Fragen, die auch gerade in Eskalationen oder wenn man widersprechen möchte sehr hilfreich sind, um sich persönlich zu reflektieren.

KAPITEL 11

Die Frauen, der Fleiß und die Vereinbarkeit von Beruf und Familie

Wie kann man die Doppelbelastung erträglicher gestalten?

Nicht alle Entscheidungen im Leben kann man durch ein klares Ja oder ein klares Nein regeln. Manchmal sind Kompromisse erforderlich, die man sorgfältig abwägen muss. In unserer Gesellschaft, insbesondere im deutschsprachigen Raum, ist die Antwort auf die Frage »Familie oder Beruf?« das Zünglein an der Waage für die meisten Management-Karrieren von Frauen. Es ist statistisch nachgewiesen, dass die Karriere meist einen Knick bekommt, sobald Frauen sich für Kinder entscheiden. Die Vereinbarkeit von Beruf und Familie stellt für die meisten Frauen und Paare eine derart große Belastung und Herausforderung dar, dass sich ein Elternteil meistens für Teilzeit oder eine reduzierte Stundenzahl entscheidet. Finanzielle Einbußen und verlangsamte Karriereschritte sind die Folge. Also doch ein hoher Preis, wenn man beides vereinen möchte, oder?

Da ich selbst keine Kinder habe, aber um die immense Bedeutung dieser Frage weiß, habe ich Swantje Benussi gebeten, ihren Alltag und ihre ganz persönliche Sicht zu schildern.

Nach 20 Jahren eigener Unternehmensleitung und Führungserfahrung sowie Begleitung von Führungs- und Veränderungsthemen in Unternehmen fokussiert sich Swantje Benussi in ihrer Arbeit auf Führungsthemen, Teambuilding-Prozesse, Konfliktmanagement und Persönlichkeitsentwicklung. Dank ihres betriebswirtschaftlichem Studiums, ihrer persönlichen Führungserfahrung und ihrer tiefenpsychologischen Ausbildung kann sie im Coaching alle drei Aspekte vereinen und die Themen ganzheitlich angehen. Sie hat drei Kinder und coacht viele Frauen zum Thema Integration von Karriere und Familie:

Es gilt überwiegend als normal, dass Frauen, die sich für Familie und Kinder entscheiden, auch für das Familienmanagement zuständig sind. Auch heute wird erwartet, dass Frauen entweder den Job »nebenbei« machen oder die Familie »nebenbei organisieren«. Entscheiden sie sich für Variante eins, wird vermutet, dass dieser Job »wenig spannend« ist, etwa im Sinne von »Da kann es ja keine besonders anspruchsvolle Tätigkeit sein«. Selten interessiert sich das Umfeld dafür, was Mütter beruflich tun. Frauen, die Familie und Kinder neben ihrer beruflichen Tätigkeit managen, gelten dagegen entweder als »Rabenmütter« oder als »Scheinkarrierefrauen«.

Es ist kein Geheimnis, dass Job und Familie nicht in gleichem Maße und nicht immer befriedigend unter einen Hut zu bekommen sind und dass oft die eine »Baustelle« auf Kosten der anderen brachliegt, in Verzug oder durcheinandergerät. Doch das können Frauen selbst anderen Frauen gegenüber kaum zugeben, denn der Druck, den sie durch diese Problematik fast alle erleben, sorgt auch für Missgunst untereinander. Jede Frau hat ständig das Gefühl, etwas nicht richtig zu machen – den Job oder die Betreuung der Kinder. Gleichzeitig ist die Konkurrenz durch Kollegen, die sich voll auf ihre Karriere konzentrieren können, extrem stark. Dagegen kommt eine berufstätige Mutter nicht an; es sein denn, sie lagert das Familien- und Kindermanagement komplett aus, auf Kinderfrau, Au-pair, Krippe, Ganztagskindergarten und Ganztagsschule oder Internat.

Genau dies allerdings ist im Umfeld von »Vollzeitmüttern« verpönt oder die berufstätigen Frauen fürchten zumindest, entsprechend negativ beurteilt zu werden. Sogar in dem bekannten Gesellschaftsspiel »Therapy« wird behauptet, dass 66 Prozent der berufstätigen Frauen glauben, dass Mütter, die zugunsten ihrer Aufgabe zu Hause geblieben sind, auf sie herabschauen. Interessant ist, dass 75 Prozent der Frauen, die zu Hause sind, dasselbe von berufstätigen Frauen glauben. Dass sich dies alles nicht besonders motivierend auf die Tätigkeit im Beruf und als Mutter auswirkt, liegt auf der Hand. Ich kann nur aus meiner Erfahrung sagen, dass sich sowohl berufstätige Mütter als auch Fulltime-Mütter derartig viel an Engagement und Verzicht abverlangen und tatsächlich so viele Abwertungen erfahren müssen, dass es absolut nachvollziehbar ist, dass sie von beiden Alternativen wenig überzeugt sind.

Es gibt zu viele Argumente gegen das eine oder andere Extrem und der goldene Mittelweg bleibt vielen Frauen verschlossen, weil er in Unternehmen kaum zu verwirklichen ist und der Aufbau einer selbstständigen Tätigkeit für viele Frauen ebenfalls nicht vorstellbar ist.

Was ist die Ursache für die gegenseitige Abwertung?

Gesellschaftliche Normen, Werte und Tabus generieren in Frauen wie Männern Angst vor Abwertung und die Unsicherheit, ob die eigene Lebensgestaltung der strengen Betrachtung von außen standhält. So zeichnen Frauen, die den Spagat von Beruf und Familie täglich bewältigen, oftmals betont das Bild, ihre Doppelbelastung problemlos zu schaffen. Auf der anderen Seite stellen auch Vollzeitmütter ihr Lebensmodell und den Verzicht auf eine berufliche Tätigkeit als Königsweg dar. Das Bedürfnis nach Rechtfertigung entspringt dem Bedürfnis nach Anerkennung und nach innerer Sicherheit.

So sind die Frauen unserer Gesellschaft nicht nur voll damit beschäftigt, ihr Leben mit oder ohne Kinder, mit oder ohne Beruf zu meistern, sondern auch damit, sich vor tatsächlichen oder vermeintlichen Abwertungen zu schützen. Wie viel Energie geht dadurch verloren, für die eine absolute Wahrheit zu streiten, anstatt viele Wahrheiten als gleichwertige Wege anzunehmen!

In Beziehungen wollen meist beide Partner Kinder bekommen. Sie planen die Schwangerschaft genau, doch meist besprechen sie nicht konkret, wie sie zukünftig mit Kind und Beruf in der Familie umgehen wollen. Die werdenden Eltern wollen es »auf sich zukommen lassen«; dabei ist zumeist unausgesprochen klar, dass der Mann weiterarbeitet und finanziell für die junge Familie sorgt und die Frau »irgendwann, irgendwie« wieder in ihren Beruf einsteigt. In den wenigsten Fällen planen die Partner, ihren Karrieren gemeinsam Raum zu geben und das Familienmanagement als gemeinschaftliche Aufgabe zu gestalten.

Bemerkenswert ist hierbei ein Ergebnis der bereits zitierten Studie des Jugendinstituts: Moderne Beziehungen, in denen beide Partner Karriere machen möchten und gleichzeitig Kinderwunsch besteht, funktionieren besonders gut. Die Partner gewähren sich gegenseitig je nach Chance und Möglichkeit Karrierezeiten, in denen der jeweils andere sich mehr um die Familie kümmert und damit den Partner unterstützt. Die Auswirkungen dieses partnerschaftlichen Arrangements sind sowohl für die Paarbeziehung als auch für die Entwicklung im Beruf positiv: In der Beziehung und in der Familie besteht ein echtes Partnergefühl, Zufriedenheit, Gerechtigkeit und Ausgeglichenheit in einer Beziehung auf Augenhöhe. Für die Karriere birgt die kooperative Lebensgestaltung eine stabile Basis. Der Berufsweg mag vielleicht für jeden der beiden Partner nicht so steil und schnell nach oben verlaufen, dafür jedoch nachhaltiger, weil keiner so schnell ausbrennt und die gesamte Last des Geldverdienens oder der Familienarbeit trägt und empfindet.[55]

Die dem entgegenstehende weitverbreitete alte Rollenverteilung basiert vor allem auf Tradition. Ihre Berechtigung wird zudem oft mit der weiblichen Gebärfähigkeit an sich erklärt, aus der ein »natürliches« kindliches, nur von der Mutter zu erfüllendes Nähebedürfnis abgeleitet wird. Richtig ist sicherlich, dieses Bedürfnis nach Liebe und Versorgung auch für die Zeit nach der Geburt anzunehmen, nicht richtig, aber leider immer noch in vielen Köpfen verankert, ist es, diese Zuwendung allein auf die mütterliche Liebe zu beschränken und ihr die väterliche nicht gleichzusetzen.

So stoßen auch die Männer im Unternehmen auf Hindernisse, wenn sie den Part der Kinderversorgung und -erziehung übernehmen möchten. Es erweist sich immer noch als karriereschädlich, wenn Männer Elternzeit oder ein Sabbatical als Familienauszeit einfordern. Wenn Männer dies mit ihrem Unternehmen verhandeln, bitten sie häufig darum, dass darüber nicht gesprochen wird, um keinen persönlichen Imageschaden zu erleiden. Das zeitintensive Familienmanagement im Alltag umzusetzen, ist demnach für Männer wie für Frauen gleichermaßen schwierig. Die Bereitschaft von Männern, ihre Kinder und Familie als Hauptaufgabe zu wählen, wird zudem noch als ungewöhnlich wahrgenommen, weil es schlicht seltener vorkommt.

Es gibt heutzutage kaum Unternehmen in Deutschland mit einem Klima, in dem der Kinderwunsch der Mitarbeiter wirklich erwünscht ist. Weder Frauen noch Männer werden bei der Integration von Karriereambitionen und dem Wunsch nach Familienleben unterstützt. In fast allen mir bekannten Unternehmen ist es z. B. karriereschädlich, um 17 Uhr zu gehen – auch dann, wenn man sich abends wieder ins Business einklinkt und von zu Hause aus weiterarbeitet. Häufig werden unternehmensrelevante Meetings ohne Beachtung familienrelevanter Notwendigkeiten auf Tageszeiten gelegt, die es den berufstätigen Elternteilen – in der Praxis aus den genannten Gründen immer noch überwiegend den Müttern – unmöglich machen, regelmäßig teilzunehmen. Diese Terminkultur führt dazu, dass Frauen den Eindruck haben, als wollten die Männer »unter sich« bleiben.

Es ist frustrierend, bei solchen Meetings absagen zu müssen und zu wissen, dass man Wesentliches verpasst. Dabei haben gerade berufstätige Mütter die besonders große Fähigkeit, flexibel zu reagieren. Ich habe in den letzten 20 Jahren so häufig erlebt, wie Frauen trotz ihrer Familienmanagerrolle für das Unternehmen buchstäblich Berge versetzten und alles Mögliche auch möglich machten. Natürlich und für jeden nachvollziehbar gibt es auch berechtigte Grenzen der Flexibilität, weil es in der Familie und bei Kindern um absolute Verlässlichkeit geht.

Alternativen, die keine sind

Gesellschaftlich und unternehmerisch befinden wir uns derzeit in einer Sackgassen-Situation mit derart vielen Hindernissen, dass junge Paare bei der Gestaltung ihres Lebens eigentlich nur zwischen drei Alternativen entscheiden können, die gerade für Frauen wenig erstrebenswert sind.

1. Entweder entscheiden sich die Frauen, nicht zu arbeiten, und überlassen den Part ihrem Mann. Dabei liegt ihr gesamtes berufliches Potenzial brach, das aus gelernten Fähigkeiten und Ressourcen besteht. Sie verlieren häufig den Anschluss, denn das Risiko ist groß, dass sie keinen befriedigenden beruflichen Wiedereinstieg schaffen, wenn sie zu Hause weniger gebraucht werden.
2. Einer von beiden (heute sind es immer noch meistens die Frauen) arbeitet Teilzeit – mit stark eingeschränkter Karrierechance – und begibt sich in die Familienmanagementrolle. Kein Zweifel, dass sich dies negativ auswirkt: Die berufliche Entwicklung, die Zuweisung von Verantwortung, die Verteilung von Aufgaben, die Flexibilität bei der Terminplanung – all dies wird durch die Aufgaben des Familienmanagements zwangsläufig eingeschränkt.
3. Beide arbeiten weiter Vollzeit und lagern das Familienmanagement auf Externe aus. Bei dieser Variante ist es ungewiss, ob die Karriere und die Kinder wirklich die erforderliche Aufmerksamkeit bekommen, denn Familie und Kinder lassen sich nicht durchplanen, wie meine persönliche Geschichte zeigt.

An dieser Stelle möchte ich meine eigenen Erlebnisse zum Thema Frauen und Mütter im Beruf schildern, um meine Erfahrungen nutzbar zu machen. Es geht um Verstrickungen und eigene Fallen, um Hindernisse, die aus dem beruflichen Umfeld entstehen, und um das, was mich angetrieben hat. Und es handelt von der Zwickmühle, die ich erlebt habe: zwischen den Erwartungen des

Kunden, Termindruck, festen Vereinbarungen, meinem Fleiß, der mich fast umbrachte, den Bedingungen in der Firma, von dem Umfeld und Erwartungen der Menschen um mich herum und vor allem von den Wünschen meiner Kinder.

Ich erzähle mein persönliches Erleben, weil Sie an meinem Beispiel erkennen können, dass eine optimale Verbindung zwischen Beruf und Kindern im Vorfeld nicht planbar ist. Sie müssen als berufstätige Mutter damit rechnen, dass Sie Einschränkungen in Ihrer Karriere hinnehmen müssen. Kinder sind ihren Eltern gegenüber unterschiedlich fordernd, während die Anforderungen von Kollegen und vor allem Kunden an alle gleich sind – ob diese Menschen Kinder haben oder nicht. Somit ist die Entscheidung für Kinder trotz Einplanung von Fremdbetreuung kein Garant für die Erfüllung des Karrierewunsches. Und wenn er sich erfüllt, kann es sein, dass man in der Mutterrolle nicht so zurechtkommt, wie man zuvor gedacht hat.

Eine Firma für Frauen, die es der Gründerin kaum erlaubt, Frau zu sein

Ich habe nach dem Ende des Studiums im Alter von 23 Jahren begonnen, mit einer Freundin eine Firma aufzubauen, ein Unternehmen für Marktforschung und -beratung. Unser beider Wunsch war, eine berufliche Situation herzustellen, die uns einmal die Freiheit gibt, Familie und Kinder mit unserer selbstständigen Arbeit vereinbaren zu können.

Unsere Firma wollte bewusst Arbeitsplätze für Frauen bieten, sodass wir in den ersten zehn Jahren ausschließlich weibliche Mitarbeiter beschäftigt haben. Unser Vorhaben mündete darin, dass zeitweise bis zu 35 Prozent der Belegschaft schwanger oder in Mutterschutz war und ich, die das Unternehmen mit gegründet hatte, um selber Kinder mit Beruf zu verbinden, vor lauter Arbeit keinen »Mann fürs Leben« fand, geschweige denn von eigenen Kindern zu träumen wagte.

Als Unternehmerin habe ich erlebt, wie existenzbedrohend es in kleineren Firmen sein kann, wenn viele Frauen gleichzeitig ausfallen. Es geht immer zulasten der Kollegen, die die Stellung halten und – gewollt oder ungewollt – auf Kinder verzichten. Das birgt Sprengstoff, denn der Druck von außen ist trotzdem da. Im Business ist es nicht üblich, über veränderte Timings oder Leistungsumfänge zu verhandeln, wenn der Dienstleister »Kinderthemen« hat. Auf der Kundenseite gibt es auch Frauen, die unter großen persönlichen Entbehrungen auf Kinder verzichten müssen oder aufgrund der Kinder auf eine eigene Karriere. Da ist wenig Empathie zu erwarten.

Genau diese Erfahrung habe ich gemacht: Zunächst viele Jahre als Nicht-Mutter, die Arbeitsausfälle der Kollegen ausgleichen musste, um es den Kunden recht zu machen. Und ich habe es auch aus der Perspektive der Mutter erlebt, die ihr Möglichstes tut und trotzdem bei Kollegen und Mitarbeitern Kritik erntet, weil diese gleiche oder gar noch größere Opfer bringen und diese auch von anderen erwarten. Was man sich selber antut, erwartet man auch von anderen.

Als ich 30 Jahre alt war, verließ mich mein damaliger Lebensgefährte, weil er Karriere machen wollte und sich nicht vorstellen konnte, dass ich ihn durch meine eigene berufliche Eingebundenheit genügend unterstützen könnte. Er verließ mich mit den Worten: »Du bist nicht die Frau eines Vorstandsvorsitzenden.« Daraufhin geriet ich in eine tiefe Lebenskrise. Ich hatte das Gefühl, den Zug für die Familiengründung verpasst zu haben.

Vor mir türmte sich ein Berg Arbeit, den ich an 14-Stunden-Tagen abarbeitete; außerdem versuchte ich, Arbeitsplätze für die Working Mums zu halten, die mir halfen, nicht noch mehr operativ abwickeln zu müssen. Ein Teufelskreis, der sich immer schneller drehte, die Firma wuchs, und ich wurde – im Gegensatz zu meinem Exfreund – Vorstandsvorsitzende. Meine Firma war meine Familie. Ich definierte mich über meinen Job und machte meinen Selbstwert vom Gelingen von Projekten, Umsatzzugewinnen und Renditen abhängig. Ich war nie zu Hause, hatte nichts im Kühlschrank und kaufte nachts bei der Tankstelle ein. In meiner Einsamkeit begab ich mich als Klientin in Coaching-Prozesse und versuchte, mich auch ohne Partner, ohne Familie vollständig zu fühlen und endlich mit der Suche aufzuhören.

Was in der Literatur so oft beschrieben wird, passierte auch mir: Als ich endlich loslassen konnte, kam es von ganz allein – ich fand mit Mitte 30 den Mann meiner Träume und den Richtigen für meine Familiengründung. Einige Jahre später bekamen wir Zwillingsmädchen, ich machte ein Jahr Pause, um mich unseren Kindern Hannah und Norina zu widmen. Da wir in der Führung des Unternehmens zu dritt waren, übernahmen die anderen beiden Frauen meine Aufgaben, ich begleitete die Geschicke der Firma von zu Hause aus am Telefon und online. Im zweiten Lebensjahr der Kinder arbeitete ich wieder halbtags in der Firma, und ab ihrem dritten Lebensjahr war ich wieder fulltime im Job, allerdings mit recht flexiblen Arbeitszeiten. Diese Flexibilität am Morgen war sehr wichtig, um mich auf die Zeiten der Kinder einlassen zu können. Sie war allerdings am Abend für die Familie ein Problem, weil sich die Kinder nie darauf einstellen konnten, wann ich wieder da war. In dieser Unregelmäßigkeit konnten sie sich nie auf mich verlassen und warteten oft stundenlang am Fenster, um nicht zu verpassen, wenn mein Auto vorfuhr.

In dieser Zeit begann Hannah, immer stärker an mir zu klammern und mich am Gehen zu hindern. Sie weinte, wenn ich aufbrach, hielt mein Bein fest und war außer sich. Ich hatte keinen Kindergartenplatz bekommen, weil ich mit einem angestellten

Mann an der Seite auf der Warteliste für einen Kindergartenplatz hinten stand und »ja nicht darauf angewiesen« sei. Mein Mann hatte sein Büro in einer anderen Stadt und war fast die ganze Woche unterwegs. Somit blieb täglich mein Au-pair mit den Mädchen zu Hause zurück. Wenn Hannah einmal nicht so stark weinte, dann übernahm das Norina, und wenn ich mich auf diese Weise nicht am Gehen hindern ließ, wurde eine der beiden krank.

Wenn ich dann vollkommen erschöpft in der Firma erzählte, wie verzweifelt eines der Kinder wieder geschluchzt hatte, hörte ich oft von anderen Müttern, wie ungehörig und egoistisch mein Kind doch sei, es mache nur Theater und ich solle mich nicht bremsen lassen. Oder sie erklärten mir, dieses Verhalten der Kinder sei nur die Reaktion auf mein eigenes Unwohlgefühl, wenn ich wegging, sozusagen der Spiegel für meine eigenen Gefühle. Ich solle »einfach fröhlich« gehen.

Ich konnte diese Zerrissenheit kaum noch aushalten. Ich wusste, dass das alles irgendwie nicht stimmte. Ich wollte wirklich gern arbeiten, war doch die Firma mein erstes Baby, das ich genau dafür geschaffen hatte, mein berufliches Engagement mit Kindern verbinden zu können. Sollte das Schicksal mir jetzt ein Bein stellen? Ich versuchte, munter das Haus zu verlassen, was für meine Kinder noch schlimmer war, weil sie sich nicht ernst genommen fühlten. So stand ich permanent zwischen zwei Fronten. Ich raste hin und her, ständig unter Zeitdruck, und ich versuchte so gut ich konnte, für meine Kinder da zu sein, den Wünschen der Kunden nachzukommen, das Business meiner Firma voranzutreiben, die Mitarbeiterinnen zufriedenzustellen, die Zukunft des Unternehmens zu sichern, meinen Mann zu sehen und das gesamte Familienmanagement im Griff zu haben.

Der Wendepunkt kam dramatisch, als die Kinder zwischen vier und fünf Jahre alt waren: Ich erinnere mich an einen Tag, an dem ich wichtige Kunden aus Düsseldorf erwartete. Meine Kinder standen schreiend in der Tür und klammerten sich an mich. Mit viel Überredungskunst konnte ich sie mit etwas anderem beschäftigen und irgendwann leise aus dem Haus gehen. Ich lud noch etwas in mein Auto und sah das Furchtbare: Hannah hatte sich hinter meinen Autoreifen gelegt, damit ich nicht rückwärts ausparken konnte.

Ich schnappte mir mein Kind und lief heulend ins Haus zurück. Ich rief in der Firma an, um das wichtige Meeting zu übergeben, und blieb an diesem Tag völlig verzweifelt zu Hause. Meine Kollegen übernahmen anstandslos, wie oft haben wir uns gegenseitig ersetzt. Allerdings wurde es bei meinen Kollegen unter »Hysterie« abgebucht und nur im Gesamtpaket mit übergroßem Engagement an anderer Stelle akzeptiert. Meinen Kunden wurde es als überraschende »Kinderkrankheit« kommuniziert, was immer ein akzeptabler Grund ist. Jeder Mensch im Businessleben akzeptiert Krankheit des Geschäftspartners oder der Kinder. Allerdings würde eine reine Vorbeugemaßnahme für das eigene Seelenheil oder das der Kinder als Desinteresse am gemeinsamen Projekt und falsche Prioritätensetzung verstanden werden. Als Dienstleister und Mitarbeiter kann man sich diese Haltung nicht erlauben.

Das war der Auslöser für die Entscheidung, meine Arbeitssituation dramatisch zu verändern. In den kommenden zwei Jahren reifte in uns Firmenpartnern die Entscheidung, das Unternehmen zu verkaufen. Ich bekam mitten in den Verkaufsverhandlungen mein drittes Kind, Alexander, und sehe mich noch stillend in den langen Besprechungen sitzen. Die Zwillinge hatten endlich einen halbtägigen Kindergartenplatz bekommen, sodass ich die Betreuung zu Hause nur für den anderen halben Tag organisieren musste. Während der Stillzeit von zehn Monaten hatte ich den Säugling fast immer dabei, ich reiste mit Kind und Au-pair-Mädchen zu den Terminen, manchmal auch über Nacht. Mein Mann hatte sich inzwischen selbstständig gemacht und konnte wenigstens die Abende und Morgen, an denen ich nicht da war, daheim übernehmen. Ohne diese berufliche Veränderung meines Mannes hätten wir es in dieser Zeit nicht geschafft, eine stabile Situation zu Hause zu schaffen.

In dieser Zeit etablierte sich bei meiner Tochter Hannah ein Verlustschmerz und eine Wut im Bauch, die sich über die Jahre angestaut hat. Sie hat diese Wut über mein Weggehen als kleines Kind nicht gezeigt, da waren es Verzweiflung und Hilflosigkeit, die sie immer mehr versteckt hat, um groß und vernünftig zu sein, und die sie mir, als sie größer war, nicht mehr zeigen wollte, weil sie spürte, wie wichtig mir das Arbeiten war. Und Hannah wollte mich ja nicht unglücklich machen. Das müssen wir uns immer klarmachen: Die Kinder wollen es uns eigentlich immer recht machen, weil sie uns lieben. Nur wenn sie es nicht mehr ertragen können, äußern sich ihre Bedürfnisse psychisch oder psychosomatisch.

Über die Zeit wurde aus Hannahs Schmerz Zorn, der sich ab ihrem achten Lebensjahr in Form von massiven Wutausbrüchen zeigte. Insbesondere mir gegenüber kam Hannahs Wut in einer solchen Wucht heraus, dass ich mich total hilflos fühlte. Mein Mann und ich fragten uns und natürlich auch Hannah immer wieder, was sie so ausflippen ließ; sie konnte es nicht ausdrücken und wurde immer wütender, vor allem auf sich selbst, weil sie ja anscheinend nicht normal war. Wir suchten uns psychologische Hilfe. In einem schmerzhaften Prozess kristallisierte sich deutlich heraus, dass Hannah so viel Wut in sich trug, weil ich früher immer weg war, selten verlässlich wiederkam und die Arbeit zumeist zeitlich den Vortritt bekam. Obgleich Hannah wusste, dass ihrer Mami die Kinder natürlich wichtiger sind, hat meine ständige Abwesenheit unbeschreibliche Aggression und Verzweiflung in ihr ausgelöst.

Endlich verstand ich den Grund für Hannahs Wut. Und Hannah lernte, dass sie nicht »hysterisch« oder gar »unnormal« ist, sondern ein Mensch mit Gefühlen, die ihre Berechtigung und ihren Grund hatten. Wir überlegten uns gemeinsam, wie wir zukünftig mit der Balance zwischen Arbeit und Familie umgehen wollten. Ich hatte die Idee, einen Kalender mit den Kindern zu gestalten, in den wir die gemeinsamen Zeiten eintragen, mit der Auflage, diese privaten Termine genauso einhalten zu müssen und pünktlich wahrzunehmen wie unsere Geschäftstermine. Hannah entgegnete mir: »Mami, das schaffst du doch sowieso nicht!« Mein Kind sprach aus Erfahrung.

Mir wurde klar, dass ich eine grundsätzliche Entscheidung treffen und Veränderungen herbeiführen musste: das eigene Bild von mir als Berufstätiger und Mutter auf den Prüfstein legen, Prioritäten überdenken und neu ausprobieren, auch meine eigenen privaten Bedürfnisse bei Kunden und Mitarbeitern einbringen können, Nein sagen lernen, innere und äußere Erwartungen reflektieren, nicht Opfer äußerer Zwänge und Rahmenbedingungen bleiben, sondern selbst aktiv und in der mir möglichen Freiheit meinen Alltag neu gestalten. Ein wesentlicher Meilenstein auf diesem Weg war es, mein eigenes Wertesystem neu zu sortieren und mich von meiner eigenen Überzeugung (und der von Kunden) endgültig zu verabschieden, dass es nicht so wichtig ist, ob ich etwas später zu den Kindern komme oder auch gleich gar nicht. Ich lernte, Arbeits- und Privatzeit gleich wichtig zu nehmen.

Für die Kinder war jedes Nicht-Einhalten einer Verabredung der Beweis, dass sie mir nicht so wichtig waren wie meine Termine. Und dass sie sich auf meine Aussagen nicht verlassen können. Tatsächlich hatte ich früher immer das Gefühl, dass meine engsten Familienangehörigen und Freunde Verständnis haben müssen, wenn ich wegen beruflicher Termine private nicht einhalten konnte. Von Kunden und Mitarbeitern habe ich das nicht verlangt. Wie ich rückblickend voll Traurigkeit erkenne, war es mir sogar bei manchen Gelegenheiten peinlich, eine private Verabredung als Grund anzugeben, wenn ich nachmittags oder abends keine Zeit für einen beruflichen Termin hatte.

Die Schuldanerkennung und Zukunftsvereinbarung mit meinen Kindern konnten die Verletzungen und die Wut aus der Vergangenheit nicht heilen. Ich suchte mit Hannah nach einer adäquaten Wiedergutmachung. Mein Kind kam selbst darauf: Sie wünschte sich in jeden Ferien ein paar Tage Urlaub allein mit mir, um die Zeit wiederaufzuholen, die wir in der Vergangenheit zusammen verpasst hatten.

Für mich ist eine wichtige Erkenntnis aus meiner eigenen Geschichte, dass Kinder ganz unterschiedlich auf die gleiche Behandlung und Erziehung reagieren. Sie können unterschiedlich gut mit den Themen umgehen; was dem einen Kind egal ist, bedeutet für das andere eine tiefe Verletzung. Kein Elternteil kann im Voraus genau wissen, wie gut vereinbar Beruf und Familie im wirklichen Leben sind.

Beide Elternteile sollten sich bei der Familienplanung im Klaren darüber sein, dass sie miteinander eine Entscheidung zu den Einzelkarrieren treffen müssen und die Möglichkeit in Betracht ziehen sollten, dass eines oder mehrere ihrer Kinder mehr Zeit mit ihnen brauchen als eingeplant. Es kann gut sein, dass ihre Kinder mit Fremdbetreuung, ob durch Institution, Großeltern, Au-pairs oder Kindermädchen, wunderbar zurechtkommen und froh sind, dass ihre Eltern beim Arbeiten zufrieden sind. Und es kann auch gut sein, dass eines oder mehrere ihrer Kinder zumindest einen der Elternteile dringend brauchen für ihr Seelenheil oder ihre körperliche Gesundung. Auch ein krankes Kind kann in eine Familie hineinkommen, und die Eltern können im Voraus nicht wissen, wie mit diesem Kind und mit der neuen Situation umzugehen sein wird. Ob sie das Kind fremdbetreuen lassen können und wollen. Ob und wie viel beruflichen Einsatz sie finanziell und für das Wohl der ganzen Familie benötigen werden.

Die Entscheidung für ein Kind ist immer eine persönliche und eine Partnerentscheidung, bei der im Ernstfall Platz sein sollte für Unvorhersehbares – und für das Spiel des Schicksals.

Managerin Judith S. hatte drei Kinder

Es gibt einen weiteren Fall, der die Schwierigkeiten verdeutlicht, Kinder und Karriere unter einen Hut zu bringen. Meine Klientin Judith S. war alleinerziehende Mutter von drei Kindern und stand in verantwortungsvoller Position im Management eines Industrieunternehmens. Als sie mich aufsuchte, kämpfte sie mit dem Ungleichgewicht von der Zeit, die sie dem Unternehmen widmete, und der gemeinsamen Zeit mit ihren Kindern. Ihre Firma zeigte keine Bereitschaft, sich bezüglich des Themas Arbeitszeit für neue und flexible Modelle zu öffnen.

Judiths Wunsch war es, am Spätnachmittag oder frühen Abend in ihre Rolle als Mutter zu wechseln, die Kinder zu versorgen und dafür abends nochmals an den Schreibtisch zu gehen und online zu arbeiten. Auf diese Weise hätte sich aus Judiths Sicht eine Vollzeittätigkeit mit voller Gehaltszahlung realisieren lassen. Judith wollte die verantwortungsvolle Position behalten, die sie auch vor den Kindern hatte. Ihr waren interessante motivierende Arbeitsinhalte wichtig, wenn sie schon so viel Zeit arbeiten musste und nicht bei ihren Kindern sein konnte.

Von ihrem Arbeitgeber wurde die Option der abendlichen Home-Office-Zeit jedoch nicht als adäquater zeitlicher Ausgleich bewertet und entlohnt. Aufgrund der ihr dann zugewiesenen

Verantwortung brachte sie tatsächlich eine Arbeitsleistung von 100 Prozent auf 80-prozentiger Zeitbasis ein, ohne dafür entsprechend bezahlt zu werden.

Judith kam mit einem konkreten Anlass zu mir ins Coaching: Im Rahmen eines groß angelegten Veränderungsprozesses in ihrem Unternehmen ging es ihr um die persönliche Positionierung in zwei außerordentlichen Reorganisationsprojekten der Geschäftsführung. Diese Projekte waren sehr politisch, und Judith fühlte sich von den Geschäftsführern instrumentalisiert.

Wir arbeiteten an dem Verständnis der Wirkzusammenhänge aus der Vergangenheit, um ihr Verhältnis mit der Geschäftsführung zu reflektieren. Dies machte Judith persönlich sehr betroffen, weil sie sich zwischen den Geschäftsführern »zerrissen« fühlte – genauso, wie sie sich die ganze Zeit zwischen ihren Kindern und der Arbeit fühlte. Dieser Gefühlstransfer brachte sie zu ihrem eigentlichen Problem: Judith empfand große Schuld, weil sie in letzter Zeit sehr ungeduldig mit ihren Kindern gewesen war und sich insgesamt gerade fragte, warum sie sich als Alleinerziehende eigentlich eine Arbeit in so verantwortungsvoller, zeitintensiver Position antat.

An dieser Stelle gingen wir in die Tiefe, um Judiths Zweifel an sich und ihrer Arbeit anzuschauen und die in ihr vorhandenen Gefühle näher zu betrachten, Zusammenhänge zu Judiths Persönlichkeit herzustellen und zu helfen, diese zu begreifen. Wenn Judith die Quelle ihrer Gefühle in ihrer Entstehung ergründet, hat sie die Freiheit, die Gefühle selbst zu steuern. Sie erzählte mir und sich, dass sie als Kind von ihrer eigenen berufstätigen Mutter häufig sich selbst überlassen wurde und dass dieser Freiraum für sie als Kind gut war. Judith hatte ihre Mutter unterstützt, indem sie so autark für sich selbst sorgte, wie es nur ging; sie ist dadurch zu einem selbstverantwortlichen jungen Menschen herangewachsen. Allerdings ergänzte sie, dass sie sich mehr »Kind sein«

und Unterstützung gewünscht hätte, womit sie aber heute nicht mehr hadere, weil dieser Umstand sie zu dem Erfolgsmenschen gemacht habe, der sie heute sei. Sie hatte also die schmerzliche Erfahrung für sich ins Positive gewandelt und betrachtete Prägungen, Kindheit und Jugend friedvoll.

Dabei gestaltete Judith ihr berufliches und privates Leben aber gezielt anders als ihre Mutter, die beruflich nur schwer abgeben und nicht gut delegieren konnte, was zu einer ständigen Überforderung führte. Der Mutter war kaum Zeit für ihr Kind geblieben, und aus Stress und Druck heraus hatte sie sich oftmals ungerecht verhalten. Den Menschen um sich herum gab Judiths Mutter die Schuld an ihrem Dilemma und am Stress ihres Alltags. Genau das wollte Judith anders machen; sie wollte nicht in dem Tempo ihrer Mutter durchs Leben »ackern«. Gleichzeitig sprach sie von ihrer Angst, ihre eigene Karriere aber mit weniger Geschwindigkeit und Stress gar nicht schaffen zu können.

Judith war von dem tiefen Wunsch getragen, das Muster ihrer Mutter und das eigene von früher zu durchbrechen; sie wollte einen Weg finden, mehr Zeit für ihre eigene Positionierung im Unternehmen und gleichzeitig für ihre Kinder zu haben. Im Laufe der Betrachtung von Judiths Arbeitsweise und Haltung wurde deutlich, dass sie selbst nicht delegieren, schwer loslassen oder Hilfe beanspruchen konnte und ihrem eigenen, seit vielen Jahren gelebten Muster, stark und autark zu sein, in hohem Maße folgte. Wir erforschten intensiv das in Judith entstandene Selbstbild einer starken Frau, die allein zurechtkommt und keine Hilfe braucht. Was sich als Judiths Kraftquelle erwiesen hatte, trat nun auch als Hindernis ans Licht.

Die für Judith wertvollste Erkenntnis war, nicht vergeblich für eine Veränderung der Rahmenbedingungen und Arbeitszeiten mit ihrem Arbeitgeber kämpfen zu müssen, sondern ihre eigene Arbeitsweise konkret und spürbar umstellen zu können. Was seitens des Unternehmens nicht zu ändern war, konnte und sollte so stehen bleiben. Was Judith jedoch aktiv verändern konnte, war, sich von ihrem Anspruch, jede Aufgabe selbst zu übernehmen und sich als kompetente Managerin mit Arbeit zu beladen, ein Stück weit zu verabschieden. Judith erkannte ihre Freiheit, wählen zu können. Ausgelöst durch diese Entdeckung wünschte sie sich, die Wahrnehmung ihrer Person durch die Kollegen in der Firma und damit ihre Position im Unternehmen zu verändern: als Mensch sichtbar zu sein.

Judith wirkte bislang auf Kollegen, Mitarbeiter und Vorgesetzte klar, selbstbestimmt, stark, kritisch und abgegrenzt. Die Härte gegen sich selbst und andere hatte Judith zunächst durchs Leben und dann zum Erfolg gebracht; ihre darunterliegenden weichen Seiten, ihre Gefühle, ihre Ängste, ihre Verletzlichkeiten waren gut in Distanz und Perfektion verborgen, und so konnte wohl niemand in der Firma den Menschen Judith erkennen. Sie wurde sich darüber klar, dass auch aus diesem Grund Schwierigkeiten, insbesondere mit ihren Geschäftsführern, entstanden waren.

So nahm sich Judith mit Erfolg vor, sich in ihrer Firma mehr zu zeigen, sich auszutauschen, Hilfe anzunehmen, die Chance der Delegation von Aufgaben zu ergreifen und ihre Wünsche nach flexibleren Arbeitszeiten verständlich zu machen und besser zu positionieren. Sie erkannte, dass Networking und Austausch mit den Kollegen effektiver für ihre Karriere sind als effizientes Abarbeiten von Aufgaben und dass sie in ihrer Position Aufgaben delegieren darf und soll, auch wenn sie am Spätnachmittag das Büro verlässt. Sie brauchte sich nicht mehr als Verräterin zu fühlen, wenn sie nach ihrer vereinbarten Arbeitszeit nach Hause ging; sie war auf jeden Fall ihr Geld wert.

Dieser Fall zeigt den Coaching-Erfolg. Coaching hat nicht die Macht, Umfeldbedingungen zu verändern, dafür kann es einen bei der eigenen Veränderung unterstützen. Wenn wir unsere Haltung und unser Verhalten entsprechend den Umfeldanforderungen reflektieren und bewusst steuern können, steht unserem Erfolg nichts mehr im Weg!

Manager und Mütter – eine besondere Herausforderung

Für Manager ist die Förderung von Müttern eine große Aufgabe. Frauen, die schnell in den Beruf zurückkommen und weiter an ihrer Karriere arbeiten wollen, sind wichtig für die Weiterentwicklung der Arbeitsmodelle. Diese Frauen sind – wie von Swantje Benussi eindrucksvoll geschildert – oft hin- und hergerissen. Gerade sie brauchen eine gute, aufmerksame und unaufdringliche Unterstützung.

Ein regelmäßiger Austausch mit der Führungskraft ist sehr wichtig, um frühzeitig mögliche Herausforderungen und Warnsignale aufzugreifen. Diese Frauen sind großen Belastungen ausgesetzt und damit auch immer in Versuchung, die Forderungen aus dem traditionellen Frauenbild erfüllen zu wollen. Sie verlieren häufig ihren Sinn für das eigene Wohlergehen. Genau in diesem Moment muss eine Führungskraft erkennen, dass mehr Unterstützung benötigt wird (gerade weil ja den alten Rollenmustern entsprechend wahrscheinlich nicht aktiv danach gefragt wird). Ich habe also als Führungskraft bei Frauen mit einer Doppelbelastung eine noch höhere Verantwortung.

Teilzeit als Patentlösung?

Das Zukunftsinstitut hat ermittelt, dass knapp die Hälfte der in Deutschland ansässigen Unternehmen auf die Vertrauensarbeitszeit zurückgreift, also auf eine festgesetzte Arbeitszeit verzichten und eher auf die Erledigung der anstehenden Aufgaben setzen. Darüberhinaus greifen 73 Prozent der Firmen sogar auf individuelle Arbeitszeiten zurück.[56]

Frauen mit Kind(ern) erweisen sich bei solchen Modellen häufig als besonders effektiv. Wenn sie Teilzeit arbeiten, bringen sie meistens im Schnitt mehr Arbeitsstunden auf oder liefern in kurzer Zeit mehr und bessere Arbeitsergebnisse, als laut Stellenbeschreibung erwartet – und damit auch bezahlt wird. Auch hier müsste man als Führungskraft eigentlich eingreifen, weil die Frauen sich mit diesem Verhalten genau betrachtet wieder selbst ausbeuten.

Doch beim Thema Teilzeit gibt es aus meiner Sicht auch noch einige andere Herausforderungen: Wie schaffe ich es, eine hoch qualifizierte Aufgabe auf zwei Mitarbeiter aufzuteilen, beide angemessen zu bezahlen und dabei auch noch zu fördern? Für die Kunden, die Vorgesetzten und die Kollegen darf sich kein Qualitätsunterschied zeigen, für Manager ist es jedoch doppelte (Führungs-)Arbeit.

Ein erster Lösungsansatzbesteht darin, Aufgaben oder Rollen im Unternehmen gezielt zu identifizieren, die sich für zwei Teilzeitkräfte eignen, und diese Rollen entsprechend zu besetzen. Es gibt aber immer noch zu wenige gute, qualifizierte Teilzeitaufgaben.

Eine weitere Überlegung wäre, sich das jährliche Arbeitsaufkommen zu betrachten und gemessen an saisonalen Schwankungen die Arbeitszeiten neu zu definieren. Die Arbeitszeitmodelle werden also an die besonderen Anforderungen des

Unternehmens angepasst. Statt wöchentlicher Teilzeit könnte zwischen saisonaler Vollbeschäftigung und Teilzeit oder auch kompletter Pause in einer ruhigeren Zeit gewechselt werden. Die verschiedenen Teilzeitmodelle lösen jedoch noch nicht die Probleme der Frauen in Teilzeit mit Führungsverantwortung. Hier besteht noch großer Nachholbedarf für die Wirtschaft, die Politik und auch die Gesellschaft.

Börsennotierte Kapitalgesellschaften messen ihre Produktivität mit Ertrag pro Kopf oder Umsatz pro Kopf. Teilzeitkräfte zählen bei dieser Messgröße genauso wie Vollzeitkräfte und reduzieren damit die Produktivität. Das ist für alternative Arbeitszeitmodelle nicht förderlich. Dort, wo Teilzeitrollen eingesetzt werden, müssen andere Bereiche oder Rollen entsprechend kompensieren.

Sie werden kein Unternehmen finden, das diese Mechanismen bestätigt. Stattdessen bestätigt man, dass Teilzeit auf allen Hierarchiestufen möglich ist. Von individuellen, flexiblen, unbürokratischen Lösungen ist dann die Rede. Die Ergebnisse sprechen aber für sich: Im niedrigsten einstelligen Bereich bewegt sich die Teilzeitquote – vor allen Dingen im Management![57] Ein erster Weg ist sicher das Modell, das wir bei Microsoft gewählt haben: Es gibt keine Präsenzpflicht, sodass die Anwesenheit im Büro keine Messgröße für Leistung ist. Wichtig ist das Ergebnis. Das wiederum zieht eine Reihe weiterer Maßnahmen nach sich – vor allen Dingen ein Beurteilungssystem, das ausschließlich die Ergebnisse misst.

Politik und Gesellschaft sind ebenfalls gefordert

Wirtschaftsminister Rainer Brüderle warnt in einem Beitrag der *FAZ*: »Wir erwarten einen Fachkräftemangel in Deutschland.« Schon deshalb würden die Firmen den Wünschen qualifizierter

Mitarbeiter nach flexibleren Arbeitszeiten bald mehr entgegenkommen.[58]

Auch Parteien, Parlamente und Staat müssen noch mehr Engagement zeigen – jenseits der Quotendiskussionen und der Aufstockung von Kita-Plätzen. Unternehmen sollten gezielt gefördert und unterstützt werden, damit mehr qualifizierte Teilzeitaufgaben angeboten werden können. Flexible Arbeitsmodelle in den Unternehmen müssen steuerlich oder durch bessere gesetzliche Rahmenbedingungen erleichtert werden.

Ein weiterer Punkt, der oft übersehen wird: Die Gesellschaft ist immer noch gespalten, wenn es um das Thema »Mütter und Beruf« geht. Ich weiß aus Erzählungen meiner Freundinnen, dass viele arbeitende Mütter sogar von den eigenen Eltern oder vom privaten Umfeld naserümpfend betrachtet und teilweise als Rabenmütter abgestempelt werden. Der Druck der Gesellschaft ist enorm und lässt die ohnehin stark strapazierten arbeitenden Mütter in eine noch viel größere Zerreißprobe stürzen.

Es ist die gesellschaftliche Pflicht von uns allen, Lösungen zu erarbeiten. Dabei geht es um die Akzeptanz, dass Männer und Frauen gemeinsam berufstätig sein können. Wir stehen mitten in einem Prozess des Wertewandels. Das traditionelle Rollenverständnis in der Gesellschaft wandelt sich, die Verantwortung wird auf Mann und Frau gleichermaßen aufgeteilt. Es muss sich also jeder Einzelne ändern und bereit sein, mit klassischen oder traditionellen Rollen zu brechen. Wenn Frauen sich mehr im Beruf engagieren, erfordert dies auch ein größeres Engagement von Männern in Familie und Haushalt.[59]

Unternehmen auf dem Weg zur Vereinbarkeit von Beruf und Familie: Beispiele aus dem Führungsalltag

Neben der persönlichen Auseinandersetzung mit den eigenen Lebensmodellen ist es sehr wichtig, dass Unternehmen verstärkt neue Angebote bieten, um bei den Themen Verantwortung, Entscheidungskompetenz, Arbeitsinhalte, Arbeitsbedingungen und Einkommen für Gleichberechtigung zwischen Frauen und Männern zu sorgen. Auszeiten für die Familie, sei es längere Zeit am Stück oder ein tägliches Zeitfenster am Nachmittag, die bereits erwähnten Teilzeitmodelle, Kinderbetreuung und aktive Motivation der Führungskräfte zur Förderung von Frauen sind ein wesentlicher Beitrag.

Frauen und Männer interessieren sich in gleichem Maße für das Thema der Integration von Familie und Kinder und Beruf. Die Mitarbeiter brauchen die Chance, sich ihre Arbeit selbst einzuteilen. Je nach Bedarf könnte beispielsweise der Fokus zwischen Privatleben und Geschäft wechseln. Die Mitarbeiter könnten sich nach Absprache zeitweise abmelden und unerreichbar sein, um in diesen Zeiten innerlich loslassen und ihr Energiekonto wieder auffüllen zu können.

Ist das in unserer heutigen Arbeitswelt realisierbar? Die gute Nachricht lautet Ja, es gibt immer mehr Unternehmen, die diese Vereinbarkeit anstreben. Microsoft Österreich hat sich in den letzten Jahren sehr intensiv mit diesen Themen beschäftigt. Während meiner Zeit in Wien habe ich die inhaltlichen Herausforderungen einer einschließenden und gleichberechtigten Unternehmenskultur praktisch erlebt und mitgestaltet. Die wichtigste Erkenntnis ist, dass konsequent Maßnahme für Maßnahme umgesetzt werden muss. Dafür ist es wichtig, dass man immer am Thema bleibt. Konzepte und Hochglanzbroschüren allein sind zu wenig – es geht um die Umsetzung. Maßnahmen sind zu verbessern, Rückmeldungen einzuholen und neue Aktionen aufzusetzen. Vor allen Dingen muss viel kommuniziert werden. Die Führungskräfte müssen regelmäßig informiert und inhaltlich einbezogen werden.

Die wichtigsten Maßnahmen, die bei Microsoft in Österreich in den letzten drei Jahren eingeführt wurden:

- Vertrauensarbeitszeit – es zählt nicht die Anwesenheit, sondern das Arbeitsergebnis.
- Home Office und flexible Arbeitszeitenregelung.
- Karenzmanagement: In Österreich können sich Mitarbeiter unbezahlt oder mit reduziertem Gehalt zeitlich befristet freistellen lassen.
- Mentoring während der Karenzzeiten: Eigene Stay-connected-Mentoren aus dem Team bieten in dieser Phase ihre Unterstützung an.
- »Stay-connected-Frühstück« für freigestellte Elternteile mit ihren Babys. Wenn sich eine Mutter oder ein Vater für eine Freistellung entscheidet, ist es wichtig, in dieser Zeit bestmöglich in Kontakt zu bleiben. Aus diesem Grund behält jeder sein Mobiltelefon und seinen Laptop, ist somit an die laufende Kommunikation angeschlossen und bleibt up to date. Einmal im Quartal organisiert die Personalabteilung die sogenannten Stay-connected-Breakfasts. Auf dem Programm stehen dann Erfahrungsaustausch, Treffen mit den Managern und Mentoren sowie Kontakt mit einem Mitglied der Geschäftsführung, um über aktuelle News zu sprechen.
- Papa-Wochen: zwei Wochen bezahlter Sonderurlaub für die Väter innerhalb des Mutterschutzes.

- Auch für Führungskräfte (Eltern-)Teilzeit.
- Zahlreiche gesundheitsfördernde Angebote.
- Unterstützung durch »Consentiv« (eine anonyme Anlaufstelle für alle Microsoft-Österreich-Mitarbeiter in schwierigen oder außergewöhnlichen Lebenssituationen).

Auch als Führungskraft kann man Frauen, die versuchen, das scheinbar Unvereinbare vereinbar zu gestalten, aktiv unterstützen. Oft reicht es schon, wenn ich die Frau anspreche und sie frage, wie es ihr geht und ob sie die Projekte in ihrer Arbeitszeit wirklich regeln kann. Es ist wichtig, diese Gespräche zu führen, auch wenn es banal klingt, denn es passiert nach wie vor zu wenig. Wichtig ist mir auch immer, genau zu prüfen, ob die Frauen auch wirklich mit reduzierten Arbeitszeiten zeitlich hinkommen oder ob sie de facto am Ende doch mehr arbeiten. Diese Fälle gibt es immer wieder und ich achte darauf, die Balance herzustellen und diese Frauen zu ermuntern, doch auf 100 Prozent Beschäftigung zu gehen und sicherzustellen, dass dies durch flexible Arbeitszeit kompensiert wird. Mir ist es wichtig, respektvoll mit der Zeit dieser berufstätigen Mütter umzugehen, und versuche demzufolge, die Besprechungen an festen Terminen abzuhalten, sodass sie sich besser darauf vorbereiten können. In der Führung von Teilzeitführungskräften ist es unverzichtbar, dass man bewusst sensible Zeiten identifiziert, in denen es für die Teilzeitführungskraft herausfordernd ist, an Besprechungen oder Terminen teilzunehmen. Wenn man diese einfachen Regeln konsequent umsetzt, ist eine gute Zusammenarbeit möglich. Am besten werden fixe Termine festgelegt, an denen man sich persönlich besprechen kann und die genutzt werden können, um eine bessere Abstimmung und Arbeitsbeziehung aufzubauen. Die persönlichen Gespräche werden also eher für Feedback-Gespräche oder die Abstimmung komplexerer Projekte genutzt, Telefon- und Videogespräche für die tägliche Abstimmung.

Auch wenn bei Microsoft in Österreich, wie auch in anderen Niederlassungen von Microsoft, sehr viel für die Vereinbarkeit von Familie und Beruf getan wird, ist es noch nicht ausreichend. Noch mehr muss sensibilisiert und möglicherweise auch individueller geregelt werden, damit wir berufstätigen Müttern die Rückkehr ins Berufsleben, auch in Führungspositionen, erleichtern. Gerade für die Führungskräfte bedeutet dies, sich diesen Themen aktiv zu stellen und sich regelmäßig zu informieren und auch mit den berufstätigen Müttern nach unternehmensspezifischen Lösungen zu suchen. Wichtig ist zu fragen, ob die Doppelbelastung wirklich erträglich ist und wie besser unterstützt werden kann. Es gilt gerade für Führungskräfte, ein wachsames Auge auf diese Frauen zu richten, denn bei zu hoher Doppelbelastung kann die Motivation schnell schwinden oder gar in einer Erschöpfung münden.

»Gender Diversity« – Was ist dran an der Geschlechter-Vielfalt?

Jedes Unternehmen möchte heute an der Gender-Debatte beteiligt sein; man übertrifft sich mit Quoten und Rekrutierungsmaßnahmen, alle wollen die weiblichen Vorbilder fördern. Aber was heißt Diversity für Unternehmen, vor allen Dingen kapitalmarktorientierte Unternehmen?

Diversity, salopp übersetzt: Vielfalt, ist heute keine Frage mehr, sondern eine Notwendigkeit. Das Thema bestimmt mittlerweile die öffentliche Debatte. Als sogenanntes Rollenmodell habe ich mir überlegt, was ich dazu in meiner täglichen Arbeit beitragen kann. Ich habe mich für den persönlichen Austausch entschieden. In vielen kleinen Diskussionsgruppen konnten mir Mitarbeiterinnen persönliche Fragen zu Themen stellen, die sie beschäftigten und auf die sie eine Antwort haben wollten. Hier eine kleine Auswahl: »Was muss ich auf dem Weg nach oben berücksichtigen?« – »Welche Ausbildung war förderlich?« – »Wie dürfen sich Frauen im Business kleiden?« – »Wie viel muss ich wirklich arbeiten?« – »Bereust du es, dass du keine Kinder hast?«

Die wichtigsten Fragen wurden jedoch nie gestellt, obwohl sie immer im Raum standen: »Wie kann ich mich als Frau in dieser Männerwelt behaupten – und Frau bleiben?« – »Darf ich anders sein oder muss ich mich verstellen?« Die Quintessenz all dieser Fragen ist, dass es für Frauen keineswegs selbstverständlich ist, sich auf den Weg nach oben zu machen oder sich für ihre Bedürfnisse einzusetzen. Und ich habe erkannt, dass es noch etwas viel Wichtigeres gibt: Es geht darum, dass Frauen ihre Wünsche artikulieren und sich dafür einsetzen. Die männlichen Manager müssen lernen, die Signale und die Botschaften der Frauen zu verstehen, die kleinen Unterschiede in der Kommunikation bewusst wahrzunehmen und sich dafür zu sensibilisieren.

Gezielte Frauenförderung ist wichtig. Auch die Sensibilisierung der Männer für dieses Thema ist wichtig, damit es zur Selbstverständlichkeit wird, dass Frauen und Männer in einem Unternehmen auf die neuen Herausforderungen vorbereitet werden. Der reine Wille zur Gleichberechtigung ist ein guter Start, reicht aber praktisch nicht aus.

Wir müssen erlernen, das Neue des anderen zu entdecken. Interesse am anderen, andere Seiten entdecken, Unterschiede wahrnehmen und es muss Spass machen, sich gegenseitig zu erkunden. Jeder erfährt sein Leben in seiner einzigartigen Weise. Das erfordert für alle – Manager wie auch Mitarbeiter, eine hohe Sensibilisierung für die subtilen Unterschiede.

Subtile Ungleichheiten trotzen den vielseitigen Diversity-Initiativen

Oft sind es die kleinen Gesten, die schnellen Handlungen, die kurzen Blicke, die entscheiden, ob sich Frauen in einem Unternehmen wirklich wohlfühlen und ein Unternehmen als frauenfreundlich und integrativ empfinden. Häufig sind es vermeintlich triviale Verhaltensweisen, die gar nicht allen auffallen oder nicht sofort auffallen. Oft reicht schon der Blick in den Computer während eines Gesprächs mit dem Mitarbeiter, der das Signal sendet: »mangelndes Interesse oder mangelnder Respekt«. Auch wenn der Mitarbeiter nicht sofort darauf reagiert, wird sich ein Gefühl von »Ich werde nicht wirklich für meine Arbeit geschätzt« entstehen. Ich kenne aus meiner eigenen Erfahrung das Beispiel, dass meine männlichen Kollegen mit Handschlag begrüßt wurden und ich selbst wurde nur kurz eines Blickes gewürdigt. Dieser kurze Akt hat bei mir das ungute Gefühl hinterlassen, dass ich nicht auf der gleichen Stufe mit meinen Kollegen stehe. Auch subtile Beispiele der E-Mail-Kommunikation zeigen praktisch sofort Wirkung: erst werden die Männer und ihre Funktion vorgestellt und dann folgt die Vorstellung der Frau – kurz und knapp. Sicher ist, dass dieses Beispiel von Frauen wahrgenommen wird und nicht dazu beiträgt, dass Frauen sich als gleichbehandelt wahrnehmen – sicherlich kein Beitrag zu einer integrierenden Unternehmenskultur.

Die Einbeziehung von Frauen, von Minderheiten, von Andersartigkeit im positivsten Sinne des Wortes ist eine Anforderung an die globale Wirtschaft, die sehr viel Achtsamkeit erfordert. Achtsamkeit, für die alle sensibilisert werden müssen, die auch täglich praktiziert und geschärft werden muss und die vor allen Dingen in der Unternehmensleitung vorbildlich gelebt werden muss. Meine Erfahrung ist, dass Diversity gewünscht ist, aber der Weg zu einem ausgewogenen und befruchtenden Miteinander nicht oder nur unzureichend aufgezeigt wird. Das Bewusstsein über die Andersartigkeit und seine Auswirkungen auf die Führungskultur sind noch im Anfangsstadium.

Ein Beispiel aus der Praxis hat mir gezeigt, dass trotz guter Vorsätze Männer oft auf ihre eigenen Erfahrungen und Verhaltensmuster zurückgreifen. Vor einiger Zeit habe ich einen Manager auf eine Mitarbeiterin angesprochen und wollte mich erkundigen, warum sich diese nicht auf eine offene Position im Unternehmen beworben hatte, obwohl ihr Profil gut passen würde. Der Manager meinte daraufhin: »Sie hat sich nicht beworben und es hatte auch keine Anzeichen für eine Veränderung gegeben.« Da ich diese Mitarbeiterin in einem Meeting beobachtet hatte, war mir aufgefallen, dass sie nicht nur mehr konnte, sondern auch mehr wollte. Auf die Äußerung meines Managers antwortete ich: »Was hältst du davon, wenn du sie ansprichst und sie fragst, warum sie sich nicht auf die aktuelle Position bewirbt?« Der Manager besprach also die offene Position mit der Mitarbeiterin und sie zeigte sich sehr interessiert. Für den Manager war es überraschend, dass sie wirklich sofort Interesse bekundete, hatte sie ihm doch nichts gesagt! Frauen wollen entdeckt werden, statt aktiv mit einer Forderung auf den Vorgesetzten zuzugehen. Auch ist es nach wie vor so, dass Frauen sich immer noch weniger zutrauen oder ihre eigene Qualifikation kritischer bewerten. Wenn sie also bei einer Stellenbeschreibung einige wesentliche Punkte nicht erfüllen, werden sie sicherlich eher von einer Bewerbung absehen, als Männer dies tun würden.

Mein persönliches Ziel ist es, die Arbeitsbedingungen aktiv weiter zu egalisieren, das Klima offen zu gestalten und Emotionen zu erlauben, eine achtsame, wertschätzende Kultur zu etablieren und die Vielfalt zu fördern. Wenn die beiden wichtigsten Faktoren – gleiche und wertschätzende Arbeitsbedingungen und gutes Klima – vorliegen, wird sich das herumsprechen. Das ist meines Erachtens der beste Weg zur Rekrutierung von Frauen – jenseits aller Quoten. Ich spüre bei vielen hoch qualifizierten Frauen, dass sie für ihre Arbeitsleistung und ihren Beitrag anerkannt werden und definitiv nicht als Produkt einer Quote im Unternehmen ihren Platz finden wollen! Für mich ein weiterer Grund, eine integrierende Kultur mit großem Nachdruck täglich umzusetzen.

KAPITEL 12

Ausblick

Transformation und Wandel werden uns und die Arbeitswelt radikal verändern

Wir stehen an der Schwelle – und vielleicht haben wir sie auch schon überschritten. Genau deshalb brauchen wir den Umbruch, und höchstwahrscheinlich brauchen wir ihn dringender, als wir es glauben. Der französische Diplomat und Literat Stéphane Hessel, ein ehemaliger Résistance-Kämpfer und Überlebender des Konzentrationslagers Buchenwald, schrieb den Bestseller »Empört euch!«. In einem Interview sagte er unverblümt: »Die Menschen dürfen keine Instrumente für Zwecke sein. Wir sind jetzt alle Instrumente des Geldsystems.«[60]

Noch regiert die Macht des Geldes, doch nachdem das Kapital so exorbitant ungerecht verteilt ist, stellt sich immer lauter die Frage nach den Möglichkeiten des Ausgleichs. Es bedarf einer neuen Relation. In den letzten Jahren vermehrt sich der Widerstand. Es gibt immer weniger Verständnis für die Machenschaften der Mächtigen. Immer mehr Menschen erkennen ungeachtet jeglicher Ideologie, dass die extreme Bereicherung des einen auf Kosten des anderen nicht länger funktionieren kann. Auch die Rahmenbedingungen verändern sich stärker denn je. Gemäß des Zukunftsforschers Dr. Tim Jones lassen sich vier definitive Entwicklungen zusammenfassen:

- Ressourcenknappheit: Die physische Verknappung von Produktionsgütern wird große Veränderungen bringen.
- Mehr Menschen: Bis 2020 werden noch mehr Menschen an »falschen«, also ressourcenarmen Orten der Erde leben. Pro Jahr wird die Weltbevölkerung um 79 Millionen Menschen wachsen.
- Weniger Einfluss für die USA und Europa: Der Wohlstand verschiebt sich nach Asien und in andere aufstrebende Schwellenländer.
- Allgegenwärtiger Datenzugriff: Wir können uns zu jeder Zeit an jedem Ort vernetzen.

Insgeheim wünschen wir uns den Wandel – auch wenn wir nicht wissen, wann genau und wie er erfolgen kann. Veränderung bietet immer auch ungeahnte Chancen. Jeder kann seinen Beitrag leisten, die Zeit ist reif. Wir erleben derzeit hautnah den rasanten Wandel von der Industrie- zur Informations- und Wissensgesellschaft. Information und Wissen gewinnen in Gesellschaft und Arbeitsleben eine immer bedeutendere Rolle. Wissensarbeit stellt heute bereits die dominierende Form der Erwerbstätigkeit dar: sie ist der wesentliche Faktor der Wertschöpfung. Daraus folgt, dass Wertschöpfung künftig vorrangig durch Kreativität und Entwicklung neuer (Wissens-)Lösungen entsteht.

Diese Entwicklung ist bereits seit den späten 1970er-Jahren zu beobachten. Der Anteil körperlicher Arbeit ist seither in den Industrienationen von über 83 Prozent auf etwa 38 Prozent im neuen Jahrtausend zurückgegangen. In den nächsten fünf bis zehn Jahren wird sich dieser Trend fortsetzen: Experten erwarten einen Rückgang des Anteils derjenigen Menschen, die ihren

Lebensunterhalt durch körperliche Arbeit verdienen, auf etwa 25 Prozent. Das heißt nicht, dass die Arbeitswelt der Zukunft nur noch Platz für Akademiker hat. Aber: Auch einfachere berufliche Tätigkeiten werden durch Informationsmanagement bestimmt sein. Der Anteil informationsgestützter Arbeit könnte im Jahr 2020 somit bei 75 Prozent liegen. Wissensarbeit wird die wichtigste Arbeitsform der Zukunft sein.

Was bedeutet aber Wissensarbeit, was kann man sich darunter vorstellen? Es geht dabei um Erfinden und Planen, um Führen und Lernen, um Innovation und Zusammenarbeit. Für Unternehmen in den modernen Industrienationen wird damit das Wissen ihrer Mitarbeiter zum wertvollsten Rohstoff der Zukunft. Aus Daten werden Informationen, sie werden auch als das neue Gold bezeichnet. Diesen Rohstoff gilt es anders zu fördern, anders zu nutzen und auszutauschen. Es geht nicht nur um Kommunikation an sich, sondern um Informationsvermittlung, also um die Frage, wie man Wissen schneller und effizienter aufbauen kann.

Wissensarbeit ist mobil, flexibel und vernetzt

Wissensarbeit begreift Wissen nicht als Wahrheit, sondern als Ressource. Eine Ressource, an der man ständig arbeitet, die man ständig zu verbessern trachtet. Unter diesem Aspekt bekommt der Begriff »lebenslanges Lernen« eine vollkommen neue Perspektive. Denn Wissensarbeit ist Lernen. Sie braucht Gespräch, Kooperation und Austausch, aber auch Konzentration und Rückzugsmöglichkeit.

Diese Form der Arbeit ist mobiler – örtlich wie zeitlich. Für diese Flexibilität und Mobilität ist jedoch eine Basis erforderlich: die Informations- und Kommunikationstechnologie. Was bedeutet das konkret für den Arbeitsplatz? Traditionelle Großraumbüros mit festgeschriebenen Abläufen, fixen Arbeitsbereichen und zeitlich klar vorgegebenen Arbeitszeiten gehören der Vergangenheit an. Was sich in den letzten Jahrzehnten Schritt für Schritt an Mobilität, Flexibilität und Kreativität aufgebaut hat, schlägt sich nun auch in neuen Arbeitsplatzkonzepten nieder.

Eine Microsoft-Umfrage aus dem Jahr 2011 in 15 europäischen Ländern bei mehr als 1500 Angestellten zeigt:

- Mitarbeiter sind zufriedener und produktiver, wenn sie flexibler arbeiten können: 56 Prozent der Befragten sind überzeugt, dass sie außerhalb des Büros produktiver arbeiten können; 48 Prozent führen das darauf zurück, dass sie ihr Arbeitsumfeld dann flexibler gestalten können. 73 Prozent der Befragten sind überzeugt, dass sich ihre Lebensqualität deutlich verbessern würde, wenn sie flexibler arbeiten könnten.
- Je größer die Organisationseinheit, desto unflexibler gestalten sich die Bedingungen: Kleinere Unternehmen können auf mobile Arbeitsbedingungen und flexible Zeiten besser reagieren als Betriebe mit mehr als 500 Mitarbeitern. In großen Unternehmen verbringen Mitarbeiter ihre Überstunden zu 80 Prozent im Office; bei kleineren und mittleren Unternehmen nur 61 Prozent.

Die Mitarbeiter suchen mehr Flexibilität, die es ihnen ermöglicht, mobil und kreativ zu arbeiten. Speziell jüngere Mitarbeiter nutzen in ihrem Privatleben soziale Medien und erwarten im Arbeitsalltag ähnliche Instrumente. Wenn man über Skype schneller eine Videokonferenz ansetzt als über das Unternehmenssystem, wenn man über Facebook, Xing oder andere Netzwerke schneller einen Kontakt findet als im eigenen Intranet, kann man davon ausgehen, dass soziale Medien im Unternehmen angekommen sind. Aktuelle Untersuchungen belegen, dass 86 Prozent aller Mitarbeiter inoffizielle (also nicht unterstützte) Werkzeuge bei der Arbeit verwenden, um ihre Produktivität zu steigern.

Soziale Medien sind übrigens ein exzellentes Beispiel dafür, wie Mitarbeiter bei der Arbeit lernen, solche Instrumente optimal einzusetzen. Hier wird meist auch generationsübergreifend gelernt. Wer als Unternehmen hier keine Offenheit und Flexibilität zeigt, verliert Produktivität und im schlimmsten Fall Mitarbeiter.

Was macht das neue Arbeiten nun anders? Nehmen wir die Mobilität als Beispiel: Die Arbeitsteams können sich nun aus einer Vielzahl an unterschiedlich großen Räumen und speziellen räumlichen Settings, wie Cafés, Lounges oder Bibliotheken, die geeignete Arbeitsstätte für die jeweilige Arbeit aussuchen. Viele Mitarbeiter, die häufig unterwegs sind, haben keinen fix zugeordneten Arbeitsplatz mehr. Stattdessen haben sie die Wahl zwischen verschiedenen Arbeitszonen, vom klassischen Großraumbüro über unterschiedlich eingerichtete Besprechungszimmer bis hin zu kleinen Arbeitsräumen und Boxen für den persönlichen Rückzug. Das Einzige, was sie dafür benötigen, ist ein Laptop und ein Smartphone.

So kann man produktiver arbeiten, besser kommunizieren und mehr voneinander lernen. Die neue Freiheit macht Mitarbeiter zu »Nomaden«, die sich Plätze ihrer Wahl für die Begegnung mit anderen Teams aussuchen. So wird das neue Arbeiten auch ein neues Lernen. Immer mehr Unternehmen interessieren sich für die neuen Arbeitsszenarien.

Wie lassen sich notwendige Veränderungen nachhaltig gestalten?

Was es heute an Bildungsangeboten gibt, ist nicht genug. Wir brauchen eine neue Bildungsbasis. Wichtig sind neue Lern- und Ausbildungsformen, die den Bedürfnissen der Wissensarbeit und damit der neuen Arbeitswelt entgegenkommen.

Kinder, die heute geboren werden, gehen frühestens im Jahr 2075 in den Ruhestand. Das Bildungssystem sollte daher so ausgelegt sein, dass es kommende Generationen optimal auf die Herausforderungen der Informations- und Wissensgesellschaft vorbereitet. Aber erfüllt das derzeitige System diese Anforderungen?

Die herkömmlichen, am Industriezeitalter orientierten Modelle waren die Grundlage für unser heutiges Bildungssystem. Es verlangt vom Einzelnen, sich an das System anzupassen und sich darin zu bewähren. Ein an den Leitlinien des Wissenszeitalters orientiertes Modell stellt jedoch den Lernenden in den Mittelpunkt und fragt sich, wie ein Bildungssystem auszusehen hat, das den Lernenden bestmöglich bei der Ausschöpfung seiner Potenziale unterstützt. In diesem Bildungsmodell verstehen die Schüler Bildung als vielversprechenden Start in eine positive Zukunft. Lehrer werden darin zu Anwälten ihrer Schüler und interpretieren Bildungsstandards und Lehrplanvorgaben aus dem Blickwinkel des Schülers. Damit ändert nicht nur der Schüler seine Haltung, sondern auch der Lehrer: Er ist nicht mehr Statthalter hermetischen Wissens, sondern Spezialist für Lernkompetenz. Aus dem Wissensexperten wird ein Lehr- und Lern-Experte.

Das Lernen endet künftig auch nicht mehr am Schul- oder Universitätstor: Im gleichen Ausmaß, in dem die Anzahl der verfügbaren Informationen steigt, sinkt die Halbwertszeit des erworbenen Wissens oder auch der erlangten Ausbildung. Lebenslanges Lernen wird nicht mehr das Privatvergnügen besonders interessierter Menschen sein, sondern eine absolute Notwendigkeit. Diese Art der Wissensvermittlung ist auch keine Einbahnstraße, sie spricht alle an. So lernen die Alten von den Jungen neue Kompetenzen, beispielsweise im Bereich der Technologie, während die Jugend bei Themen wie soziale Intelligenz, Ruhe, Gelassenheit und Erfahrung vom Wissensvorsprung der Älteren profitiert.

Diversity: Unsere Zukunft braucht Vielfalt

Monokulturen sind langweilig, anfällig und nur auf Massenproduktion ausgerichtet. Das ist im Wald so, in der Landwirtschaft – und in der Arbeitswelt. Büro-Monokulturen, bei denen alle an der gleichen Stelle lachen oder betroffen dreinschauen, sind anödend und schlimmer noch: Sie vernichten jegliche Kreativität und machen die Menschen träge, mutlos, unbeweglich. Eine graue, fast kafkaeske Masse, in der die Arbeit wie eine Fron verrichtet wird. Das Gegenteil ist wichtig: Teams müssen vielfältiger werden. Vielfalt schürt Zweifel an der Selbstgerechtigkeit, hinterfragt, macht lebendig und erfolgreich. Und Vielfalt ist kein Luxus. Man integriert ältere und jüngere Menschen, Männer und Frauen, Menschen mit unterschiedlichen Expertisen und Qualifikationen, Migranten und Einheimische in einem Team – das sichert das Ergebnis und entspricht dem Abbild unserer Gesellschaft.

Auch beim Arbeitsstil ist Vielfalt angesagt: Junge Arbeitnehmer, die »Digital Natives«, gehen mit IT und sozialen Medien wie Twitter völlig selbstverständlich um, ältere Kollegen verwenden andere Methoden. Offline und Online vermischen sich aber nicht nur entlang der Altersgrenze der Mitarbeiter, sondern auch entlang der Altersgrenze der Kunden. Kunden, die 20 Jahre alt sind, wollen über andere Kanäle informiert, beworben und bedient werden als Kunden, die 50 oder 60 Jahre alt sind. Es geht also um das Angleichen von Arbeitsstilen und Kommunikationskanälen, um unnötige Barrieren zu vermeiden. Erfolgreich wird ein Unternehmen dementsprechend nur sein, wenn es ihm gelingt, generationengerechte Arbeitswelten zu etablieren, in denen Menschen unabhängig von Alter, Geschlecht und Herkunft integriert sind und voneinander lernen können.

Die neue oder besser angeglichene Kommunikation ist zunehmend auf Dialog, Konversation und Sinnstiftung ausgerichtet. Diese Art der Kommunikation dient nicht nur der reinen Informationsvermittlung oder Weitergabe von Kernbotschaften, sondern löst zunehmend auch Lernprozesse im Unternehmen aus. Moderne Unternehmenskommunikation bindet den Mitarbeiter aktiv ein, und dabei werden soziale Medien immer bedeutender. Auch der Umgang der Manager untereinander muss neu gestaltet werden und erfordert eine Kommunikation mit hohem Vernetzungspotenzial. Diese Kommunikation setzt zunehmend pädagogische Fertigkeiten und Methoden aus dem Coaching voraus.

Die Zukunft heißt: Ecce homo

Oder vielleicht sollte es vielmehr heißen: Von der Kunst das Leben und die Arbeit besser zu vereinen.

Im *Manager Magazin* wurde kürzlich kolportiert: »Wer will noch Chef werden?«[61] Die Sehnsucht nach Freiräumen wird stärker, sie spielt in modernen Organisationen eine immer größere Rolle. Der Trend geht eindeutig zu mehr Authentizität, Selbstbestimmtheit und Eigenverantwortung. Je höher die Fremdbestimmung in einer Organisation ist, desto intensiver wird aktiv oder passiv Widerstand geleistet. Bedenkenträgertum oder fehlendes

Engagement der Mitarbeiter sind Indizien für passiven Widerstand. Kontraproduktiv und völlig widersprüchlich ist es auch, wenn Organisationen ihre Mitarbeiter zur Teilnahme an Veränderungsprozessen auffordern, obwohl das System das gar nicht erlaubt, weil alles festgelegt ist. Diese und ähnliche Symptome dominieren leider noch in großen Teilen unsere Gegenwart. Sie werden aber ganz sicher in den nächsten Jahren der Vergangenheit angehören.

Was wir brauchen, sind neue Arbeitsmodelle, neue Werte bei der Leistungsbemessung und vor allen Dingen neue Organisationsformen und Managementmethoden.

Die neuartigen Unternehmen und die neue Welt der Arbeit

Arbeit wird es immer geben, denn sie beflügelt die Menschen, macht sie schöpferisch und stolz.

Der Sinn der Arbeit ist ein wichtiges Kriterium für das Wohlbefinden. »Arbeit in Zukunft ist jene Leidenschaft, die sich auch finanziell lohnt«, formulierte es der Management-Philosoph Charles Handy.[62]

Mit steigender Tendenz setzen sich, laut Zukunftsinstitut, immer mehr »Kreative« durch. Hiermit sind nicht nur die klassischen Künstlerberufe oder andere kreative Tätigkeiten wie Fotografen, Werber, Moderatoren etc. gemeint, sondern Menschen, die sich entschieden haben, für ihre schöpferischen Fähigkeiten einzustehen. Kreativität wird somit zum Wettbewerbsvorteil. Die kreativen Menschen bieten ihre spezifischen Fähigkeiten an und bleiben im Besitz dieser Fähigkeiten.

Die neue Arbeit wird nicht mehr nur durch die herkömmlichen Arbeitsformen und -rhythmen, sondern vor allen Dingen durch die Generierung von Lebenssinn gekennzeichnet sein. Neue Arbeitszeit- und neue Beschäftigungsmodelle zeichnen sich ab. Die Vollzeitarbeit wird mehr abnehmen, dafür wird es mehr Mischformen geben wie beispielsweise die 30-Stunden-Woche mit sozialem Dienst oder bürgerlichem Engagement. Die Mitarbeiter werden als »Unternehmer« behandelt und erhalten immer höhere variable Gehaltsbestandteile, die an dem Erfolg des Unternehmens bemessen werden. Die Menschen werden immer mehr nach ihren Talenten, also entlang ihrer persönlichen Potenziale eingesetzt und nicht nur gemäß ihrer Biografie und Berufserfahrung. Ein entscheidender Unterschied zur heutigen Arbeitswelt, wo die Biografie vorwiegend den Einsatzbereich vorgibt. Talententwicklung endet nicht mit der Suche der neuen Leistungsträger, sondern wird sich vor allen Dingen auf die Erkennung der Potenziale, der persönlichen Fähigkeiten ausrichten.

Jedes (neuartige) Unternehmen ist grundsätzlich dazu da, Werte zu schaffen, Beziehungen zu gestalten, und sollte sich als gesellschaftliche Institution verstehen, Identität stiften und Sicherheit bieten, um einem höheren Sinn zu folgen. Das impliziert eine langfristige Ausrichtung. Einige Familienunternehmen haben sich diese Werte auch in krisenhaften Zeiten oder in Zeiten großer Umbrüche bewahrt. In Unternehmen, die ihre Werte nicht nur propagieren, sondern auch leben, kann man einen höheren Grad an Mitarbeiterbindung feststellen. Menschliche Führung heißt seine Mitarbeiter zu unterstützen. Emotionen beeinflussen das Klima.

Auch wird in diesen neuartigen Unternehmen das ganzheitliche Denken bedeutender werden. Es gilt, Zusammenhänge und Wechselwirkungen, Synthesen und Prozesse zu verstehen, statt sie in funktionale Prozesse aufzuspalten.

Die Organisationsform wird sich verändern. Die klassische Führungspyramide wird ersetzt – es entsteht ein Netzwerk, das durchlässig und variabel ist.

Ein von Menschen und Beziehungen aufgebautes Netzwerk, in dem Mitarbeiter eigenveratwortlich handeln, selbständig Projekte koordinieren und mit mehr Entscheidungsspielräumen arbeiten.

Gary Hamel, einer der einflussreichsten Managementdenker unserer Zeit, plädiert sogar dafür, das Management abzuschaffen. Das ist keine Utopie, denn dazu laufen bereits Studien und es gibt auch einige praktische Beispiele wie die US-Firma Morning Star, die gemäß ihrem Leitbild ein Unternehmen erschaffen hat, in dem alle Teammitglieder »selbstbestimmte Beschäftigte« sind, die ohne Vorgaben von Managern ihre Aufgaben erledigen.

Diese Selbstorganisation der Menschen untereinander funktioniert nur, weil es klare Regeln für die gegenseitige Abstimmung gibt. Die Vorteile sind niedrige Kosten, tieferes Fachwissen, mehr Kollegialität, bessere Entscheidungen, mehr Eigeninitiative, höhere Loyalität. Die Nachteile sind sicherlich die schwierige Einarbeitung und eine entsprechende Anpassung an die Firmenstruktur, insbesondere wenn man zuvor in hierarchischen Systemen gearbeitet hat.[63]

Eine große Herausforderung ist auch noch, dass Messkriterien fehlen und es keine (oder kaum) vergleichbare Positionen in anderen Unternehmen gibt. Noch gilt es zu klären, ob solche Modelle auch in größeren Unternehmen und in verschiedenen Kulturkreisen funktionieren. Trotz allem sieht es nach einem vielversprechenden Modell für eine neue Arbeitswelt aus. Es lohnt sich ohne Zweifel, es weiter zu erforschen und weiter auszuarbeiten.

Die Selbstverantwortung im beruflichen Kontext wird immer mehr steigen, denn letztlich zeichnet sich ab, dass keine Position mehr dauerhaft formell bestehen bleibt. Die Unsicherheit wächst, und das erhöht erst einmal den Druck auf jeden einzelnen Mitarbeiter, wird aber andererseits sicherlich auch als Befreiungsschlag interpretiert. Wichtig ist nur, dass diese persönliche Transformation von den Unternehmen begleitet wird. Zu groß ist die Gefahr, dass die Mitarbeiter sich zu verantwortlich fühlen und zu viel arbeiten. Die neu gewonnenen Freiräume müssen sich nicht nur erkämpft werden, es muss auch erlernt werden, mit diesen Freiräumen umzugehen. Das wird eine der größten Herausforderungen der Unternehmensleitung in den nächsten Jahren darstellen.

Es ist mir ein persönliches Anliegen, dass sich in den neuen Unternehmen auch eine Kultur der Herzen etabliert, die den Menschen ganzheitlich erfasst und nicht mehr nur als Mitarbeiter oder Produktionsfaktor betrachtet. Dabei wird sich der neue Führungsstil entlang unserer fünf Ebenen der menschlichen Wirklichkeit – materielle, vitale, mentale, seelische und spirituelle Ebene – ausrichten (müssen). Der Weg zu einer Kultur der Herzen ist intensiv, mit viel persönlicher Hingabe der Führungskräfte verbunden. Es ist sozusagen ein kollektiver Veränderungsprozess, der im Inneren beginnt und sich dann im Äußeren manifestiert. Empathie und Intuition werden wieder zugelassen und weisen uns wie ein Kompass auch durch extreme oder unbekannte Situationen. Das Führungsverhalten richtet sich an den Bedürfnissen der Mitarbeiter aus und wird durch unterschiedliche Rollen geprägt sein. Situativ oder individuell wird die Führungskraft in andere »Rollen« schlüpfen, beispielsweise einmal als Beschützer, Motivator, oder als kooperationsbereiter Partner auftreten. Das bedeutet, dass die Führungskraft auch bereit ist, die anderen an der eigenen Persönlichkeit teilhaben zu lassen. Eine gute akademische Ausbildung wird nicht mehr reichen und auch das MBA einer Eliteuniversität nicht. Seelische Stabilität und ein guter Zugang zu sich selbst werden immer wichtiger, auch um sich zu schützen und sich selbst auf diese neuen Herausforderungen einzustimmen. Wir müssen auf die vielseitigen Veränderungen besser eingestellt sein, deshalb muss auch die Führung Fähigkeiten wie beispielsweise Achtsamkeit für sich selbst und für andere Menschen neu erlernen.

Mensch, Gemeinschaft und Natur werden harmonisiert

Es ist nötig, den Menschen und seine Triebkräfte in gesellschaftstheoretische Überlegungen einzubeziehen. Natürlich formen die Strukturen der Gesellschaft den Menschen. Aber eine neu zu entwickelnde Gesellschaft kann nie besser werden, als es die einzelnen Menschen in dem Moment sind, in dem sie die Umgestaltung bewerkstelligen. Sie wird von den Menschen in ihrem derzeitigen emotionalen Zustand umgestaltet und weiterentwickelt. Und sind diese Menschen achtlos, emotional abhängig, verschlossen, fantasielos, aggressiv, sich ihrer eigenen psychischen Befindlichkeiten und denen anderer nicht bewusst, so wird auch die Gesellschaftsstruktur, die sich diese Menschen zu geben wünschen, diesen Voraussetzungen entsprechen. Das System als Ergebnis einer Umwandlung kann nie besser sein als die Menschen, die es gestalten. Deshalb ist es zu jedem Zeitpunkt wichtig, sich zu besinnen und sich selbst und anderen Menschen achtsam und liebevoll zu begegnen.

Die Zukunft dreht sich um die Gewinnung von Wissen und die Entdeckung der eigenen Weisheit. Und damit wächst auch unsere Verantwortung, uns anders zu orientieren und uns weiter vorwärtszubewegen.

KAPITEL 13

Zur Diskussion

Zwei ergänzende Gastbeiträge und ein Interview

Während meiner gesamten Laufbahn hat mich ein Thema immer wieder begleitet: Offenheit für andere Perspektiven. Nur wer sich einen Blick links oder rechts vom gewohnten Weg erlaubt, kann auch neue Eindrücke gewinnen und so neue Erfahrungen sammeln. Keiner von uns ist allwissend, deshalb ist es nicht nur in Ordnung, sondern elementar wichtig, dass wir uns an den Punkten Hilfe oder Rat von außen holen, an denen wir alleine nicht weiterkommen. Ich habe mir deshalb angewöhnt, offen für alles zu sein, mir die verschiedensten Standpunkte und Herangehensweisen anzuhören und für meinen Weg das mitzunehmen, das aus meiner Sicht Sinn macht. Das kann eine klassische Beratung ebenso sein wie eine astrologische, die neue Perspektiven aufzeigt.

Im Folgenden möchte ich noch drei meiner Wegbegleiter zu Wort kommen lassen, die meine Sicht auf das Thema Führungsstil beeinflusst haben und mit denen ich mich immer wieder dazu austausche. Vielleicht stoßen Sie hier auf interessante neue Gesichtspunkte, die Sie in Ihrer bisherigen Sichtweise noch nicht berücksichtigt haben:

Gastbeitrag von Christoph Santner

Christoph Santner ist Zukunftssexperte, Redner, Trainer und Autor mit Sitz in Salzburg und in München. Seit 25 Jahren sind Innovation, Zukunft und Nachhaltigkeit seine Themen. Jährlich veranstaltet er mit Freunden die WEIMARER VISIONEN – die FestSpiele des Denkens. Für FORUM Nachhaltig Wirtschaften berichtet er über richtungsweisende Projekte und Themen (christoph.santner@weimarervisionen.de)

Wir haben uns bei verschiedenen Veranstaltungen ausgetauscht. Seine Ansichten haben mich sehr inspiriert.

Zukunft ist, was wir daraus machen Oder: Warum die Zukunft weiblich ist

Beginnen wir mit dem ganz, ganz großen Bild, mit der kosmischen Perspektive: Diese Welt ist ein wundervoller Ort. Soviel wir wissen ist sie der einzige Planet weit und breit, der Leben hervorgebracht hat. Angeblich sogar intelligentes Leben, den Homo sapiens. Wenn wir die gesamte Entwicklung unserer 4,6 Milliarden alten Erde auf einen 24-Stunden-Tag umlegen, beginnen die ersten Humanoiden vor zwei Minuten aufrecht zu gehen. Der »vernunftbegabte Mensch«, der Homo sapiens, beginnt sich vor rund 120 000 Jahren von Afrika aus über die Erde auszubreiten, also vor zwei Sekunden in unserer 24-Stunden-Erdgeschichte. Und erst vor 0,2 Sekunden, also vor rund 11 000 Jahren, fängt er an, Ackerbau und Viehzucht zu treiben und damit das Antlitz der Welt zu verändern. Die Industrialisierung, die im späten 18. Jahrhundert startet, spielt sich demnach im Millisekundenbereich ab – von Weltraumraketen, Robotern, Medizin- und Informationstechnologie gar nicht zu sprechen.

Was bedeutet dies nun? Evolutionär gesehen sind auf diesem Planeten Entwicklungskräfte am Werk, die weit größer und intelligenter sind, als es unser kurzsichtiges Machbarkeitsdenken wahrnimmt. Für den nächsten Schritt unserer Entwicklung wird es aber entscheidender sein, das BEWUSSTsein mindestens so entschieden voranzutreiben wie die Technik.

»Greed is good« – Gier ist gut – lautet das Credo der Wall Street. Gordon Gekko, gespielt von Michael Douglas, spricht es in Oliver Stones gleichnamigen Film von 1987 aus. Im zweiten Teil des Filmes von 2010, zu dem Stone durch die Finanzkrise inspiriert wurde, kommt Gekko geläutert aus der Haft zurück, die er wegen Insiderhandels absitzen musste. Im Gefängnis hat er ein Buch geschrieben: »Is Greed Good?« Schließlich investiert er in »grüne Technologie«. Mit ausschlaggebend für seinen Sinneswandel ist das Ultraschallbild seines entstehenden Enkelkindes.

Wenn bei den Chayenne die Chiefs zu einer wichtigen Entscheidung zusammenkamen, saßen immer auch die »Women Chiefs« mit im Kreis. Ihre Aufgabe war es zu überprüfen, ob die getroffene Entscheidung auch für die siebte kommende Generation noch gut sein wird. Frauen wurden und werden in dieser Kultur als die Überbringerinnen des Lebens angesehen. Weil in ihren Körpern ganz real neues Leben heranwächst, haben sie ein ausgeprägtes intrinsisches Wissen über die Gesetzmäßigkeiten der Materie. Das lateinische Wort *mater*, also Mutter, kennt diese enge Verbindung zur Materie.

Weil dies so ist, plädiere ich als Mann für eine Stärkung der Rolle der Frau. Gerade in der Wirtschaft. Denn zumindest diejenigen Frauen in Führungspositionen, mit denen ich zu tun hatte und mit denen ich in verschiedenen Projekten kooperiere, denken langfristiger, teamorientierter, menschlicher. Die sogenannten weichen Faktoren beherrschen sie oft besser – und gerade diese sind nicht selten die eigentlichen »harten« Kriterien. Zumindest werden sie künftig immer wichtiger sein. Oft ist weiblichen Führungskräften das WIR wichtiger als das ICH. Und gerade an diesem Paradigmenwechsel – vom ICH zum WIR – wird sich entscheiden, ob unsere Spezies überlebensfähig ist. Ob wir von der Konkurrenz (= um die Wette laufen) zur Kooperation (= Zusammenarbeit) kommen. Wie drückte es Mahatma Gandhi so unvergleichlich aus? »There is enough for everybodys need, but not for everybodys greed« – Es ist genug da für jedermanns Bedürfnisse, aber nicht für jedermanns Gier. Wenn unsere unverhältnismäßige Ressourcenvertilgung anhält, entziehen wir uns selbst die Lebensgrundlage, das wissen wir spätestens seit den »Grenzen des Wachstums« des Club of Rome.

Letztlich ist es ganz einfach: Die Welt wird nachhaltig sein, oder sie wird eben nicht mehr sein. Zumindest nicht für uns Menschen. Kellerasseln und Küchenschaben mit einem viel resistenteren Organismus werden unsere Spezies vermutlich überleben. Der »Earth Overshoot Day«, also der Tag, von dem an jedes Jahr das Ressourcenkonto unseres Planeten überzogen ist, wurde 2011 für den 27. September errechnet. Von da an wachsen die Ressourcen nicht mehr nach, sondern werden unwiederbringlich geplündert. 1987 lag dieser Tag erst beim 19. Dezember.

Wir Menschen justieren gerade das Steuerrad unseres Raumschiffes Erde, entweder in Richtung einer umgestalteten Welt und Wirtschaft – oder auf Untergang. Die Dinosaurier haben es uns vorgemacht, dass man auch als dominante Spezies scheitern kann. Wäre nicht gerade das Jahr 2013 der perfekte Zeitpunkt für diesen Bewusstseinswandel, gerade in Deutschland? Denn genau vor 300 Jahren nahm Hans Carl von Carlowitz in seinem Werk »Sylvicultura oeconomica« und in der »Kursächsischen Forstverordnung« das Wort »Nachhaltigkeit« zum ersten Mal in den Mund. Dabei predige ich gar nicht Verzicht und Enthaltsamkeit. Prof. Michael Braungart erklärt und praktiziert mit seinem

»Cradle to Cradle«-Konzept schlüssig, wie eine 100-prozentig nachhaltige und recycelbare Produktion und Wirtschaft aussehen können.

Ich sehe absolut hoffnungsvoll in die Zukunft. Ich glaube an die Intelligenz unserer Spezies. Und mit Friedrich Hölderlin bin ich der Überzeugung: »Wo Gefahr ist, wächst das Rettende auch.« Denn viel Rettendes mache ich auf unserem Planeten aus, sei es eine komplett ökologische Stadt für 60000 Menschen, Masdar City, die in Abu Dhabi entsteht – ich habe sie für eine Reportage besucht – oder seien es die Phänomene einer Sharing Economy, die stark um sich greift. Das Internet selbst wurde nach diesem Prinzip aufgebaut. Sein Erfinder, Prof. Tim Berners-Lee, hätte aus seiner Idee auch ein profitorientiertes Start-up machen können. Aber nein, ihm ging es um den Fortschritt des Wissens und der Menschheit, als er am CERN ab 1989 WWW, HTML, HTTP und URL erfand, um die Computer seiner Wissenschaftskollegen zu vernetzen.

Würde man heute all die Codes entfernen, die auf Open Source basieren, die also von Programmierern umsonst geschrieben und ständig verbessert werden, dann würden in der nächsten Sekunde weltweit Züge stehen bleiben, Flugzeuge abstürzen, das Internet nicht mehr funktionieren und die Technikwelt, wie wir sie kennen, zum Stillstand kommen. Gäbe es nicht Millionen von Menschen, die Teil der Lösung sein wollen, hätten wir auch keine unverzichtbaren Ressourcen wie Wikipedia & Co., die von einem Heer Freiwilliger tagtäglich gratis gespeist werden.

Diese Sharing Economy wächst von Jahr zu Jahr, genauso wie Social Businesses. Immer mehr gerade auch begabte junge Menschen engagieren sich in diesen neuen Unternehmen, Grameen Creative Lab sei nur als ein Beispiel genannt. Sie arbeiten zwar nach wirtschaftlichen Kriterien, aber sie haben das Ziel, primär echte Probleme zu lösen, statt lediglich äußerste Gewinnmaximierung zu betreiben. Und sogar im Finanzsektor findet ein Umdenken statt: Das *Sustainable Capitalism Manifesto* von Al Gore beschreibt, wie mit Kapital die Welt zum Guten verändert werden kann.

ANASTROPHEN geschehen immer öfter. Also Kehrtwendungen hinauf zum Besseren (gebildet aus den griechischen Wörtern ἀνά = aná = hinauf und στρέφειν = stréphein = wenden). Der Berliner Künstler, Philosoph und Aktivist Krystian Schneidewind schreibt dieses Wort nicht nur groß auf seine Bilder, sondern sprüht es auch in ästhetischen Typografien auf leere Wände der Städte, um zu signalisieren: Eine neue Zeit beginnt.

Dieses neue Bewusstsein findet sich mehr und mehr auch in den großen Unternehmen. Nicht von ungefähr war der Titel des Weltwirtschaftsforums in Davos 2012: »The Great Transformation: Shaping New Models«. Den Wirtschaftslenkern und politischen Führern ist es also sehr wohl bewusst, dass es nicht genügt, an der einen oder anderen Stellschraube zu drehen. Es geht um eine tief greifende Veränderung, Metamorphose, Transformation im Denken und Tun. Und um neue Modelle, die zukunftsfähig sind. Gerade im Segment der Green Economy warten »Gute Geschäfte«, wie Franz Alt sein letztes Buch betitelt hat. Eine Rückbesinnung findet statt, was »Companies« eigentlich sind. Das Wort kommt aus dem Lateinischen, von *cum panis*, und bedeutet so viel wie »das Brot miteinander brechen«. Mitarbeiter und Kunden sind in diesem Verständnis »Kum-pane«, Kum-pels, Freunde und nicht Feinde, die es auszubeuten gilt.

»Arbeit« wird nicht mehr den Beigeschmack haben, den die mittelhochdeutsche Wortwurzel beinhaltet, nämlich »Mühe«, »Strapaze«, »Plage«. In einer Zeit, in der uns intelligente Maschinen mehr und mehr der mühsamen Arbeiten abnehmen und uns Freiraum für das Wesentliche geben, entsteht eine neue Definition von dem, was der Mensch sein kann: *Homo crearens*, der erschaffende Mensch, der sich eine Welt aufbaut, die wie nie zuvor in der Menschheitsgeschichte paradiesisch ist.

Gelacht wäre es, wenn wir das nicht schaffen.

Gastbeitrag von Lars Maydell

Lars Maydell hat Umwelttechnik, Nachhaltigkeit, Betriebswirtschaft und Coaching in Wien, Rotterdam, Paris und London studiert. Er war bis vor Kurzem Senior Berater bei Egon Zehnder International und gründete das Beratungsunternehmen MAYDELL ADVICE, das sich auf das Mentoring und die Karrierebegleitung von Topführungskräften und Aufsichtsräten spezialisiert.

Lars Maydell hat mich für die Position bei Microsoft rekrutiert und mich während der Anfangszeit aktiv begleitet. Ich habe ihn gebeten, seine Erfahrungen als Personalberater, spezialisiert auf die Suche nach Führungskräften, für dieses Buch zusammenzustellen.

Wie findet man die Führungskräfte der Zukunft? Verantwortungsvolle Unternehmensführung und die Rolle von Executive Search

Vor einigen Monaten bekam ich eher zufällig einen interessanten wissenschaftlichen Artikel von einem Berliner Kollegen zugesandt. Es ging um verantwortungsvolle Führung im Kontext einer globalen Stakeholdergesellschaft. Die Autoren zeigen auf Basis der Analyse von beinahe 80 Jahren Führungsforschung, dass diese bis heute weitgehend einem »industriellen Paradigma« folgt.

Forschungsziel ist die Bestimmung von »Führungserfolg« im Sinne von Effektivität. Es kommt gemäß der Autoren zu einer inhärenten Gleichsetzung von »effektiver« mit »guter« Führung. Die Autoren kommen zu dem Schluss, dass ohne ethische Reflexion und Beurteilung darüber, was »gute« Führung ausmacht, ein Urteil nicht möglich ist.

Verantwortungsvolle Unternehmensführer machen sich schon seit geraumer Zeit diese erweiterte Definition von »guter« Führung zu eigen und entwickeln neue, ergänzende Managementkompetenzen auf individueller, organisatorischer und gesellschaftlicher Ebene. Petra Jenner steht in Österreich wie kaum eine andere Topmanagerin für das Bemühen, Hierarchien abzubauen, Talente zu fördern und fordern und den Mitarbeiter und Firmenpartner mit all seinen Bedürfnissen im Unternehmen zu integrieren. Aber auch Executive-Search-Berater haben sich seit einiger Zeit dieser Frage angenommen und entwickeln weiterführende Dienstleistungen.

Heutige Unternehmenslenker sind enorm gefordert. Sie sind angehalten, nationale wie globale Themen in ihre Entscheidungsfindung zu integrieren, wissenschaftliche Neuerungen und schnelle technologische Sprünge zu antizipieren und sich wandelnde gesellschaftliche Normen in ihrer Führungsarbeit zu berücksichtigen. Dies betrifft nicht nur Manager in großen Unternehmen, sondern in gleichem Maße Familienunternehmer und Führungspersonal von kleinen und mittleren Unternehmen.

Diese erhöhte Komplexität erfordert reflektierte und authentische Persönlichkeiten. Angst und Gier sind ihnen weitgehend fremd. Es sind vielmehr Menschen, die über moralischen Mut verfügen, darauf vorbereitet sind, Risiken zu tragen, und die Leidenschaft besitzen. Es kann sich dabei um ganz unterschiedliche Typen handeln – introvertiert und extrovertiert, laut und leise, großzügig und penibel, charismatisch und technokratisch – aber geeint durch eine Idee.

Sie wissen, warum sie führen wollen, und sind mit dem grundsätzlichen Führungshandwerk ausgerüstet. Was diese Menschen gewiss nicht eint, sind Geschlecht, Alter, Sozialisierung in engen nationalen Netzwerken und ideologische Ausgrenzung. Auf der Basis dieser emotionalen Fixierung, in der »Leadership« seine Wurzeln hat, möchte ich erforschen, inwieweit Berater heute dazu beitragen, solche Führungspersönlichkeiten und Teams zu identifizieren, zu fördern und an die Spitze von Unternehmen zu begleiten.

Die Suche

Das Paradoxon von Executive Search (Direktsuche) ist es, dass eine Beauftragung meist erst dann erfolgt, wenn die Unternehmensführung oder der Eigentümer bereits eine Unterlassung begangen hat. Die Suche nach einem Nachfolger für den scheidenden Vorstand bzw. Geschäftsführer ist in vielen Fällen kurzfristig, unter hohem Zeitdruck und daher ungenügend vorbereitet. Human-Resource-(HR)-Manager, die grundsätzlich das Wissen in sich tragen, um substanzielle interne wie externe Nachfolgeregelungen zu gewährleisten, werden in ihrer strategischen HR-Rolle nicht ernst genommen. Anstatt nachhaltige und ausgeglichene »Sucession Planning« umzusetzen, werden sie zu Ausführungsinstrumenten bei der Evaluierung eines Headhunters. Oft müssen sie sich dann noch den einseitigen Rahmenbedingungen der Einkaufsabteilung bei der Auswahl eines Headhunters nach rein ökonomischen Prinzipien unterwerfen. Das Ergebnis ist dementsprechend dem Zufall ausgesetzt. Eine Führungspersönlichkeit von »weiblichem« Format (wie von Petra Jenner adressiert), die ernsthaft an der Entwicklung eines authentischen Unternehmens, welches sich in erster Linie an den Bedürfnissen seiner Kunden und Mitarbeiter orientiert, interessiert ist, beachtet folgende beispielhafte Grundsätze bei der Suche nach Verantwortungsträgern:

- Es existiert ein gemeinsames Verständnis über die grundsätzlichen Herausforderungen und Annahmen – wie z. B. die allgemeine Veränderungsgeschwindigkeit, das teilweise chaotische Marktumfeld und die mögliche Ressourcenknappheit. Der Unternehmensführer schließt daraus, welche Kompetenzen in Zukunft im Unternehmen verstärkt vorhanden sein müssen bzw. welche aktuell fehlen. Diese Kompetenzen können sich ganz wesentlich von den etablierten Managementkompetenzen bzw. dem »industriellen Paradigma« (siehe oben) unterscheiden. Sie können unter anderem folgende Bezeichnungen annehmen: die Fähigkeit zum Management von Wertekonflikten, die Kompetenz zur systematischen Reduzierung von Komplexität, die Orchestrierung strategischer Kreativität durch exzellente Kommunikationsfähigkeiten bzw. die Emotionalisierung von Veränderung oder das ausbalancierte Management von Stakeholder Interest. Die Festlegung auf solche Kompetenzen erlaubt es, Mitarbeiter nach den tatsächlich erforderlichen Fähigkeiten auszuwählen.
- HR (Human Resource) ist eine strategische Ressource im Unternehmen, und dieser Bereich wird von den besten Talenten im Unternehmen geführt. Die HR-Führungskraft ist in den relevanten Unternehmensgremien vertreten bzw. ist Teil des Vorstandes. Der Strategieprozess umfasst zwingend Themen wie demografischer Wandel, Führungskräftemangel, Talentemanagement, Management von Work-Life-Balance, Coaching und Organizational Change Management sowie Leadership Development. Jeder Führungskraft im Unternehmen sollte damit klar sein, dass HR-Entscheidungen deutlich mehr Einfluss auf den Unternehmenserfolg haben

als alle anderen strategischen Maßnahmen zusammengenommen.

- Die Suche nach dem Nachfolger erfolgt bereits am ersten Tag nach dem Start in einer neuen Position. Dies gilt für alle Führungspositionen. Dabei werden sowohl interne als auch externe Alternativen entwickelt. Das Unternehmen baut Kompetenzen auf, um die Manager in der Identifikation und Evaluierung zu unterstützen. Es besteht Konsensus, dass ohne eine Nachfolgeregelung ein weiterer Karriereschritt im Unternehmen kaum möglich ist.
- Externe Partner bzw. Executive-Search-Berater kennen das Unternehmen und seine Kultur und werden nach holistischer Human-Capital-Kompetenz und verfeinertem Instinkt ausgewählt. Es besteht ein uneingeschränktes Vertrauen in die Integrität, das Urteilsvermögen, die Unabhängigkeit und den Charakter des Beraters.
- Der Prozess wird mit viel Aufmerksamkeit und Sorgfalt durchgeführt und von der verantwortlichen Führungskraft und der Unternehmensführung eng begleitet. Psychologische Fallen im Auswahlprozess wie z. B. Entscheidungsschwäche und Verschleppung, Überschätzung der Fähigkeiten auf Basis mangelhafter Interviewfähigkeiten, Gesichtswahrung, Das-Vertraute-Suchen oder aufgrund von Schnellschüssen werden durch Training und Methoden- sowie Prozesssicherheit vermieden.
- Individuell werden persönliche Reife, Charakter und kultureller Fit ebenso bewertet wie fachliche Fähigkeiten. Gleichzeitig wird das Teamgefüge beachtet und auf Diversität in Bezug auf Geschlecht, Kultur, Alter etc. ernsthaft Wert gelegt.

Der Integrationsprozess

Der Prozess endet nicht mit dem Entschluss, einen Kandidaten anzustellen. Es klingt fast paradox, wenn man sich vor Augen führt, wie viel Geld für Executive Search ausgegeben wird, um Talente zu identifizieren und zu selektieren, um diese dann in den ersten sechs bis zwölf Monaten teilweise scheitern zu sehen, ohne dass Begleitmaßnahmen ergriffen werden. Das Repertoire des sogenannten Human Capital Managements wird nur auszugsweise angewandt, meist unter engen Kostengesichtspunkten und der kulturell (männlich?) geprägten Sichtweise, dass Mentoring und Coaching bzw. Integrationsbegleitung als Zeichen von Schwäche angesehen werden. Die angelsächsisch geprägte Welt ist hier einen Schritt weiter, und auch Topuniversitäten wie Insead, Oxford, Columbia und Ashridge beginnen Coaching-Masterprogramme für seniores Führungspersonal zu etablieren. »Best Practice«-Unternehmen bzw. deren Unternehmensführer beachten unter anderem folgende Integrationserfordernisse:

- Bei einem neuen, externen CEO ist der Aufsichtsrat eng in den Integrationsprozess eingebunden. Er dient als Sparringspartner und Kompetenzpartner für die neue Führungskraft. Der Kontakt und die Kommunikation werden aktiv gesucht und gepflegt. Über die Defizite an Kompetenz und Verantwortungsgefühl in vielen Aufsichtsräten will ich hier an dieser Stelle nicht eingehen, sondern vielmehr von einem effizienten und kompetenten Kontrollorgan ausgehen.
- Manager werden im Integrationsprozess von HR-Mitarbeitern und/oder externen Beratern begleitet und gecoached. Es wird über einen Zeitraum von rund drei Monaten darauf geachtet, dass die Übernahme der Führungsverantwortung,

die Vernetzung mit internen Stakeholdern, die Eingliederung in die Firmenkultur sowie die Übernahme der operativen Verantwortung reibungslos funktioniert. Der Prozess wird durch 360-Grad-Feedback-Schleifen vervollständigt. Etablierte, große Executive Search-Firmen wie z. B. Egon Zehnder bieten mittlerweile umfassende Integrationsservices an. Einige börsenotierten Anbieter präsentieren sich bereits als integrierte Talente-Unternehmen und nicht mehr als Search-Firmen. Hier manifestiert sich der strategische Ansatz, dass der Integrationsprozess als fester Bestandteil des Suchprozesses gesehen wird.

- Sollte sich eine Personalentscheidung nach rund sechs Monaten bis maximal einem Jahr als falsch herausstellen, so muss der Vorgesetzte und der Betriebsrat gemeinsam mit HR schnell und sozialverantwortlich handeln. Ein interner Kandidat soll die Möglichkeit haben, wieder in die alte Position bzw. mittelfristig in eine vergleichbare Position zu wechseln. Diese Vorgehensweise verlangt von mehreren Seiten nach einem neuen (und vielleicht weiblicheren?) Denken. Für den Kandidaten gilt es zu akzeptieren, dass ein Schritt zurück keine Demütigung oder Zurückweisung darstellt. Der Betriebsrat muss seine Funktion nicht nur als Bewahrer von bewährten Strukturen definieren, sondern das Gesamtgefüge, die zukünftige Employability des Mitarbeiters sowie das allgemeine Glücksempfinden (übrigens eine sehr etablierte Wissenschaft) im Auge behalten. Und der Vorgesetzte darf es nicht als Gesichts- und Autoritätsverlust empfinden, dass er eine womöglich falsche Personalentscheidung getroffen hat. Das sind fast unüberwindbare Hürden in einer macht- und autoritätsdefinierten Unternehmenskultur. Ich glaube aber persönlich, dass gerade wegen dieser Hürden Petra Jenner dieses Buch schreibt. Daher erlaube ich es mir, hier einige Jahre vor der aktuellen Unternehmensrealität zu verweilen.

Die Weiterentwicklung der Innenwelt

Der bekannte Psychologe und Autor Wolfgang Schmidbauer gibt in seinem Buch »Das kalte Herz – von der Macht des Geldes und dem Verlust der Gefühle« ein düsteres Bild von unserem aktuellen Wirtschaftsleben und dem »Mindset« der Führungsprotagonisten. Er postuliert, dass es der Kern des kapitalistischen Gesellschaftsmodells ist, ökologische, soziale und emotionale Kosten abzuwälzen, zu leugnen und zu ignorieren. Er spricht hier den verantwortungsvollen Unternehmer und Manager direkt an. Wer in gutem Kontakt mit seinen Mitarbeitern ein Unternehmen führt, wird alle Aspekte des Wirtschaftens berücksichtigen und darauf achten, nicht nur kaufmännische Herausforderungen, sondern auch Abwendung von Gefahren für Umwelt und Innenwelt zu meistern. Der Unternehmenslenker wird in diesem Sinne zu einem »Weber« von Beziehungen, ein Mediator und Netzwerker, der Unternehmensethik, Nachhaltigkeit, Corporate Social Responsibility und Stakeholdermanagement sicherstellt. Dabei ist er auch gefordert, Orientierungswissen für eine Führungspraxis im Unternehmen zu generieren, die sich dem Wohle aller verpflichtet und verantwortlich fühlt.

Die Weiterentwicklung von Mitarbeitern im Kontext der verantwortungsvollen Führungspraxis weist eine deutlich höhere Reichweite in Bezug auf Verantwortung und moralische Prägung auf. Unternehmen, die diese Aufgabe ernst nehmen, integrieren relevantes Wissen in die entsprechenden Ausbildungsgänge und entwickeln ethische Kompetenzen. Sie wollen bewusst aufzeigen, welche Tugenden eine verantwortungsvolle Führungskraft ausmachen. Auf der Ebene von Wirtschaft und Gesellschaft loten sie aus, in welchem Verhältnis und in welcher Tiefe sich das Unternehmen engagieren soll. Es wird bewusst die Frage gestellt, in welchen Bereichen das »Einmischen« von Führungskräften aus der Wirtschaft sinnvoll, angebracht und wünschenswert ist. Authentische Führungskräfte beachten daher bei der Weiterentwicklung der Unternehmenskultur und der wertemäßigen Prägung ihrer Führungskräfte unter anderem folgende Aspekte:

- Sie entwickeln wertschätzende Unternehmensorganisationen, die Menschen Orientierung und Geborgenheit geben. Sie zeigen den Mitarbeitern ihre eigene Verantwortung auf und verlangen einen unmittelbaren Beitrag als Führungskraft. Führungsgrundsätze solcher Unternehmen nehmen folgende Gestalt an: Fairness, Upbeat-Moral, Empowerment, Entrepreneurship, Kundenfokus, Leistungsprinzip, Familienfreundlichkeit und Verantwortungsgefühl.
- Sie entlohnen die Mitarbeiter nach fairen, transparenten und leistungsorienterten Parametern, ohne über Marktwert zu bezahlen bzw. Geld zu verschwenden. Überhaupt spielen Anerkennung und Lob eine deutlich wichtigere Rolle.
- In sogenannten Global Corporate Volunteering-Programmen werden angehende Führungskräfte charakterlich gefestigt. Die Talente bzw. Volunteers arbeiten eine Zeit lang in ihnen fremden Sozialmilieus, tauchen dabei in ein ganz anderes Leben ein und stehen nach dem Abschluss ihres Einsatzes vor der Aufgabe, ihre oftmals höchst ungewöhnlichen Erlebnisse in ihre eigentliche Arbeitswelt zu integrieren. In ihren Erfahrungsberichten erzählen sie, dass sie demütiger geworden seien, mehr Bescheidenheit gelernt hätten und dass ihnen plötzlich eine neue Art der Gelassenheit zu eigen sei. Authentische Unternehmen nutzen solche Programme zur Vertiefung wichtiger Kompetenzen bei ih-

ren Topführungskräften und fördern gleichzeitig eine weltoffene, respektvolle, flexible und an sozialen Werten orientierte Unternehmenskultur.

- Beratern kommt die Aufgabe zu, Führungskräfte emotional zu begleiten und in deren »Führungseinsamkeit« als Ansprechpartner und »Trusted Advisor« zur Seite zu stehen. Erfahrene Berater werden dabei immer wertschätzend bleiben, sich niemals über den Kandidaten stellen oder mit erhobenem Zeigefinger Ratschläge erteilen, sondern vielmehr sehr offen und direkt auf ein Fehlverhalten hinweisen. Diese Art der Begleitung wird bisher meist ohne Honorar von Executive-Search-Beratern erbracht. Weniger verbreitet sind externe Mentoren und »Career Advisor« – eine Berufsgruppe, die sich erst langsam auf einem hohen Qualitätsniveau etabliert.

Ausblick

Ausgehend von dem beschriebenen Paradigmenwechsel im Management wird sich als Folge die Human-Capital-Beratung ebenfalls wandeln und diversifizieren. Executive Search, also die Suche nach Führungskräften, wird vermehrt von den Unternehmen selbst durchgeführt. Eigene, interne Search-Abteilungen, Partnerschaften mit Anbietern von sozialen Netzen wie z. B. LinkedIn und fokussierte Nischenanbieter besetzen vermehrt dieses ganz wesentliche HR-Feld. Die große Chance liegt nun darin, die frei werdenden Ressourcen und Fähigkeiten zu nutzen, um Mitarbeiter vertrauensvoll in kritischen Karrieresituationen wie auch in der längerfristigen Karriereentwicklung zu begleiten. Diese verstärkte interne wie externe Heranführung von jungen Talenten an die Führungsaufgabe sollte es ihnen ermöglichen, mit der höheren Komplexität einer globalen Stakeholdergesellschaft umzu-

gehen und authentische Unternehmen zu formen, die sich einer humaneren Arbeitswelt verschreiben.
Ein stärker interdisziplinär ausgeprägter und weit über die Grenzen des eigenen Positions- und Unternehmensbereichs hinausgehender Führungsstil wird dazu beitragen, dass Manager einerseits verlorene Bodenhaftung zurückgewinnen und andererseits wieder Orientierung geben können. Petra Jenners Buch zeigt hier interessante und relevante Wege auf, wie mehr weibliche Attribute in einer dominanten männlichen Arbeitswelt dazu beitragen können. Als Mann wünsche ich vor allem uns Männern, dass wir gleichermaßen von diesem Wandel profitieren.

Interview von Petra Jenner mit Klaus Zepp

Klaus Zepp ist Mentalcoach und Wirtschaftsastrologe mit Sitz in München. Seine Arbeit als Berater, Redner und Seminarleiter basiert auf langjähriger Erfahrung unter anderem als Referent der Akademie der deutschen Wirtschaft in Bad Harzburg, als Lehrbeauftragter der Universität Salzburg und Berater zahlreicher nationaler und internationaler Firmen.

Ich habe ihn bei einer Zeitmanagement-Weiterbildung kennengelernt und ihn in den vergangenen Jahren häufig als Berater bei kritischen Entscheidungen hinzugezogen. Als Mentalcoach hat er bei der Ausbildung meiner Teams mitgewirkt. Er hat firmeninterne Seminare gegeben, die zu einem besseren Umgang mit Stress und Spannungen geführt haben.

Astrologie und Wirtschaft – geht das zusammen?

Herr Zepp, Sie sind Wirtschaftsastrologe und beraten zahlreiche nationale und internationale Firmen. Wie sehen Sie den Stellenwert des sogenannten Weiblichen bzw. von Frauen als Führungskräfte in der Wirtschaft und auch die zunehmende Bedeutung von Frauen im Coaching von Managern?

Alles Leben kommt über das weibliche Prinzip und in seiner Verkörperung durch die Frau auf die Welt. Es gibt ja kein menschliches Geschöpf, das diesen Weg nicht gegangen wäre über die Geburt ins Leben, das uns allen von einer Frau, der Mutter, geschenkt wurde. Dieses Prinzip des Gebärenkönnens ist dem weiblichem Geschlecht vorbehalten und ist etwas, was nur die Frau in seiner Tiefe ermessen kann. Daran angeknüpft ist eben auch die Fürsorge für das Geschöpf, das man zur Welt gebracht hat. Insofern ist ein Coach und Berater immer selbst gut beraten, wenn er sich mit dieser Qualität des Weiblichen selbst sehr verbunden fühlt und diese Qualität in sich entwickelt, gleich ob er nun Mann oder Frau ist, weil allein in dem Wort »Klient«, vom Lateinischen *kliens* abgeleitet, die Bedeutung eines Schützlings dahinter steckt, und wer hätte größere Schutzinstinkte als eine Mutter für ihr Kind? Wir sind also alle Klienten unserer Mutter und insofern auch alle Klienten des weiblichen Prinzips. Die Problematik im Leben entsteht durch das männliche Prinzip, durch das Hinausfallen aus der Einheit und Geborgenheit im Mutterleib. Damit beginnt eben die Auseinandersetzung mit der Komplexität des äußeren Daseins, und da muss man lernen, seinen Mann zu stehen, was übrigens auch jede Frau zur Aufgabe hat. Aber ihre Grundqualität befähigt sie zunächst einmal mehr als den Mann zur Fürsorge.

Merken Sie, dass in den Firmen auch die Offenheit für die Astrologie größer wird? Wie hat sich das in den letzten Jahren entwickelt?

Das hat sich so entwickelt, dass sich schon immer die Frauen unheimlich für die Astrologie interessiert haben – und die Männer heimlich. Mir werden schon seit Jahrzehnten auch in den obersten Führungsebenen von Unternehmen, selbst auf Regierungs- und Ministerialebene die Türen geöffnet. Man hat dies von beiden Seiten nicht an die große Glocke gehängt; es waren diskrete Aktionen. Das heißt, das Licht der Orientierung durch die Sterne ist nie ganz erloschen. Und es beginnt nun mehr und mehr, dass man sich auch öffentlich zu so einem Thema bekennt, vor allem wenn man die Sache realistisch, undogmatisch und praxisnah handhabt. Die Astrologin des Weißen Hauses in Washington war im übrigen höchst entscheidend beteiligt an Reagans Dialog mit Gorbatschow und dem Prozess der weltweiten Transformation, der damit in Gang gesetzt wurde. Das Buch zum Thema »What does Joan say« beschreibt das sehr detailliert und in aller Offenheit.

Was können Sie aufgrund des Gründungstermins einer Firma, bzw. des Geburtstermins eines Managers oder Mitarbeiters aus den Konstellationen im Horoskop ableiten?

In der persönlichen wie auch in der Firmenberatung wird von der Gegenwart aus die Zeitschiene aufgefächert in die Vergangenheit, wo man die Ursachen der momentanen Problematik sieht. Und von dort wird eine Vision und eine Zukunftsperspektive für die Problemlösung entwickelt. Die Spezialität, die durch die Astrologie gegeben ist, ist, die Fähigkeit die Qualitäten der Zeit zu messen, sodass die Zeit nicht eine Frage von Jahren, Monaten, Minuten und Sekunden hinsichtlich der Quantität ist; dafür ist die Uhr zuständig. Aber keine Uhr dieser Welt kann mir sagen, was für eine Art Stunde mich erwartet. Wird es eine gute Zeit oder eine Zeit großer Herausforderungen? Es lassen sich Talente und Schwachpunkte aufzeigen. Ersichtlich werden: Durchsetzungsfähigkeit, Belastbarkeit, Kommunikation, Integrationskraft, Führungsqualitäten, Anpassungsfähigkeit, strategischdiplomatisches Können, Wandlungs- und Lernfähigkeit, Verantwortungsbewusstsein, Teamfähigkeit und Hingabefähigkeit an die Sache.

Inwiefern können Sie als Coach Firmen bei wichtigen Personalentscheidungen helfen?

Bei der Personalauswahl findet das Gleiche wie in jeder Partnerschaft statt: Die beiden Partner erheben sich gegenseitig in eine führende Position im eigenen Leben. Dazu bedarf es jeder Menge Vertrauen und möglichst auch guter Information über den Charakter und die Herkunft des Partners, das heißt die Wahl wird bestimmt von Herz und Verstand, wie ja der Titel Ihres Buches hervorhebt. Prinzipiell ähnlich wichtig ist es, den richtigen Partner oder Mitarbeiter für eine Firma zu finden. Aus diesem Grunde werde ich auch immer wieder bei diversen Firmen zu Personalentscheidungen herangezogen. Es kann nützlich sein, bereits in der Bewerbungs- und Rekrutierungsphase eines Mitarbeiters dessen Stärken und Schwächen richtig zu erkennen und inwieweit er oder sie zur Firmenkultur und zum bestehenden Leadership-Team passt. Auf freiwilliger Basis und mit dem Einverständnis des Mitarbeiters kann dieses Wissen auch im persönlichen Coaching eingesetzt werden.

In einem Workshop haben Sie einmal die Sonne als den größten und mächtigsten Manager bezeichnet. Wie erklären Sie das?

Unsere Termine werden ja vorwiegend scheinbar von unserer Sekretärin festgelegt oder von bestimmten Umständen diktiert, aber das größte Diktat unserer Termine geht von der Sonne aus, weil mit dem Aufsteigen (*ascendere*) der Sonne der Tag beginnt. Es gibt keinen größeren Manager unseres Lebens auf diesem Planeten als die Sonne. Das ist der Top-top-Manager. Und wenn wir zu sehr topless arbeiten, geben wir uns eine Blöße, weil wir nicht im Einklang mit den Zyklen der Natur sind. Die Sonne gibt auch allen Planeten ihren Platz im Universum. Sie ist insofern der größte Leader auf Erden, und in allen Kulturen wurde sie verehrt als Spender von Licht und damit von Orientierung. Auch in unserer christlich-abendländischen Tradition wird Gott mit Licht und mit Liebe gleichgesetzt. Dem entspricht das Licht und die Wärme, welche von der Sonne ausgeht. Das kann und soll uns ein Beispiel sein, was man von einer Führungskraft erwarten darf und muss.

Halten Sie es für denkbar, dass auch die Männer sich mehr nach dem weiblichen Prinzip orientieren und auch sie sich mehr für Ihre Arbeit öffnen werden?

Ja, das kann ich bestätigen, und um noch mal den vorherigen Gedanken zu Ende zu führen, der mit der Frage eng zusammen hängt: Mangels Sonne wächst dem Mond, ob er will oder nicht, mehr Verantwortung und Macht zu. Das heißt nicht, dass sich die Frauen aus einer Laune heraus zu mehr Macht drängen, sondern sie werden durch das teilweise Scheitern der männlichen Ansätze geradezu gezwungen, das wieder auszubügeln, was schiefgelaufen ist. Gleichzeitig haben sie die Aufgabe, sozusagen zu retten, was zu retten ist. Da das Prinzip der Relativität und des Relativierens um sich greift, brauchen wir etwas, was Verlässlichkeits- und Wertecharakter hat, auf das man sich verlassen kann. Es gibt eine Ebene im menschlichen Wesen, die nennt man die emotionale Intelligenz, und auf die müssen wir jetzt zurückgreifen, weil die nicht-emotionale, kalte, technokratische Intelligenz uns an den Rand des Abgrundes geführt hat und wir sozusagen im Reflex auf eine tiefere, vertrautere und bewährtere Ebene, auf eine jahrmillionenalte Ebene der Emotion und der emotionalen Intelligenz zurückgreifen müssen, und zwar nicht aus Modegründen, sondern aus Überlebensgründen.

Inwiefern helfen Sie Individuen und Firmen bei der Bewältigung von Krisen?

Krisen sind Aufgaben, die das Leben an Firmen und Menschen stellt. Sie führen dazu, Lernprozesse, die versäumt wurden, nachzuholen, um nach der Krise besser dazustehen als vor der Krise. Es entscheidet über die Bewältigung der Krise nicht das Horoskop, sondern es entscheidet das Bewusstsein des Horoskopeigners, dessen Horoskop vorliegt. Das heißt, es gibt extrem konstruktive und intelligente Lösungen, die mich aus der Krise stärker hervortreten lassen, als ich es vor der Krise war. Ich kann aber auch in der Krise die destruktivste oder die konstruktivste Variante wählen, und alles dazwischen und darüber entscheiden Intelligenz, Charakter, Bewusstheit des Klienten. Das ist eine Unbekannte in der Beratung und an dieser Stelle kann man sagen, liegt das Schicksal nicht in den Händen des Astrologen und auch nicht in den Sternen, sondern in dem Niveau und der Wachheit und Klarheit sowie im Entwicklungsstand des Klienten. Schicksal entscheidet sich je nach Größe des Saals, den ich dem Leben anbiete, in den mir das Leben was reinschicken kann. Biete ich einen großen Saal an Unbewusstheit und Unwissen an, so kann mir sehr viel passieren. Ist mein Saal aber gut ausgeleuchtet und hell, dann kann man da wenig reinschicken, was nicht sichtbar wäre. Je mehr dunkle Flecken und Unbewusstheiten ich habe, umso mehr Säle biete ich an, in die man was reinschicken kann.

Heißt das, auch bei Unternehmen, die in die Krise rutschen, kann man sozusagen darauf hinweisen, dass es jetzt gilt, sehr bewusst an diese Themen ranzugehen und – im Idealfall – das astrologische Wissen zu Zwecken der Prophylaxe wahrzunehmen?

Richtig, darum geht's. Wissen diente schon immer dazu, Leiden zu vermeiden, und Leiden entsteht aus Unwissenheit. Die Lösung ist Wissen, Erkenntnis, Änderung der Verhaltensweise, und da sind wir beim Dreiklang von Astrologie, nämlich Diagnose, Meditation als mögliche Therapie und Coaching, das heißt individuelle Anwendung dieser beiden auf der menschlichen Ebene des Helfens und Beratens. Und so läuft das auch mit einer Firma. Wenn ich eine Firma berate, mache ich das Gleiche wie ein Beleuchter auf der Bühne des Lebens. Ich werfe ein Licht auf die Situation und stelle Fragen, die der Lösung zuträglich sind. Und wenn das Licht nur kurz aufscheint und man sich bewusst ist, wo die Falltüren und die Stolpersteine liegen, ist dem Unternehmen schon ein großes Stück geholfen.

Was entgegnen Sie den Kritikern der Astrologie?

Es bleibt jedem frei, sich darüber zu informieren oder die Komfortzone der eigenen Vorurteile bzw. Neigungen und Fähigkeiten nicht zu verlassen und bei dem zu bleiben, was man wissenschaftlich erklären kann. Allerdings muss er dann wissen, dass er nur einen minimalen Teil des Möglichen an Erkenntnis zur Verfügung hat. Ein griechischer Philosoph, Vorläufer der Wissenschaft, prägte den Satz »Ich weiß, dass ich nichts weiß«, und Isaac Newton hat sich zu seinem Lebensende hin ähnlich geäußert. Das Spiel nach geschriebenen und ungeschriebenen Gesetzen findet tagtäglich weltweit milliardenfach auf vielen Ebenen der Existenz statt, sowohl in Individuen als auch in Firmen und Staaten. Nur weil es sich lohnt und nützlich ist, die Regeln und Abläufe in Raum und Zeit zu kennen, hat sich die Astrologie über die Jahrtausende gehalten und wird es auch in Zukunft tun.

Inwiefern funktioniert Astrologie unabhängig davon, was ich glaube und was die Wissenschaft dazu sagt?

Das astrologische Wissen funktioniert, ob ich es nun glaube oder nicht. Dabei gehen wir nicht davon aus, dass die Planeten einen physikalischen Einfluss auf das Geschehen auf der Erde ausüben. Vielmehr gilt die Synchronizität der Ereignisse: Es geht nicht, wie in der Wissenschaft, um Ursache und Wirkung, sondern um analoges Geschehen auf unterschiedlichen Ebenen der Existenz, die scheinbar keinen messbaren Zusammenhang haben. Und doch ist die eine Ebene geeignet, analoge Rückschlüsse auf Geschehnisse der anderen Ebene zu ziehen.

Wie könnte man diese abstrakten Erklärungen in einem Beispiel veranschaulichen?

Um beim Beispiel der Uhr zu bleiben: Die Uhr ist geeignet, eine Aussage über die Quantität der Zeit zu treffen und die Uhrzeit anzuzeigen. Dabei ist die Uhr in keinem Ursache-Wirkungs-Zusammenhang mit der Zeit, sondern nur als Indikator zu gebrauchen. Anders ausgedrückt: Die Uhr macht nicht die Zeit, aber sie kann sie messen. Genauso wenig machen Planeten- oder Sternenkonstellationen das Schicksal eines Menschen oder einer Firma. Allerdings funktioniert das astrologische System als Messinstrument für die Qualität der Zeit. Das im Horoskop abgebildete Geschehen wird durch die Astrologie benennbar und beschreibbar, vor allem im Prinzip, mitunter auch in Einzelheiten und auch prognostizierbar im Prinzip, mitunter auch im Detail. Das zeigt die Erfahrung.

Auf welcher, wenn nicht auf wissenschaftlicher Grundlage, funktioniert die Astrologie?

Wie im Name schon angedeutet, funktioniert Astrologie deshalb, weil ein universeller Logos (im Hegel'schen Sinne »Weltengeist«) alles durchdringt und durchwirkt und alles mit allem in Verbindung steht und zueinander in Wechselwirkung treten kann. Wenn das Wirken dieses Logos aus der Planetenbewegung am Himmel abgelesen wird und ein Bezug zu den Sternen (Astron) hergestellt wird, dann ist von Astrologie die Rede. Oder anders ausgedrückt, um ein Beispiel heranzuziehen aus einer Welt, die eine typische Männerdomäne ist:

Beim Anstoß eines Fußballspiels bewegt sich der Ball nicht durch physische Schallwellen, die von der Pfeife des Schiedsrichters ausgehen, sondern weil auf einer übergeordneten Ebene, z. B. auf der Ebene des Deutschen Fußballbundes, ein Regelwerk über Fußball erlassen wurde, weil ein Fußballklub gegründet und Mitglieder sich zusammengeschlossen haben, weil ein Stadion gebaut und Spieler gekauft wurden und weil dies alles von dem Verein koordiniert wurde, weil von daher und in Abstimmung mit dem DFB die Termine für die Spiele festgelegt wurden, nur daher bewegt sich der Ball an einem bestimmten Tag zu einer bestimmten Stunde auf die Minute bzw. mit der Sekunde des Anpfiffs vom Anstoßpunkt weg, und das Spiel hat begonnen. Das Geschehen geschieht synchron zu den Vorgaben, die den Rahmen abgeben.

Analog dazu kann man sich vorstellen, dass unsichtbare Zusammenhänge die verschiedenen Aspekte und Ereignisse eines Menschenlebens koordinieren und bestimmen. In diesem Sinne liegt das wahre Wesen hinter den Dingen im Verborgenen und erschließt sich nur dem, der genug Neigung, Begeisterung und Befähigung hat, sich den verborgenen Gesetzen anzunähern. Die sogenannte Wahrheit ist ein scheues Reh und zeigt sich nur dem Geduldigen und vom Jagdfieber nach Erkenntnis Getriebenen. Das Wissen schützt sich selbst vor Unbefugten. Nicht zuletzt wird auch der Studierende, wenn er gut beraten ist, nur das studieren, was er liebt und wozu er eine Leidenschaft und Befähigung mitbringt. Er wird sein Lieblingsfach studieren, also sein Herz, seine Leidenschaft, sein Gefühl sprechen lassen.

Welche Rolle spielt das weibliche Prinzip in einer Welt von Wissenschaft und Technik?

Die emotionale Intelligenz, das prinzipiell Weibliche, das auch mehr oder weniger jedem Mann innewohnt, entscheidet von einer viel tieferen Ebene. Es ist eine andere Frage, dass man sich im Anschluss an ein Studium betont intellektuell und gebildet gebärdet und alle möglichen logischen Argumente findet, mit der man seine (hoffentlich) »geliebte« Fakultät verteidigt und womöglich »ungeliebte« Disziplinen, gegen die man eine Abneigung hat bzw. für die man keine Antenne hat, kritisiert oder bekämpft. Schließlich hat man sich ja mit dem Studium einen »Denkberechtigungsschein« in Form eines Doktortitels und entsprechende Privilegien in der Gesellschaft erarbeitet, die man bedroht sieht, wenn andere Denkformen und Systeme der Wissensgewinnung als die studierten auf den Plan treten. Das wird als Bedrohung empfunden und mit den zur Verfügung stehenden Mitteln im besten Fall mit Skepsis, in vielen Fällen mit Angst und Aggression quittiert. Dies gilt in geringerem Maße ja sogar für die Konkurrenz zwischen den Geistes- und Naturwissenschaften oder gar zwischen Philosophie und Theologie.

Passiert nicht Ähnliches in Wirtschaft und Gesellschaft mit ambitionierten Frauen?

Ähnliche Reaktionen finden natürlich auch statt, wenn mehr und mehr »das Weibliche« in Form von Frauen in der Wirtschaft und in Führungsfunktionen an- und austritt. In der Anfangsphase werden vor allem besonders befähigte, vitale und durchsetzungsstarke Frauentypen in dieser besonderen Konkurrenzsituation bestehen können. Sie machen den Weg frei, indem sie oft mehr leisten als vergleichbare männliche Kollegen, um sich im Neuland der Führungsfunktionen zu etablieren. Umso mehr verdienen sie den Support und das Coaching von alternativen Methoden, die sie in ihrer schwierigen Rollenfindung und -behauptung unterstützen.

Ich frage sie unter astrologischen Gesichtspunkten, warum jetzt zunehmend Frauen in die Wirtschaft kommen und warum das weibliche Prinzip immer wichtiger wird.

Das ist eine ganz wichtige und zeitgemäße Frage. Es ist ja kein Zufall, dass das heute so thematisiert wird. Meine Interpretation bezieht sich auf eine sehr grundlegende Ebene. Ich glaube, dass wir als Produkte des männlichen Abenteuertums, in immer neue Welten und auch neue Erkenntnisse vorzustoßen mithilfe der Wissenschaft und dem Geschöpf der Wissenschaft, der Technik, uns in so gefährliche Bereiche hinausgewagt haben, die uns auch aktuell große Probleme im Thema Kernenergie bescheren. Spalten, Zerstören als Basis der Energiegewinnung, das passt eher zum männlichen Bedürfnis, neue Bereiche zu erobern. Schließlich ist die mythologische Entsprechung zum männlichen Prinzip der Mars, der wiederum das Prinzip des Kampfes, der Zerstörung und des Krieges ist und dem roten Planeten seinen Namen gegeben hat. Diese Begeisterung des Männlichen, in Neuland vorzustoßen, dieser geradezu auch biologisch vorgegebene Drang zu erobern, mit dem eigenen Samen, auch Geistessamen, zu befruchten, das hat uns in große Kalamitäten und Gefahren gebracht.

Wie sieht, aus Ihrer Perspektive betrachtet, die Zukunft der Frauen in der Wirtschaft aus?

Der Mars ist das männliche, der Mond ist das weibliche Prinzip. Wir waren in den letzten Jahrhunderten sehr aktiv und haben uns gemäß dem marsischen, männlichen Impuls weit rausgewagt, wir haben mit Wissenschaft und Technik den Flug des Ikarus zur Sonne versucht und haben uns die Flügel verbrannt. Wir sind in großen Teilen abgestürzt oder laufen Gefahr abzustürzen. Der moderne Mensch stößt an seine Grenzen und ist aufgefordert, am Rande des Abgrundes sich zurückzubesinnen. Wieder gefragt ist neben diesem aktiven, mutigen und nicht zu bremsenden Mars die Qualität des Mondlichtes, das bedeutet, die Fähigkeit zur Reflexion, weil der Mond »nur« reflektiert. Aber wenn man das Reflektieren vergisst, dann gerät man ganz leicht in die Irre. Die Domäne des Mondscheins ist die Nacht, das heißt, die Nacht regeneriert unsere Kräfte und ordnet unseren Geist neu. Nicht umsonst heißt es, »nochmals eine Nacht darüber schlafen«, dem Gehirn die Chance geben, sich in die reflektorischen Ebenen des Alphazustandes zu begeben und dann am nächsten Tag mit ganz neuen, gesetzteren und integrierteren Erkenntnissen das Ganze nochmals neu zu beleuchten. Der Mond leuchtet genauso wie die Sonne, er leuchtet sogar dann, wenn es am Entscheidendsten ist, wenn nämlich sonst kein Licht da ist. Also in der Dunkelheit, in der Krise wird immer der Mond das Licht spenden. Und deswegen wird das Weibliche jetzt zum zentralen Lichtspender, weil wir uns in einer massiven Krise, in einer Abenddämmerung von Wissenschaft und Technik befinden und wir auf die Leuchtkraft des Mondes und der Sterne zurückgreifen. Synchron zu dieser Entwicklung kommen solche Methoden wie Sternendeutung und -kunde im Zusammenhang mit einer Zeit, in der das Weibliche wieder mehr eine Rolle spielt, parallel wieder mehr zur praktischen Anwendung in der Wirtschaft und in der Gesellschaft.

Nachwort

Wir haben alle die Wahl, uns ungeliebten Situationen und Gesellschaftsregeln zu beugen – oder selbst die Initiative zu ergreifen. Es geht darum, aktiv zu werden und etwas zu tun. Jede kleinste Veränderung jedes Einzelnen, in der Familie, in der Gemeinschaft, innerhalb eines Unternehmens, verändert auf Dauer das gesamte Miteinander und damit auch unser Gesellschaftssystem.

Genau das ist aus meiner Sicht die wichtigste Aufgabe für ein neues Miteinander – beruflich und privat – und für ein Leben im Gleichgewicht. Vielleicht macht dieses Buch Ihnen Mut, neue Wege zu beschreiten und positiv in die Zukunft zu blicken.

Danksagung

Mein besonderer Dank gilt meinen Mitarbeitern, die ich führen und auf ihrem Lebensweg begleiten durfte. Aus den gemeinsamen Erlebnissen ist mein Entschluss gewachsen, dass ich mich noch mehr für einen am Mitarbeiter ausgerichteten Führungsstil persönlich einsetzen kann.

Ganz persönlich möchte ich auch meinem Koautor Norbert Lewandowski für seine gute Beratung während dieses für mich sehr anspruchsvollen Buchprojektes danken. Sein Engagement und seine Beharrlichkeit haben mich durch dieses Buch geführt.

Ganz besonderer Dank gilt Swantje Benussi, die mich in den letzten Jahren häufig beraten und mich durch schwierige Momente begleitet hat. Auch in diesem Buchprojekt hat mich Swantje Benussi mit ihrer fachlichen Kompetenz unterstützt.

Vielen Dank an den Unternehmensberater Klaus Zepp, der mich seit zwölf Jahren in verschiedenen Lebenslagen begleitet und mit Rat und Tat unterstützt hat. Als Astrologe und auch als Meditationslehrer hat er mich ermutigt, auch neue Wege zu beschreiten.

Ganz besonderes möchte ich auch meinem Mann danken, der in den letzten Monaten sehr viel Geduld und Verständnis gezeigt hat, wenn er mich wieder einmal nur noch arbeitend und lesend erleben konnte.

Vielen Dank an meinen Vater, der mich durch sein vorbildliches Verhalten als Führungskraft inspiriert hat, diesen Weg zu gehen.

Vielen Dank an meine Freunde, die mich ermuntert haben, dass ich dieses Buch über meine Erfahrungen schreiben soll und die immer viel Verständnis für meinen dauerhaften Zeitmangel haben!

Vielen Dank auch an meine Lektoren, die mir geholfen haben, mein Buch sprachlich abzurunden, und sich stark an meinen, engen Zeitplan orientiert haben.

Petra Jenner

Quellen

Vorwort

1 Dalai Lama/Muyzenberg, Laurens van den: *Führen, gestalten, bewegen. Werte und Weisheit für eine globalisierte Welt.* Campus, Frankfurt am Main 2008, S. 17.
2 Damásio, António R.: *Ich fühle, also bin ich. Die Entschlüsselung des Bewusstseins.* List, Berlin 2009.
3 Gallup Studie 2011: *Jeder vierte Arbeitnehmer hat innerlich gekündigt. Ein E-Book von Robert Berkemeyer*; http://www.download.ff-akademie.com/Gallup-Studie-Ebook.pdf
4 Studie: *Fast jeder zweite Arbeitnehmer plant Jobwechsel.* Manpower GmbH & Co. KG, Eschborn 2012; http://www.manpower.de/?id=705
5 Dalai Lama/Muyzenberg: *Führen, gestalten, bewegen*, S. 55.
6 Dalai Lama/Muyzenberg: *Führen, gestalten, bewegen*, S. 118.

Kapitel 1

7 »*Heimat ist da, wo ich mich nicht erklären muss.*« Zitat nach Johann Gottfried von Herder (1744–1803), deutscher Dichter und Philosoph.
8 Martin, Steve W.: *The Real Story of Informix Software and Phil White. Lessons in Business and Leadership for the Execu-*

tive Team. Sand Hill Publishing, Rancho Santa Margarita, California 2005; Und: *The Real Story Behind the Rise and Fall of a Technology Giant*; http://www.storyofinformix.com/consulting.asp

Kapitel 2

9 Koch, Moritz: *Protestbewegung Occupy Harvard. Entzauberung des amerikanischen Traums*; nach einer Studie der Ökonomen Thomas Piketty und Emmanuel Saez; Artikel: Süddeutsche Zeitung, Ausgabe 14.04.2012; http://www.sueddeutsche.de/wirtschaft/protestbewegung-occupy-harvard-entzauberung-des-amerikanischen-traums-1.1332413

10 Wetzel, Detlef/Weigand, Jörg: *Schwarzbuch Leiharbeit*. Eigenverlag, Frankfurt am Main 2012, S. 82; http://www.igmetall.de/cps/rde/xbcr/internet/docs_ig_metall_xcms_185067_185068_2.pdf

11 Interview mit Joseph E. Stiglitz; Artikel: Süddeutsche Zeitung, Ausgabe 11.04.2012.

12 Profitness: *Burn On statt Burn Out – Tipps für Unternehmen zum Umgang mit Burn Out*; Artikel: Früherkennung ist erster Schritt zur erfolgreichen Prävention – WIFI und proFITNESS setzen Initiativen für Gesundheitsförderung in Betrieben; http://portal.wko.at/wk/format_detail.wk?angid=1&stid=620592&dstid=8883

13 Freudenberger, Herbert/North, Gail: *Burn-out bei Frauen: Über das Gefühl des Ausgebranntseins*. Fischer, Frankfurt am Main 2008.

14 Freudenberger, Herbert/North, Gail: *Burn-out bei Frauen. Über das Gefühl des Ausgebranntseins*. Fischer TB, Frankfurt am Main 2008.

15 Rudzio, Kolja: *Burn-out. Arbeiten, bis der Arzt kommt*. Artikel: Die Zeit, Onlineausgabe 09.07.2010, S. 4; http://www.

zeit.de/2010/28/Arbeitswelt-Burnout; Und: Ehrenberg, Alain: *Das erschöpfte Selbst. Depression und Gesellschaft in der Gegenwart*. Campus, Frankfurt am Main 2004.

Kapitel 3

16 Pinker, Susan: *Das Geschlechter-Paradox: Über begabte Mädchen, schwierige Jungs und den wahren Unterschied zwischen Männern und Frauen*. DVA, München 2008, S. 125.
17 Zukunftsinstitut GmbH (Hrsg.): *Megatrend Female Shift*. Zukunftsinstitut, Kelkheim 2010.
18 Desvaux, Georges/Devillard-Hoellinger, Sandrine/Baumgarten, Pascal: *Women matter. Gender diversity, a corporate performance driver;* http://www.mckinsey.de/downloads/publikation/women_matter/Women_Matter_1_brochure.pdf
19 Funke, Claudia/Suder, Katrin: *A Wake-Up Call for Female Leadership in Europe*. Berlin 2007, S. 10; http://www.mckinsey.de/downloads/presse/2007/070615_Vortrag_McK-Studie_GSW2007.pdf
20 Kluge, Prof. Jürgen: Rede beim XI. Berliner Demographiegespräch der Robert Bosch-Stiftung (2008); http://www.bosch-stiftung.de/content/language1/html/21864.asp

Kapitel 4:

21 Grey Worldwide GmbH (Hrsg.): *Die Welt wird weiblich*; http://www.grey.de/content/grey_de/03_Studien/pdf/Grey_Die_Welt_wird_weiblich.pdf
22 Zitat nach: Prof. Peter Zellmann, Leiter des Instituts für Freizeit- und Tourismusforschung (IFT) in Wien.
23 Zukunftsinstitut GmbH (Hrsg.): *Megatrend Female Shift*.
24 Grey Worldwide GmbH (Hrsg.): *Die Welt wird weiblich*, S. 36.
25 Pinker: *Das Geschlechter-Paradox*.

26 Desvaux, Georges/Devillard, Sandrine/Sancier-Sultan, Sandra: *Women matter 2010. Women at the top of corporations. Making it happen*, S. 7; http://www.mckinsey.de/html/publikationen/women_matter/2009/women_matter_03.asp
27 Süddeutschen Zeitung, Ausgabe 19.03.2012; Und: Devillard, Sandrine/Graven, Wieteke/Lawson, Emily u.a.: *Women matter 2012. Making the Breakthrough*; http://www.mckinsey.de/downloads/publikation/women_matter/20120305_Women_Matter_2012.pdf
28 Interview mit Mechthild Maier in der Süddeutschen Zeitung, Ausgabe 19.03.2012; http://www.sueddeutsche.de/karriere/frauenquote-und-politik-die-anderen-machens-besser-1.9963
29 Zukunftsinstitut GmbH (Hrsg.): *Megatrend Female Shift.*
30 Zukunftsinstitut GmbH (Hrsg.): *Megatrend Female Shift.*
31 Van Keer, Etienne/Bogaert, Jeroen/Trbovic, Nikola: *Could the right man for the job be a woman? How Women differ from Men as Leaders*; http://nl.hudson.com/Portals/NL/documents/Could-the-right-man-for-the-job-be-a-woman.pdf
32 Eagly, Alice H./Johnson, Blair T.: *Gender and leadership style. A meta-analysis.* Psychological Bulletin 09/1990, 108(2), S. 233–256.

Kapitel 5

33 Eagly, Alice H./Johnson, Blair T.: *Gender and leadership style. A meta-analysis.* Psychological Bulletin 09/1990, 108(2), S. 233–256.
34 Stocker, Tatjana: *Bauchgefühl. Wie unsere Entscheide entstehen.* BeobachterNatur, Ausgabe 1/10; http://www.beobachter.ch/natur/flora-fauna/tierwelt/artikel/bauchgefuehl_wie-unsere-entscheide-entstehen/

35 Damásio, António R.: *Descartes' Irrtum. Fühlen, Denken und das menschliche Gehirn.* Ullstein, Berlin 2004.
36 Centracon-Studie: *Strategische IT-Entscheidungen beruhen zur Hälfte auf Intuition.* Leverkusen 2007. Presseinformation: http://www.centracon.com/research_nutzwertanalyse.html
37 Dalai Lama/Muyzenberg: *Führen, gestalten, bewegen*, S. 86.
38 Harris, Thomas A.: *Ich bin o. k. – Du bist o. k. Wie wir uns selbst besser verstehen und unsere Einstellung zu anderen verändern können. Eine Einführung in die Transaktionsanalyse.* Rororo, Reinbek 2001.
39 Deutsches Jugendinstitut (Hrsg.): *Karriereverläufe von Frauen.* Langzeitstudie von 2007–2011.

Kapitel 6

40 Hersey, Paul/Blanchard, Kenneth H./Johnson, Dewey E.: *Management of Organizational Behavior. Leading Human Resources.* Prentice-Hall, New York 1982.
41 Rosenkranz, Hans: *Von der Familie zur Gruppe zum Team.* Junfermann, Paderborn 2001.

Kapitel 7

42 Stelzig, Manfred: *Keine Angst vor dem Glück.* Ecowin, Salzburg 2008.
43 Galler, Irene: *Psycho- und Gedankenhygiene in der Arbeitswelt.* Kapitel 1: Psychohygiene; http://www.ganzheitscoaching.at/psychohygiene.htm
44 Ehrhardt, Helmut E. (Hrsg.): *Aggressivität. Dissozialität. Psychohygiene.* Verlag Hans Huber, Bern/Stuttgart/Wien 1975.
45 Institut für Führungskompetenz und Motivation (Hrsg.): *Durch Psychohygiene die Lebensgrundbedürfnisse erhalten oder erreichen*; http://www.ifum.eu/fuehrungskompetenz/psychohygiene

46 Kdolsky, Andrea: *Seelisches Leid wird zur größten Gesundheitsgefahr im 21. Jahrhundert.* Artikel vom 14.04.2008; http://www.ots.at/presseaussendung/OTS_20080414_OTS0143/kdolsky-seelisches-leid-wird-zur-groessten-gesundheitsgefahr-im-21-jahrhundert

Kapitel 8

47 Knigge, Adolf Freiherr von: *Über den Umgang mit Menschen.* Insel, Frankfurt am Main / Leipzig 2008, 3. Kapitel.

48 Dalai Lama/Muyzenberg: *Führen, gestalten, bewegen.*

49 Lay, Rupert: *Dialektik für Manager. Methoden des erfolgreichen Angriffs und der Abwehr.* Ullstein, Berlin 2003.

50 Schwertfeger, Bärbel/Lewandowski, Norbert: *Die Körpersprache der Bosse.* Econ, Berlin 1990.

51 Murphy-Witt, Monika (im Interview mit Christian Larsen): *Die innere Haltung wirkt nach außen.* Artikel vom 30.03.2009; http://woman.brigitte.de/gesundheit/gesund-werden/christian-larsen-1024909/

Kapitel 9

52 Satir, Virginia: *Mein Weg zu dir. Kontakt finden und Vertrauen gewinnen.* Kösel, München 2001.

53 Steinberg Guzmán, Delia: *Erkenne dich selbst.* Graz 2006.

Kapitel 10

54 Brug, Manuel: *Das wichtigste Wort ist Nein.* Artikel: Welt am Sonntag, Ausgabe 25.03.2012.

55 Becker, Ruth/Cornelißen, Waltraud/Rusconi, Alessandra (Hrsg.): *Frauen an die Spitze. Handlungsempfehlungen für Wirtschaft, Wissenschaft und Politik.* Berlin/Dortmund/München 2011, S. 15 ff.; http://www.wzb.eu/sites/default/files/%2Bwzb/bal/aam/bmbf-broschure.pdf

56 Zukunftsinstitut GmbH (Hrsg.): *Megatrend New Work*; darin: *Nine to Five. Auslaufmodell in Kind- und Karriere-Unternehmen*. Zukunftsinstitut, Kelkheim 2010, S. 30.
57 Amann, Melanie: *Arbeit und Familie. Frauen in der Teilzeitfalle*. Artikel: Frankfurter Allgemeine Zeitung, Ausgabe 04.05.2010.
58 Amann, Melanie: *Arbeit und Familie. Frauen in der Teilzeitfalle*. Artikel: Frankfurter Allgemeine Zeitung, Ausgabe 04.05.2010.
59 *Regionalkonferenzen. Beruf & Familie. Chancen und Nutzen in kleinen und mittelständischen Betrieben*. Ergebnisse/Anregungen, Band 2; http://www.beruf-und-familie.de/index.php?c=33&sid=&cms_det=271

Kapitel 12

60 Stéphane Hessel: *Empört Euch!* Ullstein, Berlin 2010, S. 7.
61 Manager Magazin, Ausgabe 8/2012, S. 94.
62 Zukunftsinstitut GmbH (Hrsg.): *Megatrend New Work*. Zukunftsinstitut, Kelkheim 2010, S. 12.
63 Harvard Business Manager, Ausgabe 01/2012, S. 26.

Literatur

Empfohlene Literatur:

Achor, Shawn: The Happiness Advantage. The Seven Principles of Positive Psychology That Fuel Success and Performance at Work. Crown Business, New York 2010.

Asgodom, Sabine: Leben macht die Arbeit süß: Wie Sie Ihr persönliches Work-Life-Konzept entwickeln. Econ, Berlin 2002.

Bauer, Joachim: Prinzip Menschlichkeit. Warum wir von Natur aus kooperieren. Hoffmann und Campe, Hamburg 2006.

Baumgartner, Thomas / Hatami, Homayoun / Vander Ark, Jon: Sales Growth. Five Proven Strategies from the World's Sales Leaders. John Wiley & Sons Inc., Hoboken, New Jersey 2012.

Bühler, Franz X.: Vom Kopf ins Herz. IP Institut, Rott am Lech 2002.

Chopra, Deepak: The Soul of Leadership. Unlocking Your Potential for Greatness. Rider, New York 2010.

Collins, Jim / Hansen, Morten T.: Oben bleiben. Immer. Campus, Frankfurt am Main 2012.

Dalai Lama / Muyzenberg, Laurens van den: Führen, gestalten, bewegen. Werte und Weisheit für eine globalisierte Welt. Campus, Frankfurt am Main 2008.

Egli, René: Das LOL^{2}A-Prinzip. Die Vollkommenheit der Welt. Editions d'Olt, Oetwil an der Limmat 1994.

Erler, Gisela A.: Schluss mit der Umerziehung. Vom artgerechten Umgang mit den Geschlechtern. Heyne, München 2012.

Fasching, Christoph: Die Gesellschaft 2015. Eine Anleitung zur Bildung einer neuen Gesellschaft in der 5. Dimension. Ch. Falk-Verlag, Seeon 2010.

Gerken, Gerd / Luedecke, Gunther A.: Die unsichtbare Kraft des Managers. Die Bedeutung des Inner-Managements für den äußeren Erfolg. Econ, Berlin 1990.

Goleman, Daniel: EQ. Emotionale Intelligenz. Dtv, München 1997.

Greve, Gustav: Organizational Burnout: Das versteckte Phänomen ausgebrannter Organisationen. Gabler, Wiesbaden 2012.

Hamel, Gary: Das Ende des Managements. Unternehmensführung im 21. Jahrhundert. Econ, Berlin 2008.

Heath, Chip / Heath, Dan: Switch. Veränderungen wagen und dadurch gewinnen! Scherz, Frankfurt am Main 2011.

Hohl, Peter / Busch, Joaquín: Erfolg ist leicht...: 52 absolut neue Wochensprüche. SecuMedia, Gau-Algesheim 2006.

Horx, Matthias: Das Buch des Wandels. Wie Menschen Zukunft gestalten. DVA, München 2009.

Küstenmacher, Marion / Haberer, Tilmann / Küstenmacher, Werner Tiki: Gott 9.0. Wohin unsere Gesellschaft spirituell wachsen wird. Gütersloher Verlagshaus, Gütersloh 2010.

Liswood, Laura A.: The Loudest Duck: Moving Beyond Diversity while Embracing Differences to Achieve Success at Work. John Wiley & Sons, Inc., Hoboken, New Jersey 2012.

Malone, Thomas W.: The Future of Work: How the New Order of Business Will Shape Your Organization, Your Management Style, and Your Life. Harvard Business School, Boston, Massachusetts 2004.

Mayrhofer, Lothar: Die Welt der neuen Art. Der Mensch im Mittelpunkt einer werteorientierten Führungskultur. Innovate, Baden bei Wien 2010.

Melchizedek, Drunvalo: Schlange des Lichts. Jenseits von 2012. Das Erwecken der Erd-Kundalini und das Erwachen des weiblichen Lichts. Koha, Burgrain 2008.

Pinker, Susan: Das Geschlechter-Paradox: Über begabte Mädchen, schwierige Jungs und den wahren Unterschied zwischen Männern und Frauen. DVA, München 2008.

Reinhard, Rebekka: Die Sinn-Diät: Warum wir schon alles haben, was wir brauchen. Philosophische Rezepte für ein erfülltes Leben. Ludwig, München 2009.

Rosenberg, Marshall B.: Gewaltfreie Kommunikation. Eine Sprache des Lebens. Junfermann, Paderborn 2001.

Salcher, Andreas: Der verletzte Mensch. Ecowin, Salzburg 2009.

Salcher, Andreas: Meine letzte Stunde. Ein Tag hat viele Leben. Ecowin, Salzburg 2010.

Schwartz, Richard C.: IFS[SM] Das System der Inneren Familie. Ein Weg zu mehr Selbstführung. BoD, Norderstedt 2008.

Weiss, Halko / Harrer, Michael E. / Dietz Thomas: Das Achtsamkeitsbuch. Klett-Cotta, Stuttgart 2010.

Wilker, Jessica: Das Einmaleins der Achtsamkeit: Vom täglichen Umgang mit alltäglichen Gefühlen. Theseus, Berlin 1998.

Wittenberg-Cox, Avivah / Maitland, Alison: Why Women mean Business. John Wiley & Sons, Inc., Hoboken, New Jersey 2009.

Zohar, Danah / Marshall, Ian: SQ. Spirituelle Intelligenz. Scherz, Frankfurt am Main 2000.

Zukunftsinstitut GmbH (Hrsg.): Megatrend Mobilität. Zukunftsinstitut, Kelkheim 2010.

Zukunftsinstitut GmbH (Hrsg.): Megatrend New Work. Zukunftsinstitut, Kelkheim 2010.

Zukunftsinstitut GmbH (Hrsg.): Trend-Report 2012. Zukunftsinstitut, Kelkheim 2011.

Zeitschriften:

Harvard Business Manager: Schafft die Manager ab, Ausgabe 01/2012.

Harvard Business Manager: Schwerpunkt Karriere, Ausgabe 07/2012.

Quellen und weiterführende Informationen aus dem Internet:

Bartz, Michael: The New World of Work (Blog): http://newworldofwork.wordpress.com/

Das Neue Arbeiten: www.microsoft.com/austria/dasneuearbeiten

Desvaux, Georges / Devillard-Hoellinger, Sandrine / Baumgarten, Pascal: Women matter. Gender diversity, a corporate performance driver. Erschienen 2007: http://www.mckinsey.de/downloads/publikation/women_matter/Women_Matter_1_brochure.pdf

Erleben Sie die neue Welt des Arbeitens: http://www.microsoft.com/de-ch/microsoft-schweiz/new-work/Default.aspx

Gates, Bill: The New World of Work. Whitepaper, veröffentlicht am 19. Mai 2005: http://www.microsoft.com/mscorp/exec mail/2005/05-19newworldofwork.mspx

Kühmayer, Franz: Future of Work. Eröffnung eines Dialogs zur Zukunft der Arbeit. Wien 2007: http://www.reflections.at/futureofwork/Zukunft_der_Arbeit_Summary.pdf